D1690130

Björn Schumacher
Das Geheimnis des menschlichen Alterns

Björn Schumacher

Das Geheimnis des menschlichen Alterns

Die überraschenden Erkenntnisse der noch jungen Alternsforschung

Blessing

Verlagsgruppe Random House FSC® N001967
Das für dieses Buch verwendete
FSC®-zertifizierte Papier *EOS* liefert Salzer Papier,
St. Pölten, Austria.

2. Auflage 2015
Copyright 2015 Karl Blessing Verlag, München,
in der Verlagsgruppe Random House GmbH
Umschlaggestaltung: Geviert Grafik & Typografie, München
Werbeagentur, Zürich
Lektorat: Lea Steinbeck/Edgar Bracht
Satz: Christine Roithner Verlagsservice, Breitenaich
Druck und Einband: GGP Media GmbH, Pößneck
Printed in Germany

ISBN: 978-3-89667-524-8

www.blessing-verlag.de

Inhalt

Warum sollte ich jetzt ein Buch über das Altern lesen?....... 7

I. Warum altern wir? Eine Frage, so alt wie die Menschheit...... 11
Was ist Altern?... 11
Altern und Tod in den frühesten Schriftzeugnissen 15
Der Ursprung des Alterns und die Bausteine des Lebens ... 20
Das Altern ist eine alte Eigenschaft des Lebens 29
Der Körper altert, die Keimbahn lebt weiter 33
Altern spielt in der Evolution keine Rolle 36
Auf den Spuren der Unausweichlichkeit des Alterns 39

II. Gene steuern die Alterung 43
Langlebigkeit durch Gene 43
Die ersten genetischen Mechanismen der Langlebigkeit 48
Gendefekte und Wachstumshormone und ihre Bedeutung
fürs Altern – bei Mäusen und Menschen 52

III. Der Prozess des menschlichen Alterns 61
Vorzeitige Alterung: Wenn Kinder zu Greisen werden 69
Wie Zellen auf DNA-Schäden reagieren: Checkpoints
und Krebs 75
DNA-Reparatur: Zwischen Altern und Krebsentstehung ... 87
DNA-Schäden verursachen Krebs......................... 97
Die Gefahren der Sonnenstrahlen und das Phänomen der
Mondscheinkinder 100
DNA-Schadensreaktionen im Alter 115
Demenz: Wenn unsere Nerven alten 119

IV. Proteine, Moleküle und Zellen im Alter 125
Proteine: bauen, transportieren, zerstören 125
Hungern für ein langes Leben: die kalorische Restriktion .. 135
Mitochondrien: die Kraftwerke der Zelle................ 146
Das Leben von Gnaden der Moleküle 158
Die Telomere: Schutzkappen der Chromosomen
und des Alterns 161
Moleküle sind beschädigt, der Körper reagiert 173
Altern und Reproduktion 189
Die weibliche Stärke: Frauen leben länger als Männer 194

V. Die Umwelt des Alterns 199
Lebensumstände und Lebenserwartung 199
Ernährung und Altern 201
Wenn Gift uns Gutes tut: die Hormese................ 208
Oberflächliche Therapien gegen oberflächliche Alterung:
Die Anti-Aging-Kosmetik 213

VI. Ist Altern therapierbar?............................. 219
Rasante Fortschritte in der modernen Medizin 219
Krankheitsvorbeugung und Therapien 222
Krebstherapie: von einem Todesurteil zu einer
chronischen Krankheit 228
Die Voraussetzungen für Anti-Aging-Therapien 237
Therapieansätze für Altersdemenz 239
Stammzellen und regenerative Medizin 243
Die magische Pille................................... 250

Ausblick: Wege aus der alternden Gesellschaft.............. 257
Anmerkungen und Literaturhinweise 274
Namensregister 286

Warum sollte ich jetzt ein Buch über das Altern lesen?

Erinnern Sie sich noch? An Ihr erstes Mal? Als Ihnen klar wurde, dass Ihr Leben endlich ist? Dass Sie vergänglich sind und sterben werden? Vielleicht ist Ihnen diese Erkenntnis nicht plötzlich, sondern eher schleichend gekommen. Oft wird uns die Unausweichlichkeit des eigenen Todes erst bewusst, nachdem ein uns nahestehender Mensch gestorben ist. Man fühlt die Vergänglichkeit des Seins durch das Vergehen eines anderen. Es mag die Empathie mit dem Sterbenden sein, der Schmerz über den unumkehrbaren Verlust des geliebten Nächsten. Solche seltenen Momente des Innehaltens und Nachdenkens zwingen uns dazu, uns auf das Wesentliche zu besinnen.

Wie, glauben Sie, wird es dem Ende zugehen? Wie war es denn bei den Eltern oder Großeltern? Ein plötzlicher Herzinfarkt? Ein langes Leiden nach einem Schlaganfall? Das langsame Fortschreiten einer Altersdemenz? Ein Krebs, womöglich mit langwieriger Therapie? Oder doch ein Unfall? Vielleicht altersschwach eingeschlafen? Denken Sie daran? An das Ende, Ihr Ende? Womöglich tun Sie dies nicht, zumindest nicht allzu häufig. Wie auch leben, wenn man sich zu sehr mit dem Sterben beschäftigt. Aber Sie sind damit ja nicht allein. Jeder Mensch weiß, dass er sterben wird. Dazu ist weder besondere Intelligenz noch Begabung notwendig. Wir wissen es alle. Aber wir sprechen kaum darüber.

Das Wissen um den eigenen Tod ist auch nicht neu. Schon unsere Vorfahren haben ihre eigene Endlichkeit erkannt. Wann es dem ersten Menschen dämmerte, dass seine Existenz grundsätzlich endlich ist, wissen wir nicht, schließlich haben unsere Vorfahren ja schreiben müssen, wollten Sie der Nachwelt etwas mitteilen. Was mag den ersten schreibkundigen Menschen so wichtig gewesen sein, dass sie es schriftlich fixierten? Natürlich, der Handel und die Tauschgeschäfte. Das liegt nahe, schließlich ist der Erfolg der Menschheit zu einem beachtlichen Teil seinem Streben nach Mehrung des eigenen Wohlstandes zu verdanken. Aber wovon handelt das erste Epos der Menschheit? Sie ahnen es, es geht um das Streben nach Unsterblichkeit! Offenbar sind Sie nicht der erste Mensch, der über seinen Tod nachdenkt. Ganz im Gegenteil, es ist wohl sogar eines der ersten Zeichen des menschlichen Bewusstseins, sich des eigenen Todes gewärtig zu werden.

Aber was hat sich geändert, seit ein unzivilisierter *Homo sapiens* – oder war es schon ein entfernter Vorfahre – erkannte, dass seine Existenz vergänglich war. Zur Definition des *Homo sapiens* als (wörtlich übersetzt) »einsichtsfähiger bzw. weiser Mensch« würde eine solche Erkenntnis sicherlich gut passen. Und sterben tun wir ja noch immer, so wie jedes andere Lebewesen auch. Doch wissen wir mehr darüber als unser unzivilisierter Vorfahre? Was würden wir ihm erzählen? Tag und Nacht könnten wir ihm von der Entwicklung der Menschheit berichten, von Religionen und Wissenschaft, Kriegen und Weltreichen, Philosophien und Literatur, Technik und Industrie, Krankheiten und Heilungen – aber unsere Sterblichkeit? Vielleicht würden wir ihm schulterzuckend sagen, vergiss es, daran ändert sich auch zehntausend, ja hunderttausend Jahre später noch immer nichts.

Vergessen, das ist in der Tat der übliche Weg, sich über die Sterblichkeit hinwegzusetzen. Mehr noch, wir verdrängen sie. Das Verdrängen ist sogar wichtig. Menschen haben sich Religionen erschaffen, manche, die wir heute eher belächeln mögen, andere, mit denen wir uns vielleicht sogar anfreunden können. Ein Paradies war die perfekte Lösung der Todesproblematik: Es gibt ein Leben nach dem Tod! Anderen war die Wiedergeburt auf Erden wohl plausibler. Also alles nicht so schlimm mit der begrenzten Existenz auf Erden, anschließend würde es ja in gleicher oder anderer Form weitergehen.

Das Leben wird zum Ende hin immer kürzer und geht immer tödlich aus. So könnte man das Altern beschreiben. Was wissen wir über das Altern? Im Gegensatz zum Tod ist das Altern an sich ja greifbarer. Könnten wir unserem vorgeschichtlichen Vorfahren wenn nicht über ein Leben nach dem Tod, so doch etwas über das Altern erzählen? Was Altern ist, wie es funktioniert, warum er und Sie altern?

Nach der Lektüre dieses Buches werden Sie ihm was zu erzählen haben, denn in der Tat: Erst unsere Generation in der langen Menschheitsgeschichte hat fundamentale Einblicke in das Geheimnis des menschlichen Alterns gewinnen können. In den letzten Jahren ist es sogar zu einer förmlichen Explosion im Verständnis des Alterns gekommen. Davon handelt dieses Buch.

I. Warum altern wir?
Eine Frage, so alt wie die Menschheit

Was ist Altern?

Zunächst einmal eine Definition für etwas, was wir in jeder Sekunde unseres Lebens tun: altern. Danach werden Sie erfahren, warum Leben und Altern untrennbar sind und wir glücklicher- und unglücklicherweise niemals wie Dorian Gray werden können. Bevor Sie von einer Hundertjährigen erfahren, der Zigaretten nichts anhaben konnten, werden Ihnen noch zweieiige Zwillinge vorgestellt: das chronologische und das biologische Alter.

Als wohl erstaunlichste Besonderheit der menschlichen Kultur kann gelten, dass wir uns unserer selbst, unseres Alterns und unseres Todes bewusst sind. Wir alle altern, mit jedem Jahr, jedem Tag, jeder Minute unseres Lebens. Es gibt keine Ausnahme, keinen Aufschub. Mal altern wir schneller, mal langsamer. Der eine ist altersschwach mit siebzig, der – oder viel häufiger: die – andere mit neunzig. Betrachtet man den Durchschnitt, so leben Frauen länger als Männer. Weil sie aber länger leben, leiden Frauen auch länger an Erkrankungen im Alter.

Was ist Altern? Der Begriff Altern wird gemeinhin definiert als die graduelle Abnahme der Funktionstüchtigkeit von Organen, Geweben und Zellen bei gleichzeitiger Zunahme der Wahrscheinlichkeit zu erkranken und zu sterben. Interessanterweise fehlt uns ein Begriff für eine Zunahme an Lebensjahren ohne das Altern, gleich einem Dorian Gray, der sein Bildnis an seiner

Stelle altern lässt. Es gibt also kein Älterwerden ohne »Altern«, nicht einmal als sprachliches Konzept. Und so geht es uns nicht nur in der deutschen Sprache; Menschen kennen kein Älterwerden ohne altern. Unser Leben ist mithin vom Altern geprägt; Leben und Altern lassen sich nicht voneinander trennen.

Es gibt verschiedene Ansichten darüber, wann das Altern beginnt. Schon die antiken Griechen datierten den Höhepunkt des Lebens in die frühen Zwanziger, und es gibt einige Anzeichen dafür, dass in der Tat ab Mitte zwanzig der schleichende Abbau, die Degeneration, einsetzt. Man kann den Zeitpunkt des Einsetzens des Alterns auch an den Abschluss des körperlichen Wachstums setzen. Eine solche Festlegung ist aber nicht ganz einfach, weil sich verschiedene Organe zu verschiedenen Zeitpunkten der Entwicklung ausformen.

Wir erkennen das Altern eigentlich ganz gut, vielleicht weniger an uns selbst als am Anblick eines anderen. Menschen können oft schon allein beim Anblick eines Gesichts das Alter ihres Gegenübers einigermaßen gut einschätzen. Zumindest sofern Kosmetik, plastische Chirurgie und Botox-Injektionen nicht die äußeren Gravuren des Alterns verschleiern. Durchaus gibt es Unterschiede zwischen dem »biologischen« Alter und dem »chronologischen« Alter. Diesen Unterschied zu erkennen und messbar zu machen ist für die medizinischen Aspekte des menschlichen Alterns von großer Bedeutung.

Beim chronologischen Alter handelt es sich lediglich um das Altern in der Zeit, also das Alter in Lebensjahren, das ist bei fast allen Menschen genau bekannt. Ist es hingegen nicht bekannt, kann die Bestimmung des chronologischen Alters durchaus eine Herausforderung – etwa für Gerichtsmediziner in Kriminalfällen bei verlorenen oder verschleierten Ausweisdokumenten – darstellen. Das biologische Alter festzustellen ist hingegen alles andere als trivial, denn es entspricht eben kaum dem chronologischen Alter, gerade in fortgeschrittenen Lebensjahren.

Das biologische Alter zeigt, an welchem Zeitpunkt innerhalb der individuellen Lebensspanne man sich befindet und wie viele Jahre man noch zu erwarten hat. Manchen Menschen ist ein außergewöhnlich langes Leben beschert. Die Französin Jeanne Clement galt in dieser Hinsicht als Rekordhalterin. Sie starb 1997 im Alter von einhundertzweiundzwanzig Jahren – erst drei Jahre zuvor hatte sie das Rauchen aufgegeben, aber nur, weil ihre fortschreitende Erblindung sie daran hinderte, sich selbst noch die Zigarette anzuzünden. Auf Hilfe anderer angewiesen zu sein, und sei es beim Anstecken der Zigarette, widerstrebte ihr. Jeanne Clement und andere Hundertjährige altern biologisch besonders langsam. In einem späteren Kapitel werden wir uns mit Menschen beschäftigen, die hingegen so schnell altern, dass sie sogar als Kinder schon Greisen ähneln. Das biologische Altern zu messen ist vor allem wichtig, wenn man wissen möchte, ob sich der Alterungsprozess verzögern lässt oder ob man Einflüssen ausgesetzt ist, die das Altern beschleunigen.

Derzeit versuchen weltweit riesige Verbünde von Forschern und Ärzten herauszufinden, wie man das biologische Alter messen kann. Ein verlässlicher »Biomarker« des Alterns ist bisher aber nicht gefunden worden, auch wenn es einige vielversprechende Kandidaten gibt. Das Problem solcher Biomarker ist, dass Menschen sehr unterschiedlich altern. So trägt der eine ein sehr hohes Herzinfarktrisiko, dem anderen versagt die Niere oder die Leber. Nicht jedes Organ altert also in jedem von uns mit der gleichen Geschwindigkeit. Auch äußerlich altern wir alle etwas unterschiedlich, der eine trägt volles graues Haar, dem anderen fallen schon mit dreißig die Haare aus. Dies liegt zum Teil daran, dass jedem Menschen bei seiner Zeugung eine ganz individuelle Komposition des genetischen Materials vererbt worden ist. Nur eineiige Zwillinge bilden hier die Ausnahme. Zum anderen sind wir Menschen im Laufe unseres Lebens auch jeweils unterschiedlichen Umwelteinflüssen und Stresssituationen ausgesetzt. Kein Mensch gleicht genau dem anderen, ganz nach dem kölschen Karnevalsspruch »Jeder Jeck ist anders«.

Derzeit geht man davon aus, dass eine Kombination hinreichend vieler Altersbiomarker eine relativ gute Voraussage über das biologische Alter eines Menschen erbringen könnte. Ohne die Entwicklung verlässlicher Altersbiomarker ist es nahezu unmöglich, Interventionen – wie sie im abschließenden Kapitel vorgestellt werden – zu entwickeln. Schließlich kann man ja nicht erst zehn, zwanzig oder noch mehr Jahre nach einer Behandlung feststellen, ob diese eine positive Wirkung entfaltet oder ob man doch etwas anderes hätte versuchen sollen. Allein schon die Bestimmung des biologischen Alters stellt eine Herausforderung dar. Das menschliche Altern gibt uns viele Rätsel auf. Die Detektivarbeit, sie aufzuklären, ist aber gerade in vollem Gange.

Altern und Tod in den frühesten Schriftzeugnissen

Gegen den Tod ist offenbar kein Kraut gewachsen, auch wenn Gilgamesch ein solches gepflückt haben soll! – Im Folgenden erfahren Sie, warum der Mensch seit Jahrtausenden versucht, nicht zu sterben, und es dabei doch immer wieder tut! Dazu treten als Zeugen des menschlichen Scheiterns auf: Qin Shihuangdi, Ramses II., Methuselah und Hippokrates auf, sowie Kleopatra, die den Tod in warmer Stutenmilch zu ertränken suchte.

Ein hohes Alter zu erreichen war schon seit Menschengedenken erstrebenswert, und noch heute wird – in einigen Kulturen zumindest – Menschen in hohem Alter mit besonderem Respekt begegnet. Schon in der Antike gab es Personen, die ein sehr hohes Alter erreicht haben. So ist vom Pharao Ramses II. überliefert, dass er nicht nur erstaunlich viele Kinder zeugte – es werden ihm annähernd hundert Töchter und Söhne zugeschrieben –, sondern auch, dass er fast neunzig Jahre alt wurde. Die biblische Geschichte des Methuselah, der mit 187 Jahren noch Lemach gezeugt haben soll (Genesis 5,25), lässt ebenfalls darauf schließen, dass es schon lange vor unserer modernen Medizin und der heutigen Mode eines betont gesunden Lebenswandels besonders alte Menschen gegeben haben muss. Das hohe Alter war allerdings ein seltenes Privileg.

Erst in den letzten zwei Jahrhunderten ist die durchschnittliche Lebenserwartung dramatisch angestiegen. Bis dahin lag sie bei etwa Mitte dreißig. Diese geringe Lebenserwartung war zum einen der hohen Kindersterblichkeit anzulasten – zu Beginn der industriellen Revolution starb noch fast jedes vierte Kind. Überlebte man die Kindheit, so hatte man die Aussicht, etwas über vierzig Jahre alt zu werden. Vor allem Infektionskrankheiten geißelten die Menschheit. Es gab weder Impfung noch Antibiotika, dafür aber seuchengeplagte Städte, oft Mangelernährung vor allem der an einer Armut leidenden Landbevölkerung, wie wir sie uns heute in unseren Breiten gar nicht mehr vorstellen können. Gerade das Zurückdrängen der Kindersterblichkeit durch moderne zivilisatorische Errungenschaften, allen voran der Medizin, hat die Lebenserwartung kontinuierlich ansteigen lassen. Natürlich haben auch die Erwachsenen von Medizin, Hygiene und besserer Ernährung profitiert.

Obwohl das Thema Altern die Menschheit seit einigen tausend Jahren beschäftigt, wussten wir lange nicht, warum wir altern, und vor allem nicht, welche Prozesse das Altern steuern. Schon im vielleicht ältesten Epos der Menschheit, dem *Gilgamesch*, wird die Unsterblichkeit thematisiert [1]. Die Abenteuer des Gilgamesch sind wohl dem dritten Jahrtausend vor unserer Zeitrechnung entsprungen und wurden seit Beginn des zweiten Jahrtausends v. Chr. schriftlich fixiert. Überliefert wurde uns das Epos, da es in zwölf Tontafeln gemeißelt wurde und diese durch eine Feuerbrunst gehärtet wurden und somit die Jahrtausende überstanden haben. Gilgamesch, im Epos zwei Drittel Gott, ein Drittel Mensch, war der Herrscher von Uruk, einer der ersten Städte der Menschheit, gelegen in Mesopotamien, dem »Zweistromland« zwischen Euphrat und Tigris. Die Ruinen der Stadt Uruk liegen im heutigen Irak. Die Menschen von Uruk waren ihres despotischen Herrschers, der ihnen immense Lasten auferlegte, überdrüssig und baten die Götter um Hilfe. Diese schickten den Tiermenschen Enkidu, der, nachdem er durch Beischlaf mit einer Tempelpriesterin zivilisiert wurde, zum engen Freund Gilgameschs wurde. Gemeinsam durchlebten die Freunde viele Abenteuer, bis Gilgamesch die Liebe der Schutzgöttin der Stadt verschmähte und die Zurückgewiesene sich rächte, indem sie Enkidu dahinsiechen ließ. Durch den Verlust des Freundes erkannte nun Gilgamesch seine eigene Sterblichkeit und begann, sich vor dem Tod zu fürchten.

Auf einer Reise, die der von Homers Odysseus gleicht, suchte er Utnpischtim auf, die Ursprungsfigur des biblischen Noah, der die Sintflut überlebte, als die Götter beschlossen, die Menschheit müsse dezimiert werden, und der nun ein unendlich langes Leben am Rande der Erde führte. Widerwillig eröffnete Utnpischtim dem Gilgamesch, er müsse sieben Tage ununterbrochen wach bleiben, um die Unsterblichkeit zu erreichen. Aber der König – erschöpft von der Reise an den Rand der Welt – fiel in einen ebenso langen Schlaf und blieb sterblich. Er durfte dann noch ein Kraut vom Meeresboden auflesen, welches auch als Unsterblichkeitselixier dienen konnte. Nachdem ihm dies gelungen war, gönnte sich Gilgamesch eine Ruhepause, in der ihm jedoch eine Schlange das Unsterblichkeitskraut wegschnappte. Das Tier begann daraufhin, durch kontinuierliche Häutung ein unendliches Schlangenleben zu führen. Der große König Gilgamesch hingegen musste selbst erkennen, dass das Streben nach Unsterblichkeit vergebens war, und auch er das Schicksal seines Freundes Enkidu erleiden würde.

Auch das Leben des ersten Kaisers von China, Qin Shihuangdi, war geprägt von Angst vor dem eigenen Tod. Als grausamer Herrscher, der im dritten Jahrhundert vor Christus alle anderen Königreiche Chinas mit seiner militärischen Übermacht unterwarf, sah Qin sich fortwährend Attentatsversuchen ausgesetzt. Er fürchtete sich vor dem Tod. Als er Kunde von einer »Insel der Unsterblichen«, den Panglai-Inseln, erhielt, entsandte er seine Flotte, die aber niemals zurückkehren sollte – vielleicht hatten die Seeleute Angst, der Grausamkeit Qins zum Opfer zu fallen, wenn sie ohne Unsterblichkeitselixier zurückkehrten. Von der eigenen Todesangst getrieben, wandte der Kaiser sich nun an diverse Heiler. Diese versprachen ihm durch Verabreichung von Quecksilber sein Leben zu erhalten. Man ahnte damals noch nicht, dass Quecksilber hochgiftig ist. Vermutlich starb Qin an einer Quecksilbervergiftung. So wurde er Opfer seines eigenen Dranges zur Unsterblichkeit. Die Hoffnung nicht aufgebend, ließ Qin sich eine ganze Terrakottaarmee in seiner Grabkammer aufstellen, welche man noch heute in der Nähe der zentralchinesischen Stadt Xi'an besichtigen kann.

Die Menschen versuchen nicht nur, dem Tod ein Schnippchen zu schlagen. Auch das Streben nach ewiger Jugend durchzieht die Geschichte der Menschheit seit der Antike. Die alten Ägypter gelten gemeinhin als die Erfinder der Kosmetik; auch wegweisende medizinische Behandlungen sind von ihnen überliefert. Über Kleopatra heißt es, sie habe täglich in Honig und Milch gebadet um ihre pharaonische Haut jung zu halten – und einige römische Herrscher in Atem. Von Hippokrates – dem »Vater der Medizin« – bis Galen erlernten die berühmten Ärzte der Antike ihr Handwerk in Ägypten. Die alten Ägypter kannten vielerlei Kosmetika und Elixiere.

Die Krux mit der Unsterblichkeit war den Griechen besonders bewusst, wie ihre Mythologie bezeugt. Die Göttin Eos verliebte sich im wahrsten Sinne des Wortes »unsterblich« in Tithonos. Sie rang Zeus den Wunsch ab, Tithonos die Unsterblichkeit zu gewähren, vergaß aber – vielleicht blind vor Liebe –, dass Tithonos weiterhin altern würde. So wurde er zu einem fortwährend lebenden Greis, sein jugendlicher Charme verblasste und er verschrumpelte zusehends. Die Geschichte von Eos und Tithonos führt uns noch heute das Schreckensszenario vor Augen, dem eine alternde Gesellschaft erliegen könnte: immer älter und hinfälliger zu werden, ohne dass der Tod dem Siechtum eine Grenze setzt.

Durch die Jahrtausende trotzte man Altern und Tod verzweifelt mit Jungbrunnen und Alchemie, doch nichts hat sich an dem unweigerlichen Schicksal geändert. Revolutioniert wurde unser Wissen vom Leben erst mit der biologischen Forschung der letzten zwei Jahrhunderte – das Verständnis der molekularen Mechanismen des Alterns sogar erst in den letzten zwei Jahrzehnten.

Was wissen wir heute über das Altern? Wird das neue Wissen zukünftig die Vielzahl der altersbedingten Erkrankungen verhindern? Da Altern ein biologischer Prozess ist, sollen zunächst grundsätzliche evolutionsbiologische Überlegungen vorgestellt werden. In der Biologie ist es von außerordentlicher Bedeutung, jeden Prozess im Zusammenhang mit der Evolutionsgeschichte zu erfassen. Nur so lässt sich ein Verständnis des Alterns gewinnen. Darauffolgend werden dann diejenigen Gene vorgestellt, die für das Altern von besonderer Bedeutung sind. Manche Menschen tragen Gendefekte in sich, die das Altern beschleunigen. Andere leben dank ihrer Genstruktur besonders lang. Das Verständnis der Genetik des Alterns ist also besonders wichtig. Hinzu kommen Umwelteinflüsse, welche die Lebenserwartung positiv oder negativ beeinflussen. Es folgen Ausblicke, wie die moderne biologisch-medizinische Forschung neue Therapien finden könnte, um altersbedingten Erkrankungen vorzubeugen. Abschließend werde ich die tief greifenden Veränderungen diskutieren, mit denen unsere Gesellschaft auf die sich verschiebende Altersstruktur wird reagieren müssen. Wir stehen heute an einem bedeutenden Scheideweg. Die alternde Gesellschaft könnte uns in den Abgrund der Morbidität führen, sie könnte aber auch vielen Menschen Chancen auf längeres und besseres Leben bieten. Wir haben unsere Zukunft selbst in der Hand, denn noch nie zuvor wusste der Mensch mehr über sich selbst, sein Altern und seine Krankheiten.

Der Ursprung des Alterns und die Bausteine des Lebens

Nun soll von der Geburt des Lebens berichtet werden (Stunde: dunkle Vorzeit; Ort: Uratmosphäre; Erzeuger: DNA, RNA, Aminosäuren), sowie von seiner Entwicklung und der Sprache, die es über die Jahrmillionen erlernte (ATGC).
Und von der Geburt der Molekularbiologie (Stunde: Die Dreißigerjahre; Ort: Cold Spring Harbor; Erzeuger: Die Biologie. Weitere Erziehungsberechtigte: Physik und Chemie), deren Existenz der Erforschung des Lebens gewidmet ist.
Dazu werden Menschen und Mixer vorgestellt, die bei der Lösung verschiedener Rätsel behilflich waren; Wissenschaftler, die Phagencocktails brauten, und Agnostiker, die Dogmen aufstellten.

Ein Leben ohne Altern scheint unvorstellbar, Altern somit als natürliche Folge des Lebens. Aber woher kommt diese zwingende Abfolge? Warum ist Altern eine inhärente Eigenschaft des Lebens? Bei genauerer Betrachtung altert zwar unser Körper, aber doch gibt es eine fundamentale Ausnahme: Unsere Keimbahn bleibt unsterblich. Immer und immer wieder, in jeder Generation seit Millionen Jahren wird mit der Verschmelzung von Samen und Eizelle die biologische Uhr auf null gestellt. Die kontinuierliche Fortsetzung des Lebens reicht sogar so weit, dass alles Leben auf der Erde sich auf eine gemeinsame primitive Lebensform, irgendwo aus der Ursuppe geformt, zurückführen lässt. Wie Rudolf Virchow erkannte:»omnis cellula e cellula«, eine Zelle kann nur aus einer Zelle hervorgehen. Sämtliche Lebewesen, ob Mensch, Affe, Hund, Wurm, Pflanze, Pilz, ja, sogar Bakterien, hatten vor vier Milliarden Jahren – geformt in einer ursprünglichen Erdatmosphäre – einen einzigen gemeinsamen Vorfahren.

Voraussetzung für die Entstehung des Lebens war zunächst die Bildung organischer Stoffe in der Atmosphäre. Dort gab es aber anfangs nur anorganische Gase wie Kohlenstoffdioxid, Stickstoff und Schwefelwasserstoff. Das Leben, wie wir es kennen, basiert hingegen auf organischen Stoffen, die komplexere Moleküle bilden können. Organische Stoffe sind auf Kohlenstoff aufgebaut, der eine Vielzahl chemischer Verbindungen mit anderen Kohlenstoffatomen, aber auch mit Atomen wie Wasserstoff, Sauerstoff, Stickstoff und anderen Elementen eingehen kann. Die Eigenschaft des Kohlenstoffs, viele Verbindungen einzugehen, ermöglichte die Bildung von Makromolekülen, also größere Strukturen, die verschiedenartigsten Formen annehmen und sogar Funktionen wie molekulare Maschinen ausführen können.

Wie könnten organische Stoffe aus den Gasen der Uratmosphäre entstanden sein? Stanley Miller und Harold Urey unternahmen in den Fünfzigerjahren des 20. Jahrhunderts an der University of Chicago ein entscheidendes Experiment, das Licht in die dunkle Vorzeit bringen sollte [2]. Die beiden amerikanischen Wissenschaftler stellten die ursprüngliche Erdatmosphäre in einem Kolben nach, durch den sie die anorganischen Gase zirkulieren ließen. Um ihrem Experimentalsystem Energie zuzuführen, setzten sie elektrische Blitze ein, die die Entladungen in der damaligen Erdatmosphäre nachempfanden. Was Miller und Urey dann isolierten, war in der Tat der chemische Ursprung des Lebens: Aus den Gasen konnten sie Aminosäuren gewinnen, und in späteren ähnlichen Versuchsreihen konnten auch die Basen der Desoxyribonukleinsäure (englisch: deoxyribonucleic acid, kurz DNA) und der Ribonukleinsäure (ribonucleic acid, kurz RNA) produziert werden. DNA, RNA, Aminosäuren, dies sind die chemischen Grundbausteine des Lebens, von Bakterien bis hin zum Menschen.*

---

* Man geht mittlerweile davon aus, dass die ersten organischen Substanzen, die der Ursprung des Lebens waren, in hydrothermalen Quellen am Meeresgrund, den »Weißen Rauchern«, entstanden sind.

Wie man innerhalb des nächsten Jahrzehnts herausfinden sollte, funktionieren DNA und RNA als Träger bzw. Überträger der Information, mittels derer aus Aminosäuren Proteine, also Eiweiße, gebaut werden. Miller und Urey hatten den Beweis erbracht, dass die Grundbausteine des Lebens aus der ursprünglichen Erdatmosphäre entstehen konnten.

Eine weitere, absolut essenzielle Voraussetzung für das Leben war aber die Reproduktion, d. h. die eigene Struktur musste wiederhergestellt werden können. Denn ansonsten wäre die Bildung einer Struktur nur ein sehr vorübergehendes Ereignis, und durch Beschädigungen – man stelle sich die unwirtlichen Bedingungen der Uratmosphäre vor – wäre diese Struktur sehr schnell wieder verloren gegangen. Hier spielte die chemische Aktivität der RNA eine entscheidende Rolle. RNA konnte sich nämlich selbst kopieren und somit reproduzieren. Die Grundlage des Lebens war so vor 4 Milliarden Jahren geschaffen. RNA-Moleküle konnten sich vervielfältigen und auch verändern und somit neue »Lebensformen« schaffen. Erst später, so nimmt man an, wurde RNA als Träger der genetischen Information durch die chemisch stabilere DNA ersetzt. Die DNA konnte nun die Erbinformation tragen und durch Vervielfältigung das biologische Leben ausbreiten. Die DNA bildet heute das Erbgut aller Tiere, Pflanzen, Pilze, Bakterien und sogar vieler Viren.

Die DNA besteht aus langen Ketten, die aus einer Abfolge von vier *Nukleotiden* gebildet werden: Die *Basen* Adenin, Thymin, Guanin und Cytosin, kurz ATGC, die jeweils über einen Zucker, die *Ribose*, mit einer *Phosphatkette* als Rückgrat verbunden sind. ATGC, das ist die Sprache, in der das Leben kodiert ist. Die Abfolge dieser vier Basen legt fest, wie das Flagellum – das fadenförmige, der Fortbewegung dienende Gebilde auf der Oberfläche einer Zelle – einer Bakterie funktioniert, wie eine Pflanze das

Sonnenlicht aufnimmt, wie unser Gehirn und Herz gebildet werden, wie wir atmen, laufen – und wie wir altern.

Die Nukleotide sind zu einem langen DNA-Strang verkettet. Zwei einzelne Stränge verbinden sich zur Doppelhelix, die durch das Paaren der Basen zusammengehalten wird. Dabei paaren sich immerzu A mit T und G mit C.

Dass die DNA die Erbinformation enthält, konnten Alfred Hershey und Martha Chase in ihrem Labor im idyllischen Cold Spring Harbor auf Long Island, etwa eine knappe Stunde entfernt von New York City, in den frühen Fünfzigerjahren nachweisen [3]. Das Cold Spring Harbor Laboratorium war seit den späten Dreißigerjahren der Geburtsort einer ganz neuen Biologie, der *Molekularbiologie*.

Der Wissenschaftsjournalist Horace Judson hat die Anfänge der Molekularbiologie in seinem wundervollen Werk *The Eighth day of Creation* nacherzählt [4]. Jeden Sommer trafen sich die Pioniere dieser neuen Disziplin, um ihre neuesten Ideen auszuprobieren und zu diskutieren. Die Molekularbiologie versuchte das Leben durch das Verständnis ihrer kleinsten grundlegenden Strukturen zu verstehen. Dies war ein ganz neuer Ansatz, denn die Biologie war damals noch eine wenig mechanistische Disziplin. Erst ab Mitte der Vierzigerjahre fingen Physiker an, sich für die Funktionsweise des Lebens zu interessieren, und vermittelten der Biologie ganz neue Impulse. Es gab damals viele Physiker, wie den brillanten Theoretiker Leo Szilard, die sich mit Abscheu und Entsetzen von ihrer Rolle im »Manhattan«-Projekt zur Entwicklung der Atombombe abwandten, nachdem die Abwürfe über Hiroschima und Nagasaki solch verheerendes Leid gebracht hatten. Stattdessen wollten sich diese moralisch verantwortungsvollen Forscher nunmehr einer positiven Physik des Lebens widmen.

Biologie war bis dahin eine sehr beschreibende Wissenschaft gewesen. Zoologen, Botaniker und Embryologen hielten Beobachtungen an Lebewesen fest, anhand derer sie die Natur verstehen wollten. Die zunehmend an der Biologie interessierten Physiker und mit ihnen auch Wissenschaftler aus anderen Disziplinen wie der Chemie, fingen an, quantitative, also messbare, Biologie zu betreiben.

Eine besondere Rolle dabei spielten Bakteriophagen, kleine Viren, die Bakterien befallen. Phagen, ganz ähnlich den Viren, die uns Menschen geißeln, docken sich an der Oberfläche von Bakterien an und entlassen ihr genetisches Material in das befallene Bakterium. Dabei verbleibt die Phagenhülle an der Oberfläche der Bakterien. Es braucht dann nicht lange, und das Bakterium wird zu einer Phagenproduktionsanlage umfunktioniert, bis es platzt und eine Vielzahl neuer Phagen entlässt.

Eines Morgens bat Alfred Hershey seine Frau, ihm doch bitte den Küchenmixer auszuleihen. Im Labor angekommen, goss er die mit Phagen befallenen Bakterien in den Mixer, schaltete ihn ein, sodass durch den Mixvorgang die angedockten Phagenhüllen von den Bakterien geschleudert wurden. Zuvor hatten Hershey und Chase in einem Ansatz die Phagen mit radioaktivem Schwefel und in einem zweiten Ansatz mit radioaktivem Phosphat markiert. Während der Schwefel nur in Proteinen eingebaut werden konnte, markierte das Phosphat die DNA der Phagen. Nach dem Abschütteln der Phagenköpfe im Mixer trennten die Forscher die schweren Bakterien von den leichteren Hüllen durch Zentrifugieren. Der radioaktive Schwefel befand sich dann ausschließlich in der Fraktion mit den Hüllen, das radioaktive Phosphat aber in der Fraktion der Bakterien. Aus diesen Bakterien, die nur Phagen-DNA, aber kein ursprüngliches Phagenprotein mehr enthielten, sprossen neue Phagen hervor. Damit war der Nachweis erbracht, dass Erbinformation in der DNA, und nicht in Proteinen, kodiert und weitergegeben wird.

Die Struktur der DNA und damit die Grundlage der Gene, wurde nur kurze Zeit später von Francis Crick und James Watson aufgeklärt. James Watson, der schon in jungen Jahren den Sommerkurs in Cold Spring Harbor besucht hatte, arbeitete im englischen Cambridge gemeinsam mit dem scharfsinnigen Physiker Francis Crick. Beide wollten unbedingt herausfinden, wie denn das Erbmaterial – die DNA – aussah.

Dafür mussten sie ein Bild der DNA erhalten. Bilder von so winzigen Strukturen wie der DNA konnte man mittels röntgenkristallographischer Verfahren gewinnen. Allerdings war dies kein einfaches Unterfangen. Zunächst musste das Molekül, in diesem Fall die DNA, in Kristallform gebracht werden. Dann wurde ein Röntgenbild erstellt, das die Schattierungen des Kristalls abbildete. Hatte man nun ein Bild eines brauchbaren Kristalls gewonnen, begann die eigentliche Arbeit, denn man musste aus den Schattierungen ein Bild »interpretieren«. Watson und Crick ergänzten sich dabei hervorragend: Der britische Physiker konnte die Berechnungen anhand der Röntgenstruktur anstellen, während der hemdsärmelige Amerikaner aus Chicago Modelle der DNA aus Pappe bastelte. Zunächst brauchten die beiden aber ein Röntgenbild der DNA. Watson schaffte es, ein Bild von der auf Röntgenstrukturanalysen spezialisierten Biochemikerin Rosalind Franklin zu erhalten.

Im Nachhinein wurde viel darüber spekuliert, wie Watson an dieses Bild gekommen ist und warum Franklin die DNA-Struktur nicht selbst interpretiert hatte. Franklin hatte schon lange an der Interpretation ihres DNA-Röntgenbildes gearbeitet. Sie hatte dabei wohl zu wenige Alternativen in der Berechnung der Struktur in Erwägung gezogen, während das intellektuelle Duo Watson-Crick täglich mit den verrücktesten Gedanken spielte. Laut Watson, der im Laufe seines langen Lebens einige sehr lesenswerte Bücher über diese Zeit schrieb, war Franklin gar nicht mehr an DNA interessiert und überließ ihm deshalb bereitwillig ihre Aufnahmen.

Die Entdeckung der Doppelhelixstruktur der DNA sollte einer der größten wissenschaftlichen Durchbrüche der Menschheit sein. Bereits in ihrer Veröffentlichung 1953 leiteten Watson und Crick den Mechanismus für das Kopieren der DNA und damit der Vervielfältigung des Lebens ab [5]. Denn man konnte sich nun gut vorstellen, wie sich die DNA-Doppelhelix auftrennt und wie dann jeweils ein alter Strang als Matrize für eine neue Kopie des DNA-Strangs dient. So wird bei jeder Zellteilung ein alter DNA-Strang, gepaart mit einem neuen DNA-Strang, an die zwei Tochterzellen weitergegeben.

Als Watson bereits an der Harvard-Universität lehrte, begann Crick sich intensiv damit zu beschäftigen, wie die Information der DNA in die Bildung der Proteine, also der Eiweiße, übertragen werden konnte. Crick formulierte das »zentrale Dogma« der Molekularbiologie. Demzufolge fließt die Information von der DNA über die RNA zu den Proteinen, die aus einer Abfolge von Aminosäuren bestehen. Durch die verschiedenen Eigenschaften der Aminosäuren können die Proteine ganz verschiedene Formen ausbilden und Funktionen ausführen, sie können Strukturen bilden oder als Enzyme chemische Reaktionen katalysieren.

Später sollte der leidenschaftliche Agnostiker Crick einmal sagen, er habe das Wort »Dogma« verwendet, weil er der Meinung war, dass das religiöse Wort Dogma eine Behauptung beschreibe, für die man nicht den geringsten Beweis hatte. Crick lag mit seinem zentralen Dogma aber genau richtig [6]. Die DNA wird zunächst in RNA transkribiert. Der Begriff *Transkription* ist aus dem Lateinischen abgeleitet – von *trans* »hinüber«, *scribere* »schreiben« – und bezeichnet jenen Prozess, durch den die Informationen des Erbträgers, also der DNA, in die gleiche Abfolge von RNA-Ketten überschrieben werden. Hierbei paaren sich wieder die DNA-Basen ATGC mit ihren verwandten RNA-Basen TUCG, wobei Thymin in der RNA durch Uracil ersetzt wird. Die RNA-Kette kann aus dem Zellkern hinausgebracht werden, um dort dann *translatiert*, also »übersetzt« zu werden. Die RNA, die als Botschafter oder *messenger* zwischen DNA und Proteinen fungiert, wird deshalb auch mRNA genannt. Durch das Nutzen der mRNA kann die DNA dauerhaft geschützt im Zellkern verbleiben. In der Translation wird dann die Abfolge der RNA-Basen in die Abfolge von Aminosäuren übersetzt, es erfolgt der Aufbau von Proteinen, die *Proteinbiosynthese*.

Die Proteine bestehen aus kurzen oder langen Ketten, gebildet durch ganz verschiedene Abfolgen von zwanzig chemisch unterschiedlichen Aminosäuren. Proteine können ganz kleine, nur wenige Aminosäuren umfassende *Peptide* bilden oder riesige Proteine wie in unseren Muskelfasern ausbilden. Schon während der Proteinbiosynthese können sich die Proteinketten dreidimensional falten und somit komplexeste Strukturen formen.

Cricks zentrales Dogma hat bis heute Bestand, wenn auch wichtige Ausnahmen für alle Inhalte des Dogmas gefunden wurden. Die Natur ist eben sehr viel vielfältiger, als es jedwede Regel beschreiben kann. So kann RNA auch in DNA umgekehrt oder *revers* transkribiert werden, etwa wenn RNA-Viren eine Zelle befallen, RNA kann in RNA kopiert werden, und selbst bestimmte Proteine, die *Prionen*, bekannt seit dem Rinderwahn der Neunzigerjahre, können andere Proteine so falten, dass sie die

Formation von Prionen annehmen, wodurch sich auch ein Prion replizieren, also vervielfältigen lässt.

Wie aber kann die Abfolge von vier Nukleotide die Bildung von Proteinen bestimmen? Gemeinsam mit dem in Südafrika geborenen Engländer Sydney Brenner ersann Crick nun theoretische Ideen, wie die Information, die in der Abfolge der vier Nukleotide enthalten ist, in die Bildung von Eiweißstrukturen übertragen werden konnte [7]. Crick und Brenner nahmen richtigerweise an, es seien zwanzig Aminosäuren, die von Zellen genutzt werden, obwohl auch weitere, seltenere Aminosäuren bekannt waren. Wenn nun vier Nukleotide sämtliche möglichen Abfolgen der zwanzig Aminosäuren bestimmen sollten, so konnte natürlich nicht ein Nukleotid eine Aminosäure kodieren, auch zwei wären dazu nicht genug, denn es wären höchstens 16 Kombinationen möglich, und es gibt aber zwanzig Aminosäuren. Es erforderte die Abfolge von mindestens drei Nukleotiden, um eine bestimmte Aminosäure festzulegen.

Zusätzlich benötigt man ein Signal für »Start« und eines für »Stopp«. Nun wussten Crick und Brenner noch überhaupt nichts über die komplexen Mechanismen, mit denen die Transkription und erst recht die Translation reguliert wurden. So nahmen sie zunächst ein ganz einfaches Bild der Transkription an, in dem ein kommafreier Code die Aminosäurenabfolge genau festlegt. In den darauffolgenden Jahren wurde in intensiver experimenteller Arbeit dann die »Sprache des Lebens«, der Code der DNA, ermittelt. Obwohl die Idee des kommafreien Codes sich nicht als richtig erwies, behielten Crick und Brenner recht damit, dass der Code in *Tripletts* enthalten ist: Die Abfolge von jeweils drei Nukleotiden bilden das Codon, welches für eine Aminosäure kodiert. Durch die Dreierkombinationen in Tripletts könnten theoretisch 64 Aminosäuren kodiert werden, aber nur zwanzig sind notwendig. So gibt es für die meisten Aminosäuren verschiedene Tripletts von Nukleotiden und es gibt ein Startcodon, das festlegt, wo mit dem Übersetzen in Aminosäuren begonnen wird, und drei Stoppcodons, die bestimmen, wo die Kette der Aminosäuren, die das Protein bilden, endet. Die Regulation, wie und wann Gene abgelesen und in Proteine übersetzt werden, erwies sich allerdings als höchst komplexer Prozess, der auch heute noch intensiv erforscht wird.

Das Altern ist eine alte Eigenschaft des Lebens

Das Altern hat Tradition – schon seit unserer Zeit als Einzeller!
Nun erfahren Sie warum Mütter immer älter sind als ihre Töchter – selbst bei Hefezellen – und warum auch Symmetrie uns nicht vor dieser Tatsache schützen kann.

Leben konnte allerdings nicht als isoliertes Molekül, sei es RNA oder DNA, von langer Dauer sein. Denn diese Moleküle waren nicht sonderlich stabil, wenn sie den Witterungen einer Uratmosphäre ausgesetzt waren. Wichtig war daher, dass Fettsäuren ein geschlossenes System zum Schutz des genetischen Materials bilden konnten, etwa so wie Fetttropfen, die auf dem Wasser schwimmen. Solche Schutzmäntel umgeben Einzeller und Bakterien genauso wie sämtliche der – nach jüngster Schätzung – $3,7 \times 10^{13}$, also 37 mit zwölf Nullen, Zellen des menschlichen Körpers [8]. Nun musste sich aber nicht nur die Erbinformation, enthalten in den DNA-Molekülen, vervielfältigen, sondern die ganze Zelle und mit ihr der gesamte Inhalt der Zelle.

Bei Prokaryonten (aus dem griechischen *pro* »vor«, *karyon* »Nuss«) wie Bakterien ist dies noch ein relativ einfacher Prozess, in dem alle Moleküle gleichsam auf die zwei Tochterzellen aufgeteilt werden müssen. In den Eukaryonten (*Eu* »echt«), wie in allen Tieren, Pflanzen und Pilzen, müssen auch diverse Zellkompartimente aufgeteilt werden. Diese Zellkompartimente, fachsprachlich *Organellen* genannt, erlauben die Bildung spezialisierter Bereiche innerhalb einer Zelle, in denen ganz bestimmte Aufgaben übernommen werden können. Eukaryonten besitzen den ihnen ihren Namen gebenden Zellkern, in dem geschützt das Erbmaterial gehalten wird, die Mitochondrien, die für die Energiegewinnung der Zellen zuständig sind, und weitere Organellen wie den Golgi-Apparat, das endoplasmatische Retikulum, Lysosomen, und bei Pflanzen auch die Chloroplasten, die die Energie des Sonnenlichtes in die Gewinnung organischer Stoffe durch die Photosynthese umwandeln.*

Durch Zellteilung konnte sich das biologische Leben über den gesamten Erdball, von den Tiefen des Meeres bis in die Höhen der Berge, ausdehnen. Vor jeder Zellteilung muss das Erbmaterial verdoppelt werden, damit jede Tochterzelle die gesamte Information erhalten kann. Auch Organellen und Moleküle müssen auf die Tochterzellen verteilt werden. Durch fortwährende Zellteilungen entsteht aus einem Bakterium eine ganze Kolonie und aus der befruchteten Eizelle ein Embryo und schlussendlich ein ganzer Mensch.

Während die DNA-Stränge vor der Zellteilung dupliziert werden, können andere Moleküle einfach aufgeteilt werden – jede

---

* Mitochondrien und Chloroplasten sind vor langer Zeit einmal in ganz besonderer Weise in das Leben der Eukaryonten eingetreten. Die beiden Arten von Organellen waren ursprünglich selbst einmal Bakterien, die von Eukaryonten »geschluckt« wurden und sich als *Endosymbionten* (von griechisch *endo* »innen« und *symbiosis* »Zusammenleben«) eingenistet haben und mittlerweile untrennbarer Bestandteil unserer Zellen geworden sind.

Zelle bekommt ja mit der DNA die gesamte Information zur Bildung aller anderen Zellkomponenten vererbt. Es gibt in der Zelle daher alte Moleküle und neue, die gerade erst aus der Information der DNA hergestellt werden.

Lange wurde angenommen, dass Einzeller nicht altern, weil sich eine Zelle in zwei teilt, und man glaubte, der Inhalt der Mutterzelle würde auf beide gleichmäßig aufgeteilt. Erst vor kurzer Zeit erkannte man, dass es eine unterschiedliche Verteilung der Zellinhalte auf die beiden Tochterzellen gibt. Als Erstes wurde dies in den Zellen der Bäckerhefe beobachtet. In Boston untersuchten David Sinclair und Leonard Guarente die unterschiedliche Aufteilung von kleinen ganz speziellen – scheinbar völlig unbrauchbaren – kreisförmigen DNA-Stücken während jeder Teilung von Hefezellen.*

Die Bäckerhefe ist ein einzelliger Pilz, von dem bei der Zellteilung eine neue Zelle von der Mutterzelle sprosst. Die Tochterzelle kann sowohl selbst länger leben als die Mutterzelle und dabei eine höhere Anzahl Tochterzellen generieren. Die Mutterzelle ist also »älter« als die Tochterzelle. Sinclair und Guarente stellten fest, dass sich die kreisförmigen DNA-Stücke in der Mutterzelle nicht auf die Tochterzelle übertragen wurden [9]. Verhinderte man die Bildung dieser kleinen DNA-Stücke mithilfe eines Proteins, das als *Sirtuin* bekannt war, so konnte die Mutterzelle länger leben.

Thomas Nyström in Schweden zeigte dann einige Jahre später, dass auch beschädigte Proteine in der Mutterzelle verblieben, während die Tochterzelle neuere Proteine bekam und somit

---

* Dabei handelt es sich um Stücke ribosomaler DNA (rDNA), die ribosomale RNA kodiert. Obwohl rDNA in jedem Genom, auch im menschlichen, vorkommt, scheint die Entstehung von kreisförmigen rDNA-Stücken, die aus dem Genom herausgeschnitten werden, doch eine sehr spezielle Eigenheit der Bäckerhefe zu sein.

»jünger« blieb [10]. Damit war klar, dass nicht nur Tiere und Pflanzen, sondern auch schon Einzeller altern.

In der Tat haben Martin Ackermann und seine Kollegen entdeckt, dass selbst Bakterien altern. Das Bakterium *Caulobacter crescentus* kommt in Flüssen und Seen vor und teilt sich, indem eine fest aufsitzende Mutterzelle eine Tochterzelle produziert, die sich dann frei schwimmend neue Gefilde erschließen kann. Ackermann beobachtete die Reproduktion der Mutterzelle über dreihundert Stunden und stellte dabei fest, dass die Mutterzelle immer länger brauchte, um eine Tochterzelle zu generieren, und auch manchmal die Reproduktion vollkommen einstellte. Obwohl man lange Zeit davon ausging, dass das Altern eine Erfindung von Vielzellern ist, haben die Beobachtungen von Guarente, Sinclair, Nyström, Ackermann und ihren Kollegen aufgezeigt, dass Altern eine sehr ursprüngliche Eigenschaft von Lebewesen ist.

Die Bäckerhefe und *C. crescentus* haben hierbei gemein, dass sie sich *asymmetrisch*, also ungleich teilen. Viele andere Einzeller teilen sich aber *symmetrisch*, sie wachsen auseinander und teilen sich in der Mitte. Es wurde nun angenommen, dass das Altern darauf beruht, dass eine Mutter- und ein Tochterzelle gebildet wurde, die Asymmetrie also der Ursprung des Alterns sei.

Dass dem aber nicht so ist, sondern dass Altern schon in symmetrisch teilenden Einzellern stattfindet, zeigte Eric Stewart erst vor wenigen Jahren [11]. Er filmte die Zellteilung von *Escherichia coli*, einem Bakterium, das einen Teil unserer natürlichen Darmflora bildet. *E. coli* ist das wohl am besten untersuchte Bakterium und aus dem Laboralltag gar nicht mehr wegzudenken. Die stabförmigen Bakterien wachsen zu beide Polen aus und teilen sich in der Mitte. Stewart verfolgte live über die Tochterzellen, welches Schicksal die Vererbung unterschiedlich »alter« Pole annehmen würde. Bei jeder Zellteilung bekommt ja jede Zelle einen alten Pol und bildet dort, wo die Mitte der Mutterzelle war, einen neuen Pol. Bei der nächsten Zellteilung bekommt dann die eine Tochterzelle den alten Pol, die andere den neuen Pol und so weiter und so weiter.

Stewart stellte fest, dass die Nachkommen, die den alten Pol behielten, weniger Tochterzellen generieren konnten und früher starben als die Zellen, die den neuen Pol erhielten. Damit wurde klar, dass das Altern eine uralte Tradition in der Geschichte des Lebens hat. Mathematisch kann man auch leicht zeigen, dass es bereits bei einem leichten Funktionsverlust, z. B. durch die Ansammlung von Beschädigungen mit der Zeit, von Vorteil ist, alte und junge Komponenten zu trennen und so der verjüngten Tochterzelle einen Vorteil für das zukünftige Wachstum zu ermöglichen.

Der Körper altert, die Keimbahn lebt weiter

Wie und wann wir lernten, zwischen Körper und Keimbahn zu unterscheiden. Sobald die Keimbahn sich fortgepflanzt hat, ist die Erhaltung des Körpers nicht mehr vonnöten – so entschlüsselt die Evolutionsbiologie das Geheimnis des Alterns. Tatsächlich wies ein Zellbiologe die limitierte Lebensdauer von Körperzellen nach (»Hayflick-Limit«).

Während unser Körper altert und stirbt, setzen unsere Keimbahnzellen die Vererbung unserer Gene mit jeder Generation fort. Befruchtet ein Spermium, auch Spermatozyt genannt, eine Eizelle, die Oozyte, so wird die biologische Uhr wieder auf null gestellt. Ein neuer Mensch erwächst, dessen Keimbahnzellen wiederum die Grundlage der nächsten Generation legen. Unsere Keimbahn kann sich so theoretisch unendlich fortsetzen, während die Existenz unseres Körpers endet.

Die fundamentale Unterscheidung zwischen Keimbahn und Körper, der wissenschaftlich als *Soma* bezeichnet wird, wurde erstmals dem bedeutenden Freiburger Zoologen und Evolutionstheoretiker August Weismann gegen Ende des 19. Jahrhunderts bewusst. Weismann erkannte, dass es eine grundsätzliche Unterscheidung zwischen der Keimbahn und dem Körper gibt. Aus dieser Unterscheidung leitete er ab, dass der Körper wohl deshalb nicht länger von Nutzen ist, weil die Keimbahn sich mit jeder Generation fortpflanzt. So erfasste der Evolutionsbiologe die grundsätzliche Ursache des Alterns: Die Erhaltung des Körpers ist nach erfolgreicher Fortpflanzung ganz einfach nicht mehr nötig. Die begrenzte Lebensspanne ist also eine grundlegende Eigenschaft des Körpers.

Experimentell wurde die limitierte Lebensdauer der Körperzellen erst in den frühen Sechzigerjahren des 20. Jahrhunderts bewiesen. Dem Zellbiologen Leonard Hayflick gelang es, menschliche Körperzellen in einer Kulturschale zum Wachsen zu bringen [12]. Zellwachstum bedeutet hierbei, dass die Zellen sich durch Teilung vermehren. Als er den Vorgang verfolgte, beobachtete Hayflick, dass die Zellen zunächst wuchsen, dann aber in eine stationäre Phase kamen und für immer aufhörten, sich weiter zu teilen. Diese Begrenzung des Zellwachstums wird seitdem als Hayflick-Limit bezeichnet, und das biologische Phänomen wurde bekannt als *zelluläre Seneszenz*, aus dem lateinischen Wort für »altern« *senescere* abgeleitet. Die zelluläre Seneszenz werden wir noch später in einem ganz anderen Zusammenhang kennenlernen.

Weismann ging zunächst davon aus, dass die Bedeutung des Alterns darin liege, Populationen von gebrechlichen Individuen zu bereinigen. Er selbst hat noch zu Lebzeiten diese »Funktion« der Alterung revidiert, ist aber dennoch heftig für diese Aussage kritisiert worden. Die Ansicht, dass Altern eine positive Rolle spielt, ja, gar notwendig ist, um den Jungen Platz zu schaffen, ist so allgemein verbreitet wie falsch. Die Argumentation dreht sich im Kreis: Die Menschen altern, um Jüngeren Platz zu machen, aber eben weil sie alt sind, sollen sie den Jüngeren weichen. Zudem müsste man von einer Gruppenselektion ausgehen, denn die Gruppe der Alten würde ausselektiert, weil sie für den Fortbestand der Art nicht mehr wichtig ist. Gruppenselektion kann es aber nicht geben, denn sobald ein Individuum mogelt und einfach weiterlebt, würde es sich gegen alle anderen durchsetzen und damit die gesamte Eigenschaft des Alterns aus der Art verschwinden lassen. Selektion findet niemals auf der Ebene von Gruppen statt, weder für das Altern noch für irgendeine andere biologische Eigenschaft.

Da das Leben, so wie es heute existiert, durch die Evolutionsgeschichte geformt wurde, wird im folgenden Kapitel das Altern im Zusammenhang mit der Evolutionstheorie betrachtet. Ganz nach dem berühmten Diktum von Theodosius Dobzhansky: »Nichts in der Biologie macht Sinn, außer im Lichte der Evolution«! Im Folgenden werden also die Wirkkräfte der Evolution erläutert und wie bedeutende Biologen selbige erkannt haben.

Altern spielt in der Evolution keine Rolle

Zunächst erklärt Mr Medawar, was Menschen und Reagenzgläser gemeinsam haben, dann erfahren Sie, wie der Alterungsprozess angetrieben wird und wie wir trotzdem in den Genuss eines hohen Alters kommen. Schließlich erklären wir mit Darwin, warum die Evolution in unsere Jugend investierte und weshalb unsere Spezies nach Nutzung des Genmaterials gerne schnellstmöglich ihre körperliche Verpackung zu kompostieren sucht.

Dass Altern in der Evolution schlicht keine Rolle spielt, wurde elegant von einem der brillantesten britischen Forscher, dem Zoologen Peter Medawar[*], in den 1950er-Jahren hergeleitet [13]. Um zu demonstrieren, dass Altern eine passive biologische Eigenschaft ist, wählte Medawar den Vergleich mit Reagenzgläsern, die nach einer bestimmten Lebensdauer zerbrechen können. Werden die Reagenzgläser häufig ersetzt, so spielt es kaum eine Rolle, ob ihre Dauerhaftigkeit verlängert wird. Sie müssen eben nur so lange halten, bis sie ersetzt werden. Ähnliches gilt für natürliche Lebewesen: Entscheidend ist das Überleben in jungen Jahren, bis der Nachwuchs gezeugt ist. Wie lange ein Individuum nach der Reproduktion überlebt, ist schlichtweg nicht von Bedeutung.

Zum besseren Verständnis ist hier ein kleiner Ausflug in die Evolutionstheorie angebracht. Charles Darwins Theorie darf als die wohl größte Revolution des menschlichen Denkens ange-

---

[*] Interessanterweise erhielt Medawar den Nobelpreis für eine ganz andere bahnbrechende Entdeckung: Während des Zweiten Weltkriegs arbeitete Medawar, wie für Wissenschaftler in jenen Zeiten üblich, an kriegsrelevanter medizinischer Forschung und versuchte, Methoden zur Transplantation von Haut zu entwickeln, um so die Verbrennungen verwundeter britischer Soldaten behandeln zu können. Bei seinen Arbeiten zeigte er, dass die Abstoßung von Geweben und Organen nach Transplantationen auf das Immunsystem des Empfängers zurückzuführen ist, eine Erkenntnis, die noch heute von herausragender Bedeutung in der Transplantationsmedizin ist.

sehen werden, gleichauf mit der kopernikanischen Revolution, die ans Licht brachte, dass die Erde nicht im Mittelpunkt des Universums steht. Darwin mit seiner geradezu unglaublich scharfen Beobachtungsgabe hatte die Welt an Bord der *Beagle* bereist. Dabei hatte er festgestellt, dass die Tiere nicht schlechthin vollkommen geschaffen sind, sondern jeweils Zwischenstufen einer Entwicklung abbilden [14]. Darwin gelangte zu dem Schluss, dass Tierarten keine festen oder erschaffenen Wesen, sondern vielmehr ein Zwischenprodukt einer fortwährenden Entwicklung, der Evolution, sind, geformt durch natürliche Selektion. Der im Deutschen häufig missverstandene Begriff der *Fitness* beschreibt dabei die »Angepasstheit« eines Organismus an seine Umwelt: Überleben wird, wer am besten angepasst ist. Dies ist also nicht unbedingt der »Stärkste«, sondern eben der, der sich erfolgreich fortpflanzen kann.

Medawar nun hat das Altern in den Zusammenhang der darwin'schen Evolutionstheorie gestellt. Für die Fitness ist entscheidend, dass sich eine Spezies reproduziert. Evolutionär erfolgreich ist eine Spezies, wenn die Individuen so angepasst sind, dass sie Nachwuchs zeugen, bevor die Wahrscheinlichkeit zu sterben zu hoch ist. Bezieht man die Vielzahl an möglichen Todesursachen in der natürlichen Umgebung ein, so wird sofort klar, dass die Ressourcen eines Individuums in das Überleben in den frühen Lebensabschnitten bis zur Fortpflanzung investiert werden. Nach erfolgreicher Reproduktion nimmt der Selektionsdruck stark ab, die Spezies bleibt ja durch den Nachwuchs erhalten.

Die natürliche Selektion findet dabei auf der Ebene der Gene statt: Der Genpool, der erfolgreich weitervererbt wird, setzt sich in der Evolution durch. Folgerichtig erkannte Medawar, dass Gene, die zur frühen Fitness beitragen, sich im Genpool der Spezies erhalten. Solche Gene aber, die die frühe Fitness vermindern, werden aus dem Genpool herausselektiert, denn die Träger solcher Gene haben nur eine geringe Wahrscheinlichkeit, Nachkommen zu generieren. Im Gegensatz dazu gibt es keine Selektion gegen jene Gene, die erst in Lebensabschnitten nach der Fortpflanzung eine schlechte Wirkung ausüben. Denn das dauerhafte Überleben der Eltern ist für den evolutionären Erfolg der Spezies nicht notwendig. Solche Gene mit später negativer Wirkung verbleiben dann im Genpool, die Selektion ist ihnen gegenüber blind.

Basierend auf diesen Überlegungen, prägte der englische Biologe Thomas Kirkwood Ende der 1970er-Jahre die *disposable soma theory* (*disposable* für »wegwerfbar« und *soma* griechisch für »Körper«), die seitdem in der modernen Alternsforschung zentrale Bedeutung erlangt hat. Kirkwood hatte zunächst die Schriften August Weismanns zur Problematik der Alterung wiederentdeckt und die ganze Bandbreite seiner Überlegungen erfasst [15]. Er kam zu dem Schluss, dass in der frühen Lebensphase die Ressourcen zwischen der Erhaltung der Körperfunktion und der Fortpflanzung ausbalanciert werden müssen, um den größten Erfolg in der Vererbung zu erreichen. Die Spezies kann sich des konkreten Körpers nach erfolgreicher Fortpflanzung entledigen, da er keinerlei positiven Einfluss mehr auf den weiteren evolutionären Erfolg hat. Die evolutionäre Nutzlosigkeit der Erhaltung der Körperfunktion nach der Fortpflanzung ist somit die grundsätzliche Ursache von Gebrechlichkeit, Krankheit und Schwäche im Alter: Tiere wie Menschen sind nicht »fit« bzw. nicht angepasst, um noch lange nach der Fortpflanzung weiterzuleben. Unsere genetische Zusammensetzung ist nicht darauf getrimmt, unseren Körper unendlich lange zu erhalten.

Auf den Spuren der Unausweichlichkeit des Alterns

Warum Gene, die in unserer Jugend positive Effekte haben, uns im Alter zum Verhängnis werden können. Wie in den Zeiten des (körperlichen) Umbruchs »Freie Radikale« die alten Strukturen verändern.

Aufbauend auf Medawars Überlegungen, hat der amerikanische Evolutionsbiologe George Williams gegen Ende der 1950er-Jahre das Konzept der *antagonistischen Pleiotropie* als Ursache der Alterung entwickelt. Dabei verwendete er die griechischen Worte *pleio* = »voll« und *trop* = »Drehung« oder »Wendung«, um zu beschreiben, dass Gene nicht nur eine, sondern mehrere verschiedene Funktionen haben können. Williams postulierte, dass die gleichen Gene, die in jungen Jahren positive Effekte haben, sich im Alter negativ auswirken können. Dies ist eine interessante Überlegung, die noch bis heute eine bedeutende Rolle in der Alternsforschung spielt. Besonders wichtig ist dieses Konzept, weil es vorhersagt, dass Altern eine unausweichliche Folge des Lebens ist. In anderen Worten, das Altern ist der Preis für die frühe Fitness.

Ein hohes Alter, wie wir es heute erreichen, kam in unserer Evolutionsgeschichte bislang nur äußerst selten vor. Zwar gibt es durchaus einige Beispiele für Arten, die besonders lange leben, aber im Allgemeinen sind Tiere einer solchen Vielzahl von Bedrohungen ausgesetzt, dass nur ein ganz geringer Teil einer Population überhaupt ein langes Leben erreichen kann. Das gilt auch für die vorzivilisatorischen Menschen. Sie waren vielen tödlichen Infektionserkrankungen ausgesetzt. Dazu kamen Hunger und Bedrohungen in der Natur und wohl auch die allzu menschliche Gewaltanwendung zwischen Artgenossen. Es ist vor allem dem medizinischen und hygienischen Fortschritt zu verdanken, dass wir heute von solchen äußeren Bedrohungen weitgehend befreit sind. Die Entdeckung von Antibiotika und Impfstoffen haben unser Leben wie wohl keine andere zivilisatorische Errungenschaft transformiert. So kommen wir zunehmend in den Genuss, ein Alter zu erleben, welches nur ganz wenige unserer Vorfahren zu erträumen wagen konnten.

Als Triebfeder der Alterung ist schon in den 1950er-Jahren die Beschädigung von Strukturen in der Zelle vermutet worden. Hier waren neue Erkenntnisse über den Zellstoffwechsel ausschlaggebend. So vermutete Denham Harman, dass freie Sauerstoffradikale fortwährend die Bestandteile der Zelle, wie das Genom, Proteine und Fettsäuren, angreifen [16]. Er schuf die *Freie-Radikale-Theorie* der Alterung, die aufgrund ihrer umfassenden Erklärung der molekularen Ursachen des Alterns auch heute noch populär ist. Freie Radikale Moleküle besitzen ein ungepaartes Elektron, das sie äußerst reaktiv macht. So verändern die freien Radikalen andere Moleküle, welche dann häufig nicht mehr richtig funktionieren. Obwohl viele Beobachtungen der wichtigen Rolle freier Radikale in der Alterung konsistent sind, ist trotz vieler Versuche bis heute ein Beweis der Freien-Radikale-Theorie ausgeblieben.

Beschädigungen der Zellstruktur kommen nicht nur als Folge freier Radikaler vor. Vielmehr ist die Zelle ständig einer Vielzahl von schadhaften Einwirkungen ausgesetzt. Mit den Ursachen und Folgen von Beschädigungen, allen voran Schäden im Erbgut, werden wir uns in einem späteren Kapitel noch intensiv auseinandersetzen.

Schon immer hat das Altern den Menschen beschäftigt, befasste er sich doch bereits in seinen frühesten Schriftstücken mit Altern und Tod. In der Biologie oblag es zunächst den Evolutionsbiologen, sich Gedanken über die Biologie des Alterns zu machen. Aus der Evolutionsbiologie haben wir gelernt, dass Altern kaum eine Rolle in der Entwicklung unseres Genpools gespielt hat. Der menschliche Körper ist sozusagen nicht dafür ausgelegt, so lange durchzuhalten, wie wir es heute dank medizinischen Fortschritts schaffen. Die Entdeckung von Genen, die das Altern steuern, war daher die Sensation der Alternsforschung. Damit befassen wir uns im nächsten Kapitel.

II. Gene steuern die Alterung

Langlebigkeit durch Gene

Warum Molekularbiologen so gerne mit Bakterien wie *E. coli* oder mit Würmern arbeiten. Wie Thomas Johnson und Cynthia Kenyon im Umkehrschluss zeigten, dass es Gene gibt, die die Lebensdauer begrenzen. Altern ist also kein passives Geschehen, verursacht durch die Zunahme von Schäden.

In den 1960er-Jahren war der Biologe Sydney Brenner auf der Suche nach einem Modellsystem, um die Funktionsweise der Nervenzellen zu verstehen. Modellsysteme sind in der biologischen Forschung von großer Bedeutung. Man sucht sich dabei Arten aus, die man im Labor untersuchen kann. Das allein schon ist kein einfaches Unterfangen, denn viele biologische Arten haben sich so perfekt an ihre Umgebung angepasst, dass sie im Labor nicht gedeihen können. Die aus dem Studium von Modellorganismen gewonnenen Ergebnisse sind dann idealerweise auch auf andere Arten übertragbar.

So hat die Molekularbiologie ihren Anfang in Untersuchungen an einfachen Phagen und Bakterien genommen. Der französische Nobelpreisträger Jacques Monod erklärte einmal: »Alles, was wahr ist in *E. coli*, muss auch in Elefanten wahr sein.« Und in der Tat, die Erkenntnisse, die Monod gemeinsam mit François Jacob über die Regulation der Expression von Genen in *E. coli* gewann, waren von grundsätzlicher Bedeutung auch für Tiere und Pflanzen. Und je mehr in den vergangenen fünfzig Jahren über die molekularen Vorgänge des Lebens bekannt wurde, desto klarer wurde es, dass nicht nur die Grundbausteine, sondern auch die Funktionsweisen von Zellen von Einzellern bis zum Menschen sehr ähnlich, also *evolutionär konserviert* sind.

Bakterien wie *E. coli* sind sehr leicht zum Wachsen zu bringen und in Kultur zu halten und waren daher vor allem in den frühen Jahren der Molekularbiologie die Forschungsobjekte der Wahl. In den Sechzigerjahren war man immer mehr dazu übergegangen an Eukaryonten wie der Bäckerhefe *Saccharomyces cerevisiae*, die dem Menschen schon seit Jahrtausenden zum Backen von Brot und Brauen von Bier dienlich ist, zu forschen. Hernach ist man dann von dieser Pilzzelle auf menschliche Zellkulturen übergegangen, wobei die Isolation von Tumorzellen von wichtiger Bedeutung war, denn die Krebszellen wachsen sehr schnell, auch wenn sie sich nicht mehr im Körper, sondern unter geeigneten Wachstumsbedingungen in Zellkultur befinden. Untersuchungen an all diesen Zellen hatten und haben noch heute extrem wichtige Bedeutung zur Gewinnung grundlegender Erkenntnisse.

Die molekularbiologische Untersuchung an ganzen Tieren war und ist noch immer ungleich schwieriger. Um aber komplexe biologische Funktionsweisen wie zum Beispiel das Gehirn untersuchen zu können, bedarf es Untersuchungen an ganzen Tieren. Brenner traf auf den kleinen Fadenwurm *Caenorhabditis elegans* [17]. *C. elegans* entwickelte sich zu einem außerordentlich bedeutsamen Modellsystem nicht nur für die Neurobiologie, sondern auch für eine Vielzahl anderer biologischer Teilbereiche. So verfolgte John Sulston das Schicksal jeder einzelnen Zelle, die während der Entwicklung dieses Wurmes aus der befruchteten Eizelle zum ausgewachsenen Wurm entsteht [18]. Robert Horvitz beobachtete, dass von allen während der Entwicklung entstehenden Zellen nur 959 im adulten Tier überleben, nachdem 131 Zellen durch programmierten Zelltod sterben [19]. Vom Zelltod werden wir später noch mehr lernen.

Mitte der 1980er-Jahre konzentrierte sich der Biologe Michael Klaas darauf, das weitere Schicksal eines Nematodenwurmes zu beobachten. Dabei merkte er, dass bestimmte Mutanten länger überlebten als normale oder *Wildtyp*-Würmer. Von Mutanten spricht man, wenn ein Lebewesen, in diesem Fall ein Fadenwurm, eine Veränderung, also eine *Mutation* (aus dem Lateinischen von *mutatio* »Veränderung«), in einem Gen trägt. Klaas nannte diese Form der Mutante *age-1* – age für Alter und 1 für das erste »Alters«-Gen, auch wenn zunächst überhaupt nicht klar war, was für ein Gen (oder gar mehrere Gene) in der *age-1*-Mutante verändert sein mochte. Klaas ging davon aus, dass die *age-1*-Mutante deshalb länger lebte, weil sie weniger Nachkommen produzierte. Dieser Schluss hatte damit zu tun, dass Klaas nur solche Würmer untersuchte, die keine Nachkommen zeugen konnten. Erst als Thomas Johnson zeigte, dass der Mangel an Nachkommen nicht ausschlaggebend für das lange Leben der *age-1*-Mutanten war, wurde die Sache interessant [20]. Anstelle einer Umverteilung der biologischen Ressourcen – weg von der Reproduktion und hin zu der Erhaltung der Körperfunktionen – wurde nun klar, dass es ein Gen sein musste, das die *age-1*-Mutante lange leben ließ. Mit anderen Worten, es gibt also Gene, die die Lebensdauer begrenzen. Ein solches Gen musste defekt sein in der *age-1*-Mutante.

Zu Beginn der 1990er-Jahre zeigte Cynthia Kenyon, dass eine weitere Mutante, die als *daf-2* bekannt war, ebenfalls doppelt so lange lebte wie ein normaler Wurm [21]. Als die normalen Würmer nach zwei bis drei Wochen nur noch erschlafft herumlagen, bewegten sich Kenyons *daf-2*-Würmer noch quickfidel.

Im Schutze des Labors bringen es Fadenwürmer auf ungefähr 20 Tage Lebenszeit, während *daf-2*-Mutanten im Schnitt 42 Tage leben. Und dabei bewegen sie sich, sind agil und produzieren fast genauso viele Nachkommen wie ganz normale Würmer. Die *daf-2*-Würmer trugen also die fast ewige Jugend in sich.

Man mag sich nun fragen, warum nicht alle Würmer in den Genuss dieses genetischen Jungbrunnens kommen. Warum in aller Welt sollte es überhaupt solche Gene geben, die die Lebensspanne begrenzen? Wäre nicht jeder Wurm besser gestellt, fehlte ihm genau wie den *daf-2*-Mutanten, dieses zerstörerische Gen? Die Antwort auf die Frage, wozu es Gene gibt, die das Leben begrenzen, muss in der Evolutionsbiologie gesucht werden. Was passiert, wenn man einen normalen *Wildtyp*-Wurm und eine *daf-2*-Mutante miteinander konkurrieren lässt? Wer gewinnt den Konkurrenzkampf? Also lassen wir einen normalen Wurm gegen eine *daf-2*-Mutante im Labor gegeneinander antreten. Beide Tiere produzieren Nachkommen. Diese dann wieder Nachkommen und so weiter. Nach einigen Generationen stellt man fest, dass die Population fast nur noch aus *Wildtyp*-Tieren besteht. Die *daf-2*-Mutanten verlieren, sie sterben aus. Der große Nachteil der langlebigen Tiere ist nämlich, dass sie sich länger Zeit nehmen für das Produzieren von Nachkommen. Während der normale Wurm nur wenige Tage braucht, um zwei- bis dreihundert Junge in die Welt zu setzen, braucht die *daf-2*-Mutante dafür sehr viel länger. Die nächste Generation der *Wildtyp*-Tiere steht schon wieder bereit zu expandieren, bevor die meisten Nachkommen der *daf-2*-Mutanten ihre Geschlechtsreife erreicht haben. Wie Medawar schon erkannte, kommt es im Konkurrenzkampf der Evolution eben nicht darauf an, wie lange ein Individuum lebt, sondern wie erfolgreich es seine Gene an zukünftige Generationen weitergeben kann.

Die *daf-2*-Mutanten sollten aber noch sehr viel mehr Einsicht in die Biologie des Alterns ermöglichen. Zu der Zeit, als Kenyon ihre Beobachtungen machte, wusste sie bereits, dass Veränderungen im *daf-2*-Gen dazu führen konnten, dass Würmer während ihrer Entwicklung in ein sogenanntes *Dauer*-Stadium eintreten und in diesem verbleiben. Diese Dauerform können auch *Wildtyp*-, also normale Würmer bilden, wenn sie während ihres Wachstums nicht ausreichend Futter finden und ein »Hungersignal« von anderen Würmern aus ihrer Umgebung bekommen. Es war auch bekannt, dass eine weitere Mutation, genannt *daf-16*, die Ausbildung des permanenten Dauerstadiums in *daf-2*-Mutanten aufheben, die *daf-2*-Mutation somit unterdrücken oder genetisch gesprochen *supprimieren* konnte. Kenyon vermochte nun zu zeigen, dass die verlängerte Lebensdauer der *daf-2*-Mutanten durch die weitere *daf-16*-Mutation komplett umgekehrt wurde. Dies war der Beweis, dass die verlängerte Lebensdauer durch einen genetischen Mechanismus kontrolliert wird.

Johnsons und Kenyons Entdeckungen gelten als Revolution im Verständnis der Alterung. War man bisher davon ausgegangen, dass Alterung ein passiver Vorgang sei, der von der Zunahme von Schäden verursacht wurde, so erkannte man nun, dass es Gene gibt, die die Lebensspanne regulieren konnten. Dass aber ein einzelnes Gen einen so gravierenden Einfluss auf die Lebensdauer hatte und eine Veränderung in einem einzigen Gen ausreichte, um die Lebensspanne zu verdoppeln, galt bis dahin als undenkbar.

Die Bedeutung der Gene bei der Festlegung der Lebensdauer lässt sich aber leicht veranschaulichen, wenn man bedenkt, dass jede Spezies eine für sie typische maximale Lebensdauer hat. Auch wenn, wie wir sehen werden, Umwelteinflüsse die Lebensdauer beeinflussen können, so sind die Unterschiede zwischen verschiedenen Spezies ungleich gravierender.

Die ersten genetischen Mechanismen der Langlebigkeit

Nun ist es an der Zeit, die Rezeptoren kennenzulernen – die Augen und Ohren der Zelle, die den Boten des Gehirns mit ihren Nachrichten die Tür zur Zelle öffnen oder verschließen. Treffen Sie außerdem das Gen *daf-2*, das die Kommunikation zwischen Empfängern und Besuchern regelt, und die Proteine, die als Werkzeuge der Zelle die Länge unseres Lebens einstellen.

In der Folgezeit bestimmten Kenyon in San Francisco und Gary Ruvkun in Boston die Gene, welche in den *daf-2*- und *daf-16*-Mutanten verändert waren. Es stellte sich heraus, dass das *daf-2*-Gen ein Rezeptorprotein kodiert (wir erinnern uns, Gene »kodieren« die Information zur Bildung von Proteinen), welches Signale an der Oberfläche der Zellen empfängt und in die Zelle weiterleitet.

Rezeptoren sind die Augen und Ohren einer Zelle. Ein Rezeptor ist ein Protein, das entweder in der Zellmembran oder direkt an der Zelle liegt, um Signale aus der Umgebung zu empfangen. Zellen besitzen eine Unzahl verschiedener Rezeptoren, die wiederum jeweils spezielle Botenstoffe wie zum Beispiel Wachstumshormone erkennen können. Die Botenstoffe geben Signale von Zelle zu Zelle oder können auch im ganzen Tier Signale transferieren. Im Menschen werden z. B. Wachstumshormone im Gehirn gebildet und reisen dann durch die Blutbahn zu den entlegensten Geweben, um ihre Botschaft – etwa die Zellen zum Wachsen aufzufordern – zu überbringen.

DAF-2 bindet Botenstoffe, die dem menschlichen Insulin ähneln. Im Wurm gibt es Dutzende verschiedener insulinähnlicher Botenstoffe, aber nur von wenigen ist bisher bekannt, dass sie an den DAF-2-Rezeptor binden. Wenn ein Botenstoff an einen Rezeptor andockt, wird der Rezeptor in der Regel aktiviert, kann aber auch inaktiviert werden. Ein aktivierter Rezeptor sendet dann das Signal in die Zelle weiter. Dies passiert oft durch hochkomplexe nachgeschaltete Signalwege innerhalb der Zelle. Diese können ganze Signalnetzwerke bilden und mit anderen Signalwegen wechselwirken. Die Signale können nachgeschaltete Proteine wiederum aktivieren oder inaktivieren.

Wenn nun eine Mutation den DAF-2-Rezeptor dauerhaft inaktiviert, lebt der Wurm länger; aber nur solange das DAF-16-Protein vorhanden ist, denn eine Mutation im *daf-16*-Gen unterdrückt ja den Effekt der Langlebigkeit von *daf-2*-Mutanten. Also, jetzt müssen wir nur noch herausfinden, welche Wunder das DAF-16-Protein vollbringen konnte, um die Lebensspanne des Tieres zu verdoppeln. Auch wir Menschen haben noch die Gene, die *daf-2* und *daf-16* der Würmer verblüffend ähnlich sind. In Würmern mit einer *daf-2*-Mutation tat das DAF-16-Protein also etwas fundamental Wichtiges, was den Wurm länger überleben ließ.

Johnson bediente sich um die Jahrtausendwende einer ganz wichtigen Methode, die es erlaubt, Proteine in einer lebenden Zelle zu beobachten: des grün fluoreszierenden Proteins, kurz GFP. GFP ist ein Protein, das in den Sechzigerjahren aus einer Qualle gewonnen wurde und nach Anregung durch blaues bis ultraviolettes Licht grün leuchtet. Der Trick, für den Martin Chalfie, Osamu Shimomura und Roger Tsien 2008 den Nobelpreis für Chemie erhielten, bestand darin, das GFP-Gen an ein beliebiges Gen eines anderen Organismus zu hängen. Daraus entsteht dann ein Fusionsprotein. Johnson generierte Fadenwürmer, in denen das GFP-Gen an das *daf-16*-Gen angehängt wurde. Nun konnte Johnson im lebenden Wurm verfolgen wo das DAF-16::GFP-Fusionsprotein sich befand, in jeder Zelle zu jeder

Zeit. Im normalen Wurm war das zunächst ziemlich unspektakulär: DAF-16::GFP befand sich außerhalb des Zellkerns irgendwo im Zytoplasma. Ganz anders aber in den langlebigen *daf-2*-Mutanten: Plötzlich leuchteten die Zellkerne vor lauter mit GFP markiertem DAF-16. Das konnte Johnson auch in normalen *Wildtyp*-Würmern erreichen, sobald er diese in stressige Situationen brachte; für Würmer ist Stress etwa hohe Temperatur, giftige Substanzen oder kein Futter zu haben. Auch dann sammelte sich das DAF-16-Protein im Zellkern an. Also DAF-16 hatte eine Funktion im Zellkern, und diese Funktion war notwendig, damit *daf-2*-Mutanten so extrem viel länger leben konnten. Was stellt DAF-16 im Zellkern an?

Interessanterweise ist das DAF-16-Protein ein sogenannter *Transkriptionsfaktor*. Was macht ein Transkriptionsfaktor? Wie wir eingangs gelernt haben, ist die Transkription der Prozess, durch den die Information des Erbträgers, der DNA, in mRNA-Moleküle, überschrieben wird. Diese Überschreibung ist notwendig, um die Erbinformation, die im Zellkern bewahrt wird, in Proteine wie Enzyme im Zellplasma, also dem Bereich der Zelle außerhalb des Zellkerns, übersetzen zu können. Wann ein Gen abgelesen, also angeschaltet ist oder ruht, also abgeschaltet ist, wird von Transkriptionsfaktoren festgelegt. Transkriptionsfaktoren sind also die entscheidenden Proteine, die bestimmen, welche Partituren aus den Sinfonien des Genom gespielt werden. Tritt DAF-16 in den Zellkern ein, so spielt das Orchester der Gene ein langes Adagio; das Tier altert in Zeitlupe.

Da alle Zellen die gesamte Erbinformation enthalten, ist es unbedingt notwendig, dass genau festgelegt wird, welche Gene aktiv und welche inaktiv sind. Ansonsten würde ja komplettes Chaos in den Zellen ablaufen. Gerade deshalb sind die vielen verschiedenen Transkriptionsfaktoren so wichtig. Sie bestimmen zu jeder Zeit, welche Gene an- und welche ausgeschaltet sind, mehr noch, legen sie fest, wie viel mRNA von einem Gen wann produziert wird. So wird sichergestellt, dass Zellen in der Kopfhaut Keratin produzieren oder Muskelzellen die strukturellen Teile der Muskelfasern herstellen. Die Kombination von Transkriptionsfaktoren bestimmt somit die Funktion einer Zelle.

Mit der Erkenntnis, dass die Aktivierung von DAF-16 die Lebensspanne verlängert, wurde schlagartig klar, dass die durch DAF-16 gesteuerten Gene die Alterung beeinflussen. Inzwischen hat man Hunderte von Genen gefunden, die durch DAF-16 reguliert werden. Im Weiteren werden wir einige Prozesse kennenlernen, die es dem Organismus erlauben, besonders lange zu leben. Auch wurden weitere Transkriptionsfaktoren gefunden, die mit DAF-16 oder auch unabhängig davon die Lebensspanne verändern können. Zunächst aber widmen wir uns der Frage, was wohl die Ergebnisse aus den Experimenten, Forschungen mit den langlebigen Würmern für andere Lebewesen, insbesondere uns Menschen, bedeuten mögen. Dieser Frage ist man natürlich seit Kenyons Entdeckung intensiv nachgegangen.

Gendefekte und Wachstumshormone und ihre Bedeutung fürs Altern – bei Mäusen und Menschen

Das Laron-Syndrom, benannt nach Zvi Laron, einem israelischen Forscher, der Ende der Fünfzigerjahre Menschen untersuchte, die zwar normal groß zur Welt kommen, dann aber nur sehr langsam wachsen. Schuld ist ein Gendefekt, der den Wachstumsprozess stört.
In einem Bergdorf Ecuadors leben Dutzende Kleinwüchsige. Ein Forscher suchte sie auf: Tragen die Kleinwüchsigen den Schlüssel für ein langes Leben in sich?

Die Lebensdauer eines Wurmes zu verlängern, ist wissenschaftlich sicherlich höchst interessant. Fragt sich nur, ob diese Prozesse auch für uns Menschen relevant sind. Um sich dieser Frage zu nähern, führte man zunächst in einem anderen, nicht minder bedeutsamen *Modellsystem*, der Taufliege, Untersuchungen zu den äquivalenten Genen durch. Die Taufliege *Drosophila melanogaster* wurde von dem großen Genetiker Herman Muller schon in den 1920er-Jahren benutzt, um Erbmerkmale zu verfolgen. Muller untersuchte, wie rote und weiße Augen, verstümmelte und normale Flügel vererbt wurden. Durch diese Experimente erlangte er die Erkenntnis, dass sich Gene auf Chromosomen vererben, eine der fundamentalen Einsichten der Genetik. *D. melanogaster* wurde zu einem der wichtigsten Werkzeuge der Genetiker und ist bis heute eines der zentralen Modellsysteme moderner Biologie. Das Äquivalent zum *daf-2*-Mutantenwurm wurde in der Fliege mit *chico*-Mutanten etabliert. Das *chico*-Gen kodiert ein Protein, das Signale vom Insulinrezeptor, also die Fliegenversion von DAF-2, empfängt und im Signalweg weiterleitet. Ähnlich wie *daf-2*-Würmer leben Fliegen mit einer Mutation im *chico*-Gen länger [22]. Der nächste Schritt in der Erforschung der Frage, ob die Langlebigkeit der Fadenwürmer auch für andere Tiere irgendeine Bedeutung habe, war damit beschritten, denn es wurde somit klar, dass der genetische Mechanismus der Lebensdauer *evolutionär konserviert*, also in der Evolutionsgeschichte beibehalten ist.

Um zu untersuchen, ob die Beobachtungen bei Fadenwürmern und Fruchtfliegen auch Relevanz für höhere Tieren haben, werden in der Regel Experimente an Mäusen durchgeführt. Die Hausmaus *Mus musculus* ist ein weit verbreitetes *Tiermodell*, das zum Studium etwa von Krankheitsprozessen von zentraler Bedeutung ist. Mäuse werden schon seit vielen Jahrzehnten unter kontrollierten Bedingungen weltweit in Labors gezüchtet. Dabei werden die Mäuse innerhalb eines Stammes verpaart, es herrscht also totale Inzucht im Maustierstall. Dies ist wichtig und gewollt, damit die Untersuchung z. B. von Krankheitsgenen vor dem gleichen genetischen Hintergrund durchgeführt werden kann, egal ob die zu untersuchende Maus in Deutschland, Japan oder den USA gezüchtet wird. Selbstverständlich wurden Mäuse, wie im Übrigen auch sämtliche Zuchttiere, die Menschen schon seit zehntausend Jahren kultivieren, fast schon unbeabsichtigt darauf selektiert, früh viele Nachkommen zu bekommen. Dies liegt daran, dass die Tiere jung verpaart werden und die Nachkommen meistens von jungen Elterntieren kommen. Im Schutze des Labors können Mäuse vierundzwanzig bis etwa sechsunddreißig Monate alt werden. In der Wildnis allerdings überlebt eine Maus kaum länger als acht Monate, da ihnen die Kälte bei Wintereinbruch sehr zu schaffen macht. Interessanterweise aber kann eine aus der Wildnis gefangene Maus, frei von Inzucht und Selektion auf frühe Geburten, sogar noch länger im Labor überleben als die gezüchteten Labormäuse. Allerdings sind Untersuchungen an wilden Mäusen oft sehr schwierig zu interpretieren, weil sich ihre Lebenshistorie, aber auch die genetische Zusammensetzung nur schwer rekonstruieren lassen. Untersuchungen an wilden Mäusen sind selten, weil die Interpretation der erhobenen Daten nicht immer unumstritten ist. Der in Michigan arbeitende Biologe Richard Miller ist ein vehementer Verfechter von Untersuchungen an Tieren in ihrer natürlichen Umgebung, allen voran Mäusen in freier Wildbahn. Mit Fang- und Wiederfangexperimenten versucht er die Lebensgeschichte der Tiere unter natürlichen Bedingungen zu erfassen.

Die ersten langlebigen Mäuse waren schon in den 1920er-Jahren in Labors gezüchtet worden. Und das ging so: George Snell hatte Zwergmäuse isoliert, die nach der Geburt zunächst ganz normal aussahen, aber nach zwei Wochen ihr Körperwachstum komplett einstellten [23]. Dabei erreichten sie nur etwa ein Viertel des Körpergewichtes normaler Mäuse. Hinzu kamen in den Fünfzigerjahren noch die Ames-Zwergmäuse, die in den Ames-Laboratorien der University of Iowa isoliert wurden. Zunächst interessierte man sich nicht wirklich dafür, das gesamte Leben der Zwergmäuse nachzuvollziehen. Man ging sogar davon aus, dass diese Mäuse kurzlebig seien. Dies lag aber daran, dass die Zuchtbedingungen damals noch nicht die heutigen Standards hatten. Erst eine fürsorglichere Behandlung erlaubte Holly Brown-Borg und Andrzej Bartke detailliertere Untersuchungen der Lebensdauer der Zwergmäuse [24]. Die Zwergmäuse lebten ein ganzes Jahr länger als ihre normal gewachsenen Artgenossen, zwei der weiblichen Zwergmäuse stellten sogar einen neuen Rekord der Mauslanglebigkeit auf, als sie im Alter von vier Jahren verstarben.

Die Snell- und Ames-Zwergmäuse sind kleinwüchsig, weil ihnen ein jeweils anderes Gen fehlt, welches gebraucht wird, um die Hirnanhangsdrüse, auch *Hypophyse* genannt, zu entwickeln. Die Hypophyse dient dem Gehirn als Hormondrüse und reguliert durch das Freisetzen von Hormonen in den gesamten

Körper verschiedenste Prozesse wie das Körperwachstum, die Fortpflanzung und den Stoffwechsel. Am offensichtlichsten ist dabei das verringerte Körperwachstum, wenn aufgrund einer nicht ausgebildeten Hypophyse die Produktion des Wachstumshormons ausbleibt – die Mäuse bleiben klein.

Dass nun das Wachstumshormon ausschlaggebend für Kleinwuchs und verlängertes Leben ist, haben John Kopchicks Untersuchungen aufgezeigt. Kopchick entwickelte eine Maus, die eine Mutation im Rezeptor für das Wachstumshormon selbst trägt. Diese Maus hat eine ganz normale Hypophyse, die ihre Hormone ganz normal an den Körper abgeben kann. Allein das Fehlen des Rezeptors, der das Wachstumshormon erkennt, genügte, und die Maus blieb genauso klein wie die Snell- und Ames-Zwergmäuse und, für uns natürlich noch interessanter, genoss ein verlängertes Leben.

Welche Funktion des Wachstumshormons ist ausschlaggebend für das lange Leben? Der von Kopchick untersuchte Wachstumshormonrezeptor reguliert wiederum einen anderen wichtigen Botenstoff: die Produktion eines Wachstumsfaktors, der dem Insulin ähnelt, im Englischen »Insulin-like growth factor-1« genannt oder kurz IGF-1. In der Tat leben auch Mäuse mit verminderter Aktivität des IGF-1-Rezeptors länger [25]. Und nun kommt der Clou: Der IGF-1-Rezeptor ist das direkte Äquivalent des *daf-2*-Gens in Kenyons Fadenwürmern. Die verminderte Aktivität der Insulin-ähnlichen Signalübertragung führt also zur Lebensverlängerung bei Spezies von einfachen Fadenwürmern bis zu Säugetieren. Die Frage, die sich unmittelbar stellt: Ist dies auch beim Menschen der Fall?

Der Endokrinologe, also mit Stoffwechsel- und Hormonstörungen befasste Jaime Guevara-Aguirre stieß 1987 in den Bergen Ecuadors auf ein Dorf, in dem auffallend viele kleinwüchsige

Menschen lebten. Die Männer waren etwa 1,40 Meter, die Frauen nur 1,30 Meter groß. Es stellte sich heraus, dass diese Kleinwüchsigen eine Mutation im Wachstumshormonrezeptor trugen, ganz genau wie die Mäuse, die John Kopchick entwickelt hatte. Und genau wie die Zwergmäuse zeigten auch diese Menschen in Ecuador ein stark verringertes Körperwachstum. Wie aber sah es mit ihrer Lebenserwartung aus?

Gemeinsam mit dem Alternsforscher Valter Longo von der University of Southern California studierte Guevara-Aguirre, der selbst aus dem Süden Ecuadors stammt, ihre Lebensverläufe [26]. Die Kleinwüchsigen waren Nachfahren sephardischer Juden, die vor der Inquisition nach Ecuador geflohen waren und in der Abgeschiedenheit dieses Dorfes den Gendefekt von Generation zu Generation weitergegeben hatten. Dabei mussten die Forscher die medizinischen Aufzeichnungen heranziehen. Nun kann man die Lebenserwartung eines ecuadorianischen Dorfbewohners natürlich nicht mit der eines durchschnittlichen Nordamerikaners aus Longos Umgebung vergleichen. Aber nicht alle Bewohner dieses Bergdorfes waren kleinwüchsig. Auch unter Partnern und Geschwistern trugen einige die Mutation im Wachstumshormon, während andere den ganz normalen Wachstumshormonrezeptor bildeten und eine normale Körpergröße erreichten. Nun hatten die beiden Forscher also genügend klein und normal gewachsene Menschen, um Altern und Krankheiten von Menschen mit oder ohne Wachstumshormonrezeptor zu untersuchen.

Zur Enttäuschung des Alternsforschers hatten die kleinwüchsigen Ecuadorianer aber keine erhöhte Lebenserwartung. Dennoch zeigten ihre Lebensgeschichten erstaunliche Unterschiede. Die Todesursachen unterschieden sich nämlich dramatisch von denen normal gewachsener Dorfbewohner. Die

Kleinwüchsigen wurden viel häufiger Opfer von Unfällen. Viele von ihnen litten an Alkoholproblemen. Auch neigten sie dazu, Epilepsien zu entwickeln. Andererseits waren sie gefeit gegen Krebs und entwickelten auch kaum Diabetes. Gegen zwei wichtige alternsassoziierte Erkrankungen konnte offenbar das Fehlen des Wachstumshormonrezeptors effektiv schützen.

Menschen, denen dieser Rezeptor fehlt, tauchen immer wieder auch in unseren Breitengraden mit schweren Wachstumsdefekten auf, wenngleich nie in der hohen Verbreitung wie im besagten südamerikanischen Dorf. Diese Menschen leiden am Laron-Syndrom, erstmals beschrieben in den Fünfzigerjahren von dem israelischen Kinderendokrinologen Zvi Laron. Das Beispiel der Laron-Syndrom-Patienten gibt uns einen Hinweis, dass die Ergebnisse aus den Mäusen- und anderen Tiermodellen wichtige Erkenntnisse über Krankheitsentstehungen bringen.

Die menschliche Alterung steht aber unter sehr vielen Einflüssen, die sich zum Beispiel von Tieren, die im Labor gehalten werden, stark unterscheiden. Die Reduktion von Wachstumssignalen kann offenbar der Krebsentwicklung bei Mäusen wie bei Menschen entgegenwirken. Gerade Krebs ist eine schwer zu behandelnde Krankheit. Das Risiko, an Krebs zu erkranken, steigt im Alter dramatisch an, das Alter an sich stellt ein Hauptrisikofaktor für Krebs dar. Während der Alterung nehmen Wachstumshormone und IGF-1 im menschlichen Körper ab, offenbar ein natürlicher Mechanismus unseres Körpers, der zunehmenden Krebsgefahr entgegenzuwirken. Vorbeugende Therapien könnten durchaus bei den in der Blutbahn zirkulierenden Wachstumsfaktoren des Körpers ansetzen. Ob eine richtige Balance der Wachstumsfaktoren auch im Menschen zur Verlängerung des Lebens führen kann, wird sich noch erweisen müssen.

Derzeit praktiziert man die Behandlung mit zusätzlichen Hormonen, wie etwa die Hormonersatztherapie bei Frauen in den Wechseljahren. Zu niedrige Hormonwerte können schlimme gesundheitliche Folgen haben. Neben niedrigen Östrogenwerten trägt auch vermindertes Wachstumshormon zur Osteoporose bei, denn die Hormone sind wichtig für die Stabilität der Knochen. Hormonbehandlungen können aber auch Risiken bergen, allen voran ein erhöhtes Krebsrisiko. Bei der Hormontherapie ist ein genaues Abwägen der Vor- und Nachteile in jedem individuellen Fall unerlässlich. Die Wechselwirkungen der Hormone im menschlichen Körper sollten in ihrer Komplexität nicht unterschätzt werden. Für ein vollständiges Verständnis dieser Wechselwirkungen wird man noch viele Untersuchungen vor allem in Mausmodellen vornehmen müssen.

Ein effektives Eingreifen in die Vermeidung alternsbedingter Erkrankungen wie Krebs und Diabetes, ja sogar eine Verlängerung des gesunden Lebens ist aber nicht mehr unmöglich. Der Beweis der prinzipiellen Machbarkeit wurde im Tiermodell erbracht. Beim Menschen ist gerade die Krankheitsvermeidung ein vorrangiges Ziel der biomedizinischen Alternsforschung. Ein Eingreifen in den Hormonhaushalt bietet große Chancen, aber die Konsequenzen müssen kontrollierbar sein, um einen umfassenden positiven Effekt auf die menschliche Gesundheit erreichen zu können.

Um Varianten von Genen zu identifizieren, die dem Menschen besondere Langlebigkeit geben könnten, haben Gerontologen und Geriater, also Biologen und Mediziner, die sich mit dem Altern beschäftigen, in vielen Ländern nach Menschen Ausschau gehalten, in deren Familien besonders viele Menschen hundert Jahre alt wurden. Solche Hundertjährigenstudien werden mittlerweile in Deutschland, Japan, England, den Niederlanden, den USA und vielen anderen Ländern durchgeführt. Dabei zieht sich die Langlebigkeit von Generation zu Generation durch. Es werden alle möglichen Untersuchungen durchgeführt, nach Wachstumsfaktoren im Blut gesucht, die Expression von Genen ermittelt, das Erbmaterial sequenziert[*], der Gesundheitsstatus abgefragt. Verglichen werden die Hundertjährigen dann häufig mit ihren Lebenspartnern, mit denen sie Lebensumstände, Nahrung und Gewohnheiten teilen. Was immer an den Hundertjährigen anders ist als bei ihren Partnern, so die Logik, kann der Schlüssel zur Langlebigkeit sein.

Die Untersuchungen besonders langlebiger Menschen haben auch schon ihre ersten Früchte getragen. So wurden Variationen in Genen gefunden, die man schon aus den einfachen Tiermodellen der Langlebigkeit kannte. In einer japanischen als auch in einer deutschen Gruppe langlebiger Menschen wurden Veränderungen im *FOXO*-Gen gefunden. Eben dieses *FOXO*-Gen ist das humane Äquivalent des uns aus dem Fadenwurm wohlbekannten DAF-16 Transkriptionsfaktors [27], [28]. Sogar eine Variation im Gen für den IGF-1-Rezeptor, das Äquivalent des *daf-2*-Gens im Fadenwurm, wurde in einer amerikanische Studie an langlebigen aschkenasischen Juden gefunden [29].

Diese Ergebnisse legen nahe, dass die gleichen Gene, die Langlebigkeit in einfachen Tieren steuern, auch im Menschen die Lebensdauer beeinflussen und somit zum Ziel der *Anti-Aging*-Medizin werden könnten. Das Auffinden der Variationen in diesen Genen bei Hundertjährigen weist aber noch nicht nach, dass diese Gene ursächlich für die lange Lebenserwartung sind. Gegen die einfache Erklärung mittels einzelner Genvarianten

---

[*] Durch das Sequenzieren des Erbgutes wird die genaue Abfolge von ATGZ im Genom bestimmt. So lässt sich feststellen, ob z. B. besonders langlebige Menschen bestimmte Varianten von Genen in sich tragen, die für ihre Langlebigkeit verantwortlich sind.

spricht, dass in jeder Generation ein hohes Lebensalter auftritt. Genetisch würde man erwarten, dass durch die Gene des nicht-langlebigen Elternteils der Effekt der Langlebigkeit ausgeglichen würde. Es ist also möglich, dass auch nicht-genetische Faktoren, die sogenannte Epigenetik (von griechisch *epi* »dazu« außerdem«)*, den Hundertjährigen das lange Leben bescheren. Möglich ist auch, dass entscheidende Ereignisse im Leben der Hundertjährigen durch den Vergleich mit ihren Partnern noch übersehen werden. Die Untersuchung der Langlebigen unter uns wird sicherlich noch weitere interessante Ergebnisse zu Tage fördern, die den normal alternden Menschen Hinweise geben könnten, wie es sich gesünder altern ließe.

---

* Die Epigenetik bezeichnet dauerhafte Veränderungen, die die Funktion von Genen beeinflussen. Dies können etwa chemische Modifikationen an der DNA selbst sein, die die Expressionen von Genen regulieren.

III. Der Prozess des menschlichen Alterns

Der Wettlauf um die Entschlüsselung des menschlichen Genoms kulminierte 2001 mit der Veröffentlichung der Sequenz des Genoms – sie sollte eine Art Blaupause des Menschen liefern.
Doch unser Genom wird durch viele Faktoren angegriffen und verändert sich ständig. Mutationen führen zu Krankheiten. Dagegen hat der Mensch glücklicherweise Reparaturmechanismen entwickelt.

Wie untersucht man die Rolle der Gene in der menschlichen Alterung? Auf diese Fragen suchen wir in diesem dritten Kapitel Antworten. Wie wir gesehen haben, können wir in Tiermodellen, sogar in Säugetieren, die Funktionen von Genen analysieren, indem wir Mutanten herstellen. Mutanten haben wir bereits in Fadenwürmern, Taufliegen und Mäusen kennengelernt, die eine veränderte Sequenz eines Gens, also eine Genveränderung, die man fachsprachlich als Mutation bezeichnet, in sich tragen. Das Herstellen von Mutationen mittels molekularbiologischer Methoden war für die Biologie des 20. Jahrhunderts von entscheidender Bedeutung. Bei der Maus kann man heute jedes Gen inaktivieren und auf diese Weise Tiere generieren, in denen ein Gen defekt ist. Tritt nun ein bestimmter Phänotyp auf, etwa ein Fehler im Wachstum, oder entwickelt die Mausmutante eine Krankheit, so kann man rückschließen, dass das mutierte Gen für das Wachstum wichtig ist oder dafür, eine bestimmte Krankheit zu verhindern.

Mutationen im Menschen sind die Ursache von Erbkrankheiten. Einige seltene Erbkrankheiten, die zu vorzeitiger Alterung der Patienten führen, geben uns Aufschluss über die genetischen Ursachen der menschlichen Alterung. Was sind diese Mutationen, was machen diese Gene?

Mutationen können spontan entstehen und über Generationen weitervererbt werden. Gäbe es keine Mutationen, wäre die Evolution nach Bildung des ersten DNA-Moleküls stecken geblieben. Denn Mutationen waren die Ursache, warum sich aus der ersten Lebensform über Milliarden Jahre das ganze Spektrum der Artenvielfalt entwickeln konnte. Auch jeder Mensch trägt Mutationen in seinem Genom, wobei der Begriff Genom die Gesamtheit der Gene eines Lebewesens meint. Obwohl das Genom eines Menschen dem eines anderen sehr ähnlich ist, sind allein die Genome eineiiger Zwillinge vollkommen identisch – und dies auch nur bei ihrer Entstehung im Mutterleib. Keine zwei Menschen haben das genau gleiche Genom. Jeder trägt Variationen, seien sie auch noch so klein, in dem seinen. Deshalb sind wir Menschen, genau wie die meisten Tierarten auch, unterschiedlich.

Die meisten Variationen in der Genomsequenz, also die Abfolge von ATGC in der DNA, haben gar keine Konsequenzen. Nur ein ganz kleiner Teil unseres Genoms beinhaltet Gene – ein zunächst überraschender Befund. Das menschliche Genom umfasst den Gesamtbestand an Basenpaaren in der DNA eines Individuums, es besteht aus 3 Milliarden DNA-Bausteinen, den *Nukleotiden* mit den *Basen* A, T, G und C, die über einen langen Strang aus Ribosemolekülen zu *Chromosomen* verkettet sind. Ein Gen kann eine ganz unterschiedliche Länge von Nukleotiden beinhalten, von wenigen hundert bis zu Tausenden von unterschiedlichen Abfolgen von A, T, G und C.

Erst seit wenigen Jahren ist es möglich, ganze Genome, sogar von der Größe des Menschen, zu sequenzieren, also die Abfolge der Nukleotide genau zu bestimmen. Das Humangenomprojekt der Neunzigerjahre hatte sich zum Ziel gesetzt, die Abfolge der Nukleotide im gesamten menschlichen Genom – die Sequenz – zu ermitteln. Zunächst hatte man sich an kleinere Genome herangewagt, etwa von Bakterien. Als erstes Genom eines Tieres sequenzierte man den uns nun wohlbekannten Fadenwurm. Das *C. elegans*-Genom war der erfolgreiche Test-Run für das Humangenomprojekt.

Das milliardenschwere öffentlich finanzierte Humangenomprojekt bekam bald kommerzielle Konkurrenz seitens der Celera Corporation von Craig Venter, der sich vom Biochemiker zum Unternehmer gewandelt hatte und dem kein Ziel zu hoch schien. Obwohl zunächst mit einem gewissen Grad des Unbehagens, vielleicht sogar Verachtung belegt, stellte sich die private Konkurrenz als Segen heraus. Es entstand ein Wettlauf um die Vollendung der menschlichen Genomsequenz. Getrieben von dem Schreckensszenario, Celera könnte alle menschlichen Gene patentieren, musste das öffentliche Projekt einen Gang zulegen. Dazu kam als entscheidender Faktor, dass die erheblichen finanziellen Mittel, die in die beiden Projekte flossen, zu einer rasanten technischen Entwicklung der Sequenzierungsmaschinen führten. Im Jahre 2001 war es dann so weit: Celera und das Humangenomprojekt veröffentlichten die Sequenz des menschlichen Genoms [30], [31], ein Meilenstein in der Geschichte des »transparenten« Menschen, des *Homo sapiens*. Denn nun kennen wir den Code – den Bauplan – des Menschen.

In den folgenden Jahren wurde die Sequenzbestimmung weiter verfeinert, wobei sich der Fokus immer mehr darauf verlagerte, die Sequenz richtig zu interpretieren. Schließlich war die

Bestimmung der Sequenz nur die Voraussetzung dafür, das menschliche Genom zu kennen. Aus der Sequenz Sinn zu machen, sie zu interpretieren, ist eine Herausforderung, der die Genomforscher auch heute noch nachgehen. Die vielleicht erstaunlichste Erkenntnis war dabei die relativ geringe Anzahl der Gene im menschlichen Genom. War man in den Neunzigerjahren noch davon ausgegangen, dass unser Genom 100.000 Gene kodieren würde, so nimmt man heute an, dass es nur etwa 20.000 bis 25.000 menschliche Gene gibt [32]. Erstaunen löst diese Zahl vor allem dann aus, wenn man sich vergegenwärtigt, dass der einfache Fadenwurm, mit seinen 959 Zellen, schon ungefähr 20.000 Gene hat.*

Auch nach der »Entschlüsselung« des menschlichen Genoms ging es nicht nur mit der Interpretation des Genoms, sondern auch rapide mit der technischen Entwicklung der Sequenzierungsmaschinen weiter. Sequenzierungen, die vor wenigen Jahren noch Monate gedauert hatten, können heute schon innerhalb eines Tages generiert werden. Das Humangenomprojekt hatte mit der Sequenz von Genomen einiger weniger Menschen begonnen. Mit der andauernden technologischen Entwicklung werden wir schon bald in der Lage sein, das Genom eines jeden Menschen zu sequenzieren. Daraus werden wir wichtige Aufschlüsse zu der Frage erhalten, für welche Krankheiten wir persönlich besonders anfällig sein könnten.**

---

* Der gravierende Unterschied zwischen den Genen im menschlichen Genom im Vergleich etwa zum Fadenwurmgenom liegt in den ganz unterschiedlichen Varianten, in denen Gene exprimiert werden. Damit kann die begrenzte Zahl menschlicher Gene eine Vielfalt verschiedener Proteine – hier geht man weiterhin von etwa 100.000 verschiedenen Proteinen aus – bilden.
** Die Limitierung, das eigene »persönliche« Genom zu bestimmen, liegt schon heute nicht mehr in der eigentlichen Sequenzierung. Viel schwieriger ist es, aus den vielen Variationen in Genen, die jeder Mensch in sich trägt, eine richtige Vorhersage zum Krankheitsrisiko zu ermitteln.

Die Bestimmung der menschlichen Genomsequenz ist vor allem bei der Suche nach Ursachen genetisch bedingter Erkrankungen von unermesslicher Bedeutung. Mutationen entstehen in Folge von Beschädigungen des Erbgutes. Die DNA ist nicht komplett stabil, sondern kann chemisch verändert werden. An jedem Tag unseres Lebens entstehen in jeder unserer Zellen Zehntausende von DNA-Beschädigungen. Dabei wird unser Genom von vielen unterschiedlichen Faktoren angegriffen. Die Haut ist der ultravioletten Strahlung der Sonne ausgesetzt, die direkt mit den Nukleotiden der DNA reagieren und deren Struktur verändern kann – deshalb führt Sonnenbaden auch zu Hautkrebs, aber mehr davon später. Auch der ganz natürliche Stoffwechsel in unseren Zellen kann zu DNA-Schäden führen, etwa durch die Freisetzung reaktiven Sauerstoffs, einem Radikal, das wir schon bei Harman kennengelernt hatten. Dazu kommen vielerlei chemische Angriffe auf die DNA, und selbst die kosmische Strahlung – der wir permanent und besonders in Flughöhen ausgesetzt sind – kann die DNA beschädigen. DNA-Schäden sind also unausweichlich.

Da Genomschäden das Leben im Laufe der gesamten Evolution begleitet haben, haben sich in allen Organismen DNA-Reparatursysteme entwickelt. Diese sind außerordentlich wichtig, damit die Vielzahl von DNA-Schäden repariert werden können. Die allermeisten werden effizient repariert. Perfekt ist allerdings nichts und auch die DNA-Reparatursysteme können Fehler machen. Fehler in der Reparatur können dann dazu führen, dass die DNA-Sequenz nicht mehr genauso wiederhergestellt wird, wie sie vor der Beschädigung war. Genau dann entsteht eben eine Mutation.

Mutationen können in jeder Zelle entstehen. Taucht eine Mutation in einem einzelligen Lebewesen, etwa einer Bäckerhefezelle, auf, so werden alle Nachkommen dieser Zelle die Mutation tragen. Im menschlichen Körper können Mutationen ganz verschiedene Konsequenzen haben. Nervenzellen werden in unserer Entwicklung komplett ausgebildet und teilen sich nie wieder. Stirbt eine Nervenzelle, so kann sie nicht mehr ersetzt werden. Zellen im Darm und in der Haut hingegen werden ständig ersetzt. Deshalb haben Darm und Haut auch sehr aktive Stammzellen, die ständig neue Darm- und Hautzellen hervorbringen. Passiert eine Mutation in einer Hautstammzelle, so tragen alle aus ihr hervorgehenden Hautzellen die Mutation. Erfährt aber eine *differenzierte*, also ausgebildete Hautzelle eine Mutation, so wird das in der Regel folgenlos bleiben, weil die Hautzelle schon bald absterben und durch eine neue, aus der Stammzelle hervorgehende, ersetzt werden wird.

Alle Mutationen, die in unseren Körperzellen entstehen, haben aber nur Auswirkungen auf unseren eigenen Körper. Sie verschwinden entweder, wenn die mutierte Körperzelle stirbt, oder spätestens mit dem Tod des Körpers. Ganz anders verhält es sich mit Mutationen, die in der Keimbahn entstehen. Denn die Keimzellen geben ja ihre Erbinformation an die Nachkommen weiter.

Keimzellen reagieren deshalb auch besonders empfindlich auf Beschädigungen ihrer DNA. Spermien etwa sterben oft ab, wenn sie DNA-Schäden in ihrem Genom feststellen. Eizellen hingegen reparieren ihr Genom besonders gut. Trotzdem kann es zu Mutationen kommen, die vererbt werden. Solche Mutationen verbleiben sehr lange im menschlichen Genpool.

Normalerweise haben erbliche Mutationen keine Auswirkungen, weil jedes Chromosom und damit das ganze Genom in jeder unserer Zellen zweimal vorkommt. Einen Chromosomensatz haben wir von unserer Mutter geerbt, den zweiten von unserem

Vater. Jedes Gen kommt somit zweimal in unserem Erbgut vor. Allein das X und Y Chromosom bei Männern liegt nur einmal vor. Wird uns nun eine Mutation von einem Elternteil vererbt, so bekommen wir in der Regel das normale Gen vom anderen Elternteil.

Die meisten Mutationen wirken sich so lange nicht aus, wie auch eine normale Kopie des Gens vorliegt. Solche Mutationen nennt man *rezessiv*. Im Gegensatz dazu gibt es auch *dominante* Mutationen, die sich auswirken, auch wenn das Gen zusätzlich in normaler Form vorliegt. Diese Mutationen dominieren dann über ihr normales Äquivalent. Die meisten Mutationen sind harmlos. Sie betreffen zum Beispiel die Farbe von Augen und Haaren. Dabei kann es dominante Genvarianten geben, wie zum Beispiel braune Augenfarbe und rezessive Genvarianten wie etwa blaue Augenfarbe.

Mutationen können aber auch schwerwiegende Erbkrankheiten hervorrufen. Solche Mutationen sind rezessiv, denn wären sie dominant, so würden sie schnell aus dem Genpool verschwinden, weil jeder Träger einer schwerwiegenden dominanten Mutation an einer schweren Krankheit leiden und sterben würde. Eine rezessive Mutation kann hingegen in unserem Erbgut schlummern und von Generation zu Generation weitergegeben werden. Haben aber beide Eltern eine solche rezessive Mutation, so kann dem Kind die normale Variante des Gens fehlen und beide, mütterliche und väterliche Chromosomen, enthalten das mutierte Gen.

Solche Erbkrankheiten findet man vor allem in Gebieten, in denen in engen Verwandtschaftsverhältnissen geheiratet wird. Hier ist dann die Variation im Genpool einer solchen Bevölkerung gering. Es gibt viele Träger der gleichen Genvarianten und damit der gleichen rezessiven Mutationen. Oft sind dann ganze

Familien von Erbkrankheiten betroffen. Mit den modernen Methoden der Genomsequenzierung ist es in den letzten Jahren gelungen, die ursächlichen Mutationen immer mehr seltener Erbkrankheiten zu identifizieren.

Die Identifizierung der Gene, die bei menschlichen Erberkrankungen mutiert sind, ist von entscheidender Bedeutung für das Verständnis von Krankheiten, aber auch der normalen Funktionsweise des menschlichen Körpers. Leidet ein Mensch an einer Erbkrankheit, so kann man heute in seinem Genom nachschauen, welches Gen bei ihm mutiert ist. Man könnte also so auch ermitteln, welche Variationen von Genen Menschen tragen, die entweder besonders schnell altern oder aber besonders lange leben. Genau dies hat sich die Humangenetik zum Ziel gesetzt.

Das Identifizieren von Krankheitsgenen funktioniert bereits sehr gut bei sogenannten *monogenetischen* Erkrankungen. Als monogenetisch bezeichnet man Erbkrankheiten, die von einem (*mono* »eins«) Defekt in einem einzelnen Gen verursacht werden. Die Sequenz dieses Gens unterscheidet sich bei dem Patienten im Vergleich zu der Sequenz z. B. seiner Geschwister, die die Erbkrankheit nicht ausbilden. Stellt man sich nun vor, dass es Gene gibt, die notwendig sind, um den Körper bis ins hohe Alter funktionsfähig zu halten, so würde man erwarten, dass Defekte in diesen Genen den Alterungsprozess beschleunigen. Dies ist in vorzeitigen Alterungssyndromen, fachsprachlich *Progerie* genannt, in der Tat der Fall.

Die Untersuchungen an Erbkrankheiten, die das Altern beeinflussen, haben so einen ganz wichtigen Beitrag zum Verständnis des Alterungsprozesses selbst als auch der typischen Erkrankungen und Gebrechen des Alterns geleistet. Im Folgenden wollen wir uns diese Erbkrankheiten der vorzeitigen Alterung genauer anschauen.

Vorzeitige Alterung: Wenn Kinder zu Greisen werden

In diesem Kapitel treffen wir ein paar alte Knaben: das Hutchinson-Gilford-Progerie-Syndrom und seine jüngeren Geschwister, das Werner-Syndrom, Blooms-Syndrom und Rothmund-Thomson-Syndrom. Sie erklären, was geschieht, wenn die Helikase in der Kunst, ein Auto bei voller Fahrt zu reparieren, versagt, und warum ein morbider Tresor des Erbmaterials für Falten und graue Haare sorgt.

Jonathan Hutchinson war am Ende des 19. Jahrhunderts ein Tausendsassa der britischen Medizin. Es gab kaum eine Krankheit, für die er sich nicht ausgiebig interessierte. Er war Augenarzt, aber auch Allgemeinmediziner und Venerologe, und als solcher bekämpfte er die damals weitverbreitete Syphilis – mit vorsorglicher Beschneidung. Als Kind seiner Zeit meinte er auch, bei übermäßiger Masturbation eine Kastration empfehlen zu müssen. Doch in die Wissenschaftsgeschichte ging der Londoner Arzt durch eine andere Entdeckung ein. 1886 untersuchte Jonathan Hutchinson eingehend einen Patienten, der an frühzeitiger Vergreisung litt.

Benannt wurde diese vorzeitige Vergreisung nach Hutchinson und dem Chirurgen Hastings Gilford, der das gleiche Leiden nur wenig später unabhängig beschrieben hatte. Das Hutchinson-Gilford-Progerie-Syndrom (HGPS) bildet sich schon in der frühen Kindheit aus. Das vorzeitige Altern wird dabei mit dem Begriff Progerie bezeichnet, der aus dem griechischen *pro* »vor« und *geron* »Greis« abgeleitet ist. Kinder, die an HGPS erkranken, zeigen starke Wachstumsstörungen, Deformationen, fibrotische – also narbig verhärtete – Haut und Haarausfall. HGPS-Patienten sterben oft bereits im Alter von 13 Jahren an Herz-Kreislauf-Störungen. Es sollten noch über einhundert Jahre vergehen, bis im Jahre 2003 genetische Untersuchungen von HGPS-Patienten die Krankheitsursache endlich ans Licht brachten [33].

Entdecker war Francis Collins, Chemiker, Genetiker, Arzt und derzeit Direktor des National Institute of Health (NIH), das amerikanische Gesundheitsinstitut, das neben riesigen eigenen Instituten in der Umgebung von Washington auch die größte Förderorganisation für die amerikanische Forschung betreibt. Collins sieht aus wie ein Studienrat, ist aber ein Mann mit vielen Gesichtern. In seiner Freizeit spielt er Hardrock, tritt dabei schon mal mit Joe Perry von Aerosmith auf und fährt ansonsten Motorrad – bevorzugt dabei die möglichst größten und lautesten Maschinen. Viel Skepsis schlug dem evangelikalen Christen seitens seiner amerikanischen Kollegen entgegen, als Präsident Obama ihn zum mächtigsten Wissenschaftler an der Spitze des NIH berief. Dennoch positionierte sich Collins eindeutig für die Forschung an embryonalen Stammzellen, in der viele der religiösen Amerikaner eine Sünde sehen. In den Siebzigerjahren, der aus Virginia stammende Collins war damals junger Arzt an der Yale University, stieß er auf Meg, eine 23-jährige junge Frau, leicht wie eine Feder, kahlköpfig, litt Meg an vorzeitiger Vergreisung. Collins konnte sich nicht damit abfinden, dass er der an HGPS leidenden Patientin nicht helfen konnte, die dann auch 1985 verstarb. Die Aufklärung der Krankheitsursache ließ ihn nicht mehr los. Mit modernen Genomanalysen konnte man seit den 1990er-Jahren immer genauer die Genomabschnitte erkennen, die einer Erbkrankheit zugrunde lagen. Durch Untersuchung von zwanzig der äußerst selten vorkommenden HGPS-Patienten konnten Collins und sein Team eine Veränderung im Lamin-A-Gen ermitteln. Diese Mutation führt zum fehlerhaften Ablesen des Gens selbst. Lamin A ist Bestandteil der Zellkernstruktur. Die HGPS-Mutation führt dazu, dass die Zellkernstruktur nicht mehr ausreichende Stabilität vermittelt. Der Zellkern kann den mechanischen Belastungen, die z. B. bei der

Belastung von Muskelzellen entstehen, nicht mehr standhalten, seine essenziellen biologischen Prozesse sind gestört.

Interessanterweise findet man diese abnormale Form des Lamin-A-Gens auch zunehmend in alternden Zellen normaler Menschen. Dies legt die Annahme nahe, dass eine abnehmende Stabilität des Zellkerns, die zum vorzeitigen Altern der HGPS-Patienten führt, auch im normalen Alterungsprozess eine ursächliche Rolle spielt. Seit der Entdeckung der genetischen Ursache des Leidens der HGPS-Patienten, haben Forscher die molekularen Zusammenhänge zwischen der Stabilität des Zellkerns und dem Alterungsprozess weiter aufklären können. So reagieren die Zellen von HGPS-Patienten auf mechanische Belastungen, wie sie etwa entstehen, wenn man Druck auf ein Gewebe ausübt, äußerst empfindlich. Dies war anfangs nicht sehr offensichtlich, da Zellen normalerweise unter den Bedingungen, unter denen sie im Labor gezüchtet werden, nicht den mechanischen Belastungen ausgesetzt sind, die sie in manchen Geweben im Körper erfahren, etwa bei körperlicher Betätigung.

Der Zellkern ist schon lange als der zentrale geschützte Bereich in einer jeden Zelle bekannt, in dem das Erbmaterial aufbewahrt wird. Im Zellkern finden alle Prozesse statt, die die Gene involvieren. Der Zellkern ist Zentrum der DNA-Replikation (der Verdoppelung der DNA vor jeder Zellteilung) und der Transkription (dem Ablesen der DNA zwecks Umschreiben der DNA in mRNA bei der Genexpression). Die Instabilität des Zellkerns hat direkte Auswirkungen auf die Stabilität des Genoms selbst.[*]

---

[*] So geht man davon aus, dass ein Teil der DNA-Reparatur und der -Transkription unmittelbar an der Innenseite des Zellkerns stattfindet. Der Zellkern schützt nicht nur, sondern hat Poren, durch die RNA und Proteine aus dem Zellkern in das Zellplasma transportiert werden. Umgekehrt müssen alle Proteine, die im Zellkern gebraucht werden, die Kernporen nach innen passieren. Der Zellkern ist somit nicht nur der Tresor, der das Genom aufbewahrt, sondern auch das logistische Zentrum der Zelle.

Bei HGPS ist das Genom selbst instabil, d. h. es kommt zum Beispiel vermehrt zu Brüchen in den DNA-Strängen. Diese DNA-Strangbrüche führen dann zur Aktivierung einer hochkomplexen Schadensantwortmaschinerie. Diese Schadensantwortmechanismen sind von zentraler Bedeutung für das Altern, und wir werden uns genauer mit ihnen befassen.

Zunächst aber schauen wir uns noch weitere vorzeitige Alterungssyndrome an.

Der Kieler Medizinstudent Otto Werner beschrieb Anfang des 20. Jahrhunderts in seiner Dissertation vier Geschwister, die, obwohl sie noch nicht einmal dreißig Jahre alt waren, bereits das Erscheinungsbild von Greisen hatten. Das Werner-Syndrom ist das wohl am besten bekannte vorzeitige Alterungssyndrom. Vorzeitige Alterungssyndrome werden auch *segmentale Progerien* genannt. Segmental bedeutet hier, dass nicht sämtliche Erscheinungen der normalen Alterung entwickelt werden, sondern nur bestimmte Gewebe und Organe schneller altern. Dies ist ein wichtiger Aspekt für das Verständnis der Ursachen des Alterns. Das segmentale Auftreten von Alterungserscheinungen bedeutet nämlich, dass verschiedene biologische Prozesse in unterschiedlichen Geweben für die Erhaltung der Zellfunktion maßgeblich sind.

Der Biochemiker Larry Loeb hat zeigen können, dass das in Werner-Syndrom-Patienten mutierte Gen eine DNA-Helikase kodiert [34]. Helikasen haben ihren Namen daher, dass sie Proteine sind, die die DNA-Doppelhelix öffnen und entwinden. Helikasen sind so wichtig, weil die beiden Stränge der DNA voneinander getrennt werden müssen, jedes Mal wenn das Erbgut abgeschrieben wird. Das Abschreiben und damit Kopieren der DNA ist bei jeder Zellteilung notwendig. Darüber hinaus muss die DNA auch während bestimmter Reparaturarbeiten geöffnet werden. Besonders hierbei spielt die Werner-Helikase eine bedeutende Rolle. Funktioniert diese Helikase nicht, so können bestimmte Beschädigungen im Erbgut nicht effizient repariert werden.

Fehlfunktionen in Helikasen, die der Werner-Helikase ähneln, sind auch in anderen segmentalen Progerien als ursächlich erkannt worden. Die Blooms-Helikase verursacht das gleichnamige Syndrom, das der New Yorker Dermatologe David Bloom das erste Mal in den 1950er-Jahren beschrieb bei Patienten mit starken Wachstumsstörungen und Hautausschlägen.

Eine Fehlfunktion in einer weiteren Helikase liegt dem Rothmund-Thomson-Syndrom (RTS) zugrunde. RTS-Patienten fallen ebenfalls zunächst durch Wachstumsstörungen auf und bilden Ausschläge auf Hautpartien, die der Sonnenstrahlung ausgesetzt sind. Im weiteren Verlauf entwickeln diese Progerie-Patienten sehr typische Alterungserscheinungen wie Katarakte in den Augen – eine auch als grauer Star bekannte Trübung der Linse –, schon bald fällt ihr Haar aus. Zudem erkranken diese Patienten schon früh an Krebs. Durch die Erkenntnis der molekularen Ursachen von Werner-, Blooms- und Rothmund-Thomson-Syndromen wurde immer klarer, dass die Erhaltung des Erbgutes von besonderer Bedeutung für das Erreichen eines langen Lebens ist. In den letzten Jahren sind immer mehr der nur selten vorkommenden Progerien ursächlich untersucht worden. Dabei wurde schon in sehr vielen Fällen der zugrunde liegende Gendefekt erkannt; immer wieder zeigt sich, dass die Gendefekte, die Patienten vorzeitig vergreisen lassen, eine wichtige Rolle in der Reparatur des Genoms spielen.

Die Reparatur des Genoms ist ein hochkomplexer Prozess. Es gibt es viele Hunderte verschiedener Arten, wie die DNA beschädigt werden kann. Nun besteht die große Herausforderung für die Reparaturmaschinerien zunächst darin, einen Schaden zu erkennen. Stellt man sich vor, in welchen dynamischen Prozessen das Genom involviert ist, kann man abschätzen, wie schwierig allein schon das Erkennen vor allem solcher Beschädigungen ist, die aus nur kleinen chemischen Veränderungen der Nukleotide bestehen. Während die DNA kopiert *(repliziert)* oder in RNA umgeschrieben *(transkribiert)* wird, muss sie von Helikasen geöffnet werden. Dieser Prozess führt unweigerlich zu Veränderungen der dreidimensionalen Helixstruktur der DNA. Solche normalen Änderungen der DNA-Struktur müssen von Änderungen unterschieden werden, die von Beschädigungen herrühren.[*] Unsere DNA in jeder Zelle ist etwa 1,80 Meter lang; damit ist die DNA jeder Zelle hunderttausend Mal länger als der Durchmesser einer typischen Zelle. Deshalb muss die DNA im Zellkern eng gepackt werden. Die DNA liegt in der Zelle in verschiedenen Verformungen vor, die sich dynamisch ändern können, etwa wenn ein Gen aktiviert wird oder wenn die DNA kopiert, also repliziert, werden muss. Zwischen all dieser Dynamik müssen DNA-Schäden erkannt und repariert werden, was ein wenig so ist, als ob man ein Auto bei voller Fahrt auf der Autobahn reparieren müsste.

---

[*] Weil nur ein kleiner Teil unseres Genoms Gene kodiert und jede Zelle auch nur bestimmte Gene abliest, gibt es zudem aktive und inaktive Teile des Genoms. Eine Darmzelle zum Beispiel benutzt ja das Gen für die Augenfarbe nicht und deswegen muss ein solches Gen in Darmzellen abgeschaltet sein. Weil jede Zelle über das gesamte Genom verfügt, ist die genaue Regulation, welche Gene in welchem Maß aktiv sind, sehr wichtig. Die Strukturen aktiver und inaktiver Teile des Genoms sind sehr unterschiedlich.

Wie Zellen auf DNA-Schäden reagieren: Checkpoints und Krebs

In diesem Kapitel zieht die DNA sich einige Brüche zu, dadurch bekommt die Mutterzelle Probleme mit ihren ungleichen Töchtern.
Checkpoints ringen mit Wachstumshormonen um die Kontrolle über den entarteten Nachwuchs. Unterstützung erfahren sie durch das *p53*-Gen. Durch Bremsen, Parken und Abwracken sollen gefährliche Zellen außer Gefecht gesetzt werden, während das *Bcl2*-Gen zwar suizidgefährdete Zellen, jedoch keine Menschenleben rettet.

Die häufigste Art der Beschädigung sind kleine Brüche in einem der beiden Stränge der DNA-Doppelhelix. Solche Brüche treten in jeder Zelle täglich zu Zehntausenden auf. Ist nur ein Strang gebrochen, so kann dieser wieder durch darauf spezialisierte Proteine, den DNA-Ligasen (von lateinisch *ligare* »verbinden«), verbunden werden.

Sehr viel schwerwiegender sind Doppelstrangbrüche, denn die Enden der Brüche können sich auch voneinander wegbewegen. Kommen zwei Doppelstrangbrüche auf dem gleichen Chromosom vor, droht sogar der Verlust von Genomabschnitten. Sind zwei verschiedene Chromosomen gleichzeitig gebrochen, kann es zu Fusionen von Chromosomen kommen, wenn die falschen Enden miteinander verbunden werden. DNA-Doppelstrangbrüche sind für die Zelle höchst gefährlich. Vor allem wenn sich eine Zelle teilt, während noch eines ihrer Chromosomen gebrochen ist, kann es zur ungleichen Verteilung der Chromosomensätze auf die Tochterzellen kommen, ein Phänomen, das man *Aneuploidie* nennt. Wie gefährlich eine solche Ungleichverteilung von Chromosomen sein kann, erfahren wir noch später.

Für die Reparatur von Doppelstrangbrüchen verfügt die Zelle über verschiedene, der jeweiligen Situation angepasste, Reparaturmaschinen. Um die Reparatur von DNA-Doppelstrangbrüchen akkurat durchführen zu können, benötigt die Reparaturmaschinerie Zeit. Weder darf die beschädigte DNA kopiert werden, noch sollte sich die Zelle teilen, solange die Doppelstrangbrüche nicht behoben sind.

In der Bäckerhefe stellte man Ende der Achtzigerjahre des 20. Jahrhunderts ein ganz bestimmtes Verhalten fest: Nachdem die Zellen DNA-Beschädigungen ausgesetzt wurden, hörten sie für einige Zeit auf, sich zu teilen. Dieses Verhalten wurde *Zellzyklusarrest*, also eine Pause der Teilungsaktivität der Hefezelle, genannt. Die Zellteilung nennt man *Zellzyklus*, weil sich die Abfolge der Prozesse der Zellteilung immer wieder von Neuem wie in einem Kreislauf wiederholen. Bevor sich die Zelle teilt, wird zunächst das Genom der Zelle kopiert, damit jede Tochterzelle den vollen Satz an Chromosomen bekommen kann. Nach der Verdoppelung der DNA, der *Replikation*, legt die Zelle eine kurze Pause ein, um dann die Chromosomen gleichmäßig zu verteilen; der Zellkern und schließlich die ganze Zelle teilt sich. Nachdem sich die beiden Tochterzellen getrennt haben, können sie von Neuem mit der Verdoppelung der DNA beginnen.

Die Hefegenetiker Leland Hartwell und Ted Weinert führten den Begriff der *Checkpoints* ein. Er beschreibt das Verhalten der Bäckerhefe, mit den Abfolgen der Zellteilung nur dann fortzufahren, wenn ein vorheriger Abschnitt abgeschlossen ist [35]. So beginnt die Zelle erst dann, sich zu teilen, nachdem alle Chromosomen *repliziert*, also verdoppelt wurden, damit auch beide Tochterzellen den vollständigen Satz der Chromosomen bekommen können. Hartwell und Weinert bemerkten, dass die Zellen nicht beginnen, die DNA zu replizieren, nachdem sie mit ionisierender

Strahlung behandelt wurden, welche zu DNA-Schäden führt. (Warum ionisierende Bestrahlung für die DNA so gefährlich ist, wird uns noch intensiv beschäftigen.) Hatten die Zellen die Chromosomen bereits verdoppelt, aber wurden dann beschädigt, so setzen sie die Teilung der Zelle nicht in Gang. Nach jedem Abschnitt, von der inaktiven Zelle zur Replikation der DNA, von der Replikation der DNA zur Teilung der ganzen Zelle, muss immer einen Checkpoint passieren, an dem die Zelle sicherstellt, dass der vorherige Abschnitt beendet wurde und dass keine Schäden an den Chromosomen vorliegen.

Hartwell, Weinert und bald auch eine immer weiter wachsende Zahl von Forschern konnten die hervorragenden Eigenschaften der Bäckerhefe *Saccharomyces cerevisiae* wie auch der entfernt verwandten Spalthefe, *Schizosaccharomyces pombe* nutzen, um die Mechanismen der Checkpoints aufzuklären.* Die Spalthefe war von großer Bedeutung für das Verständnis des Zellzyklus, also der Abfolge der verschiedenen Phasen der Zellteilung.

So fand man schon bald mutierte Hefezellen, die nach DNA-Beschädigungen ihren Zellzyklus – im Gegensatz zu normalen Hefezellen – nicht mehr anhielten. Diese sogenannten *Checkpointmutanten* führten dann zu den Genen, die die verschiedenen Checkpoints kontrollieren. Diese Checkpointgene kontrollieren etwa, ob die Replikation der DNA beginnen kann oder ob sich die Zelle teilen darf oder ob die Chromosomen gleichmäßig auf die Tochterzellen verteilt werden. Seit der Identifizierung der ersten Checkpointgene Ende der Achtzigerjahre sind bis heute ganze Netzwerke von Checkpointgenen etabliert worden.

---

* Die stabförmige Spalthefe bekam ihren Namen, weil sie bei der Zellteilung an beiden Enden auswächst und sich dann genau in der Mitte teilt. Im Gegensatz dazu teilt sich die Bäckerhefe, indem sich die Tochterzelle als Knospe von der Mutterzelle absetzt.

Funktionieren die Checkpoints nicht richtig, so bleibt der Zelle nicht genügend Zeit, um die beschädigte DNA reparieren zu können. Deshalb reagieren Zellen, deren Checkpoints nicht funktionieren, besonders empfindlich auf DNA-Schäden. Zellen ohne funktionierende Checkpoints zeigen Instabilität ihres Genoms. Ein instabiles Genom ist ein ganz typisches Merkmal von Krebszellen.

Krebs ist deshalb eine besonders tückische Erkrankung, weil die Krebszellen unsere eigenen Körperzellen sind, die unkontrolliert wachsen. Alle unsere Körperzellen sind ja ursprünglich aus einer einzigen Zelle, der befruchteten Eizelle, hervorgegangen. Auch im Körper eines erwachsenen Menschen teilen sich Stammzellen laufend. Unsere Blut-, Haut- und Darmzellen müssen ständig erneuert werden, damit unser Körper am Leben bleibt.

Die Anzahl der Zellteilungen muss aber genauestens kontrolliert werden. Dabei treiben Wachstumshormone die Zellen dazu an, sich zu teilen, während die Checkpointgene auf die Bremse treten, um sicherzustellen, dass sich eine Zelle nur so oft teilt, wie es gerade notwendig ist. Die Aktivität von Wachstumshormonen und Checkpointgenen ist in unserem Körper genau reguliert. Krebszellen entstehen, wenn die Teilung der Zellen von Wachstumshormonen beschleunigt wird und die Checkpoints der Zelle nicht mehr funktionieren; dann teilen sich die Krebszellen fortlaufend, es kommt zur Bildung von Krebsgeschwüren.

Schaut man sich das *Karyogramm*, also die Anzahl und Struktur der Chromosomen, einer Krebszelle an, so stellt man schnell fest, dass sie nur selten über den normalen Chromosomensatz verfügt. Nicht funktionierende Checkpoints sind in der Tat eine Ursache für die Entstehung von Krebs. Viele Gene in Krebszellen sind mutiert. Dies liegt daran, dass wegen der nicht funktionierenden Checkpoints DNA-Schäden oft nicht repariert werden. Eine Krebszelle kann deshalb auch mit DNA-Schäden leben und sich weiter teilen und so zu einem immer größeren Krebsgeschwür auswachsen. Eine Krebszelle braucht ja auch viele der Gene nicht, sie muss weder Haare noch Knochen bilden oder sonstige spezialisierte Aufgaben erfüllen.

Das am häufigsten mutierte Gen in Krebszellen trägt den unscheinbaren Namen »p53«[*]. Das p53-Protein wird dann aktiv, wenn in der Zelle schwerwiegende DNA-Schäden festgestellt werden. Ein Doppelstrangbruch ist zum Beispiel so ein schwerwiegender Schaden, der unbedingt behoben werden muss. An einem Doppelstrangbruch kommt es zunächst zur Bindung verschiedener Proteine, die man ursprünglich in der Hefe identifiziert hatte und die es in genauso einer Form in menschlichen Zellen gibt.

Ein wichtiges Protein, das Doppelstrangbrüche erkennt, ist das ATM-Protein. ATM steht für die schwere wie seltene Erbkrankheit *Ataxia teleangiectasia*, kurz AT, *mutiert*. Namensgebend für AT sind zwei besondere Auffälligkeiten, die Kinder mit einer Mutation im ATM-Gen zeigen: Unsicherheit im Gang *(Ataxie)* und erweiterte Arterien *(Teleangiektasen)*. Die Patienten zeigen schon im Alter von zwei bis drei Jahren Entwicklungsstörungen. Ihr Immunsystem funktioniert nur unzureichend und oft erkranken sie zudem an Blutkrebs. AT wird als ein vorzeitiges Alterungssyndrom angesehen, auch weil es zum Abbau des Nervensystems, zur Neurodegeneration (aus dem griechischen *neuro* »Nerven« und dem lateinischen *degenerare* »entarten«), kommt.

---

[*] »p« steht dabei für Protein, »53« für die Größe des Proteins, 53 Kilodalton, eine Größeneinheit aus der Proteinchemie. Ist das p53-Gen mutiert, so kann das von diesem Gen kodierte Protein p53 seine Funktion nicht mehr ausführen. Hefezellen haben noch kein p53-Gen, denn ihre Checkpointmechanismen sind noch sehr viel einfacher. Der Fadenwurm und die Taufliege besitzen das p53-Gen, es ist wohl erst bei Vielzellern zu einem wichtigen Bestandteil der DNA-Schadenscheckpoints geworden.

Die Zellen von AT-Patienten reagieren extrem empfindlich auf ionisierende Strahlung, da diese Strahlung zu Doppelstrangbrüchen in der DNA führt, auf welche die Zellen dann aufgrund ihrer Mutation im ATM-Gen nicht adäquat reagieren können. Am Beispiel der AT-Patienten wird wieder einmal deutlich, dass Fehler in der Reparatur der DNA sowohl den Alterungsprozess beschleunigen als auch zur Krebsentstehung führen können.

Bricht der DNA-Strang, dann bindet das ATM-Protein an ein loses Ende der DNA-Doppelhelix. ATM gibt ein Alarmsignal aus, um die Zelle davon zu informieren: die DNA ist schwer beschädigt. Der wichtigste Hilferuf geht an das p53-Protein. p53 leitet dann den hochkomplexen Ablauf der DNA-Schadensantwort ein. Zum einen tritt p53 auf die Bremse des Zellzyklus – die Zelle darf sich unter keinen Umständen teilen, solange ein Chromosom gebrochen ist –, indem es die gleichen Mechanismen aktiviert, die schon Hartwell und Weinert in ihren Hefen beobachtet hatten. Aber p53 kann noch viel mehr als nur die Zellteilung lahmlegen.

Der Zellzyklus wird dann vorübergehend angehalten, wenn es eine gute Chance gibt, dass der Schaden repariert werden kann. Ist der Schaden allerdings zu groß, so kann p53 die Zelle in die *Seneszenz* (von *senescere*, das lateinische Wort für »altern«) treiben. Dies ist genau das Schicksal, welches Leonard Hayflick in seinen Zellen in Kultur in den Sechzigerjahren beobachtet hatte. Nach einer bestimmten Anzahl von Zellteilungen hörten die Zellen irgendwann komplett auf, weiter zu wachsen. Treten Zellen in die Seneszenz ein, so halten die Zellen eben nicht nur vorübergehend ihre Teilungsaktivität an, sondern verabschieden sich für immer von der Zellteilung.

Als drittes Schicksal kann p53 die Zelle auch in den Selbstmord treiben. Dieser Selbstmord wird auch *Apoptose* (aus dem Griechischen für »abfallen«) genannt. Seneszenz und Apoptose werden auch als Ausdruck eines altruistischen Verhaltens von Zellen als Teil eines Organismus angesehen. Lange Zeit hatte man es für vollkommen abstrus gehalten, dass sich Zellen selbst umbringen können sollten. Genau wie in der Alternsforschung kam die Revolution wieder einmal vom kleinen Fadenwurm. Robert Horvitz, einer der Pioniere der Fadenwurmgenetik, untersuchte die Entwicklung des Fadenwurms vom Embryo bis zur Larve. Dabei fiel ihm auf, dass Zellen geboren wurden, aber wieder abstarben, noch bevor der Wurm ausgewachsen war. Der springende Punkt aber war, dass Horvitz eine Mutante identifiziert hatte, in der keine Zellen mehr während der Entwicklung starben [36]. Er nannte diese und weitere ähnlich Mutanten *ced*, eine Abkürzung für »CEll Death abnormality«, zu deutsch »Zelltod-abnormal«. Er stellte fest, dass bei einer *ced*-Mutante das CED-9-Gen so mutiert war, dass das Protein CED-9 ständig aktiv war. *ced-9* kann also verhindern, dass Zellen den Selbstmord ausführen und stattdessen am Leben bleiben. In den *ced-9*-Mutanten blieben Zellen selbst im erwachsenen Wurm bestehen, die normalerweise schon in der Entwicklung wieder absterben sollten. Horvitz erbrachte den Beweis, dass der Zelltod, die Apoptose, ein genetisch programmierter Prozess war.

Für den Biologen faszinierend, stellt sich nun die Frage, welche Bedeutung der programmierte Zelltod wohl für uns Menschen haben könnte. Hierzu war Horvitz' Entdeckung des *ced-9*-Gens die entscheidende Brücke zwischen der Forschung am Wurm und menschlicher Krankheit. Das menschliche Äquivalent von CED-9 des Fadenwurmes ist das Bcl2-Protein [37]. Dieses Protein bekam seinen Namen, weil es im Blutkrebs der B-Zellen sehr stark produziert wird, deshalb »B-cell lymphoma«, kurz Bcl. Die Bedeutung dieses Befundes war durchschlagend und sollte das gesamte Denken über Krebszellen nachhaltig verändern.

CED-9 im Fadenwurm und Bcl2 im Menschen verhindern den Selbstmord der Zelle. Zellen verfügen über eine »Zelltodmaschinerie«, die so lange ausgeschaltet ist, bis die Zelle den Selbstmord, die Apoptose, ausführt. Diese Maschine wird im Wurm vom CED-9, im Menschen vom Bcl2-Protein ausgeschaltet. Wird jedoch p53 aktiv, so wird wiederum ein Protein hergestellt, das CED-9 bzw. Bcl2 von der Zelltodmaschinerie löst und diese damit aktiviert – die Zelle stirbt. Nun wurde klar: Krebszellen bringen sich selbst nicht um, denn sie haben eine Fehlfunktion in der Apoptose. Im Falle der Bcl2-Überproduktion halten die Blutkrebszellen ihre Zelltodmaschinerie permanent abgeschaltet.

Noch gravierender als die Bcl2-Überproduktion wirken sich Mutationen im p53-Gen aus, denn hier ist nicht nur der Zelltod, sondern gleich der gesamte Checkpoint gestört. Deshalb führen p53-Mutationen auch so häufig zur Krebsentstehung – etwa die Hälfte aller Krebsarten hat eine Mutation in p53. Es wurde viel darüber spekuliert, warum ein einzelnes Gen wie p53 von so zentraler Bedeutung für die Verhinderung von Krebs ist. Die Antwort darauf kommt uns schon aus den evolutionsbiologischen Überlegungen bekannt vor: p53-Mutationen führen zur Krebsentstehung meistens erst im fortgeschrittenen Alter. In unserer Evolutionsgeschichte konnten wir gut damit leben, einen hinreichenden Krebsschutz in frühen Jahren zu haben. Ob wir nach dem dreißigsten Lebensjahr – also wenn die Menschen traditionell schon Nachkommen gezeugt hatten – noch gut vor Krebs geschützt werden, war schlichtweg unerheblich.

Angenommen, wir hätten ein »besseres« p53, könnte uns das dann vor Krebs schützen? Die Antwort dazu wurde wieder einmal in einem Modellsystem gegeben. In der Krebsforschung ist die Maus das wichtigste Tiermodell. Krebs kann eben nur in Tieren entstehen, die aus vielen Zellen bestehen. Viele der Gene, die für die Krebsentstehung ausschlaggebend sind, gibt es bereits in der Bäckerhefe. Schon im Hefepilz funktionieren diese Gene in gleicher Weise, sie kontrollieren die Antwort auf DNA-Schäden und die Zellteilung.

Auch in Fadenwürmern funktionieren die gleichen Gene, und das p53-Protein kontrolliert den programmierten Zelltod in gleicher Weise wie im Menschen, wie ich selbst in meiner Doktorarbeit herausgefunden hatte. Aber weder Hefe noch Fadenwürmer entwickeln Krebs.

Taufliegen können zwar »Tumore« entwickeln, wenn ihr Zellwachstum unkontrolliert voranschreitet, aber die Krankheit Krebs lässt sich erst in höheren Tieren nachstellen.

Labormäuse sterben häufig an Krebs, dem Menschen ganz ähnlich. Erinnern wir uns, Mäuse in der freien Wildbahn überleben nur etwa ein Dreivierteljahr, weil ihnen die winterliche Kälte zu sehr zusetzt. In der geschützten Käfighaltung können sie zwei bis drei Jahre alt werden, also ein Alter erreichen, das in der Evolution der Maus niemals eine Rolle gespielt hatte. Daher sind auch die alternden Labormäuse vor den Altersgebrechen nicht geschützt.

In Mäusen kann die Krebsentwicklung sehr genau nachgestellt werden. Untersuchungen an Mäusen waren und sind ausschlaggebend dafür, die Krebsentwicklung zu verstehen. Die gleichen Mutationen, die im Menschen zur Krebsentstehung führen, lassen auch in Mäusen Krebszellen erwachsen. Von genauso entscheidender Bedeutung sind Untersuchungen an Mäusen, um Therapien zu entwickeln, die im Menschen den Krebs bekämpfen können. Auch werden Krebsmedikamente immer erst in Mäusen getestet. Zunächst muss sichergestellt werden, dass das neue Medikament nicht zu giftig ist. Dann wird getestet, ob es wirksam den Krebs in der Maus bekämpfen kann. Erst dann kann daran gedacht werden, ein Medikament am Menschen anzuwenden. Eine Maus mit einer Mutation im p53-Gen entwickelt eine Vielzahl von Krebsgeschwüren, ganz ähnlich den Patienten, die schon seit ihrer Geburt eine Mutation im p53-Gen in sich tragen. Solche Li-Fraumeni-Syndrom-Patienten sind ganz besonders anfällig für Krebserkrankungen. Li-Fraumeni ist allerdings eine seltene Erbkrankheit.

Die meisten Krebsgeschwüre erwachsen, wenn eine spontane, unvorhergesehene Mutation im p53-Gen entsteht. Solche spontanen Mutationen können dabei etwa von DNA-Schäden verursacht werden, die z. B. vom Zigarettenrauchen herrühren. Krebszellen, die p53-Mutationen in sich tragen, sind zudem sehr schwer zu behandeln. Dies liegt an der Art und Weise, wie Krebs heutzutage behandelt wird. Mit der Krebstherapie selbst werden wir uns in einem späteren Kapitel befassen, da sie eine ganz wichtige Rolle in der Aussicht auf Therapien altersassoziierter Erkrankungen spielt.

Mäuse, deren p53-Gen also nicht funktioniert, entwickeln Krebs. Was ist nun mit Mäusen, bei denen p53 aktiver ist als in normalen Mäusen? Hierzu sind verschiedene Mausmodelle entwickelt worden. Auf zwei unterschiedlichen Arten wurde extrem aktives p53 in Mäusen hergestellt [38], [39]. In diesen Mäusen hat p53 dann seine normalen Funktionen übererfüllt und mehr Zellen als üblich in den Zellzyklusarrest, die Seneszenz und den Selbstmord getrieben. In der Tat waren diese Mäuse besonders vor Krebs geschützt. Statt aber an Krebs zu erkranken, zeigten die Mäuse ein ganz anderes Krankheitsbild: Sie vergreisten in jungem Alter! Die Mäuse litten an Wachstumsstörungen und hatten schon frühzeitig typische Zeichen der Alterung. Ein hyperaktives p53 kann also in der Tat vor Krebs schützen, hindert aber das Körperwachstum und lässt den Körper im Zeitraffer altern. Hier wird also auch klar, warum wir das p53 haben, was wir haben, und kein »besseres« p53: Mehr p53-Aktivität kann dramatische pathologische Auswirkungen haben.

Am Beispiel von zu wenig und zu viel p53 lassen sich nun sehr grundlegende Rückschlüsse darauf ziehen, welche Mechanismen den Alterungsprozess bestimmen. Kann eine Zelle auf DNA-Schäden nicht mit funktionierenden Checkpoints reagieren kommt es zur Krebsentstehung, weil Zellen weiterwachsen, obwohl sie dies nicht sollten. Inaktive Checkpoints lassen es zu, dass Zellen sich trotz DNA-Schäden teilen, es kommt zu Mutationen und unkontrolliertem Zellwachstum.

Hyperaktives p53 hingegen inaktiviert auch das normale Zellwachstum und lässt Zellen absterben, die für das Funktionieren der Gewebe gebraucht werden. Organe und Gewebe werden in ihrer Funktion behindert. Gewebe können nicht mehr erneuert werden, weil Stammzellen, die Gewebe wie Haut, Darm, Blut und andere beständig erneuern müssen, sich nicht teilen können, weil p53 auf der Zellzyklusbremse steht. Bei noch stärkerer p53-Aktivität sterben Zellen ab, weil sie in die Apoptose, den Zelltod, getrieben werden. Es kommt zum Verlust von Zellen und damit zum Abbau von Geweben. Dieser Abbau führt dann zur Alterung: Gewebe verlieren ihre Integrität und Funktionsfähigkeit, können auch immer schlechter von nachkommenden Zellen repariert werden.

Ähnlich ergeht es dem Körper, wenn DNA-Schäden nicht repariert werden. Die nun verbleibenden Schäden aktivieren p53 und die gesamte Checkpoint-Apparatur. Damit kommt es zu den gleichen Effekten wie in den Mäusen, die hyperaktives p53 besitzen: Stammzellen teilen sich nicht mehr, die Zellen der Gewebe sterben, ohne dass nachkommende Zellen regeneriert werden könnten.

Funktionieren die Checkpoints hingegen unzureichend, so führen die DNA-Schäden zu Mutationen und abnormalen Chromosomen; es kommt zur Krebsentstehung. Beides, Krebs und vorzeitige Alterung, können aus defekten DNA-Reparaturmechanismen resultieren.

Interessanterweise ist es dem spanischen Biologen Manuel Serrano gelungen, eine Maus herzustellen, die nur eine zusätzliche Kopie des p53-Gens in sich trägt. Hier funktioniert p53 ganz normal, im Gegensatz zu den zwei Mäusen, bei denen p53 hyperaktiv ist. Serrano nannte diese Maus »Super p53«, und in der Tat, die zusätzliche Kopie des p53-Gens war ausreichend, um die Maus vor Krebs besser zu schützen als normale Mäuse [40]. Aber p53 war nicht so aktiv, dass es die Gewebsfunktion oder das Wachstum behinderte. Dadurch konnte die Maus ein ganz normales Leben führen, war aber vor Krebs geschützt.

Wenig später gelang es Serranos Forschergruppe in Madrid sogar eine Maus herzustellen, die zusätzlich zu »Super p53« auch noch extra Kopien weiterer Antikrebsgene in sich trug [41]. Diese Mäuse blieben ebenfalls vor Krebs gefeit und lebten dann sogar länger als normale Mäuse, vermutlich weil sie nun so gut vor Krebs geschützt waren. So ist es zumindest im Mausmodell möglich, den Krebsschutz zu verbessern, ohne dabei den Alterungsprozess zu beschleunigen. Dieses Prinzip könnte ganz neue Wege in der Medizin aufweisen, denn es eröffnet die Perspektive, Krebs durch verbesserte Checkpointfunktion zu verhindern.

Checkpoints und die DNA-Reparatur sind die natürlichen Mechanismen des Körpers, die Krebsentstehung zu verhindern und die Körperfunktionen aufrechtzuerhalten. Die DNA-Reparatur ist der natürliche Anti-Aging-Mechanismus des Körpers. Wie funktionieren nun die hochkomplexen DNA-Reparaturmaschinerien unserer Zellen?

DNA-Reparatur: Zwischen Altern und Krebsentstehung

Nun beginnt die genetische Bastelstunde mit Angelina Jolie! Wir basteln uns ein erweitertes Immunsystem oder beginnen auch das Wettrüsten gegen unsere ärgsten Feinde: die Krankheitserreger. Dazu wird die DNA aufgeschnitten, zurechtgerückt und wieder zusammengeklebt. Dabei erfahren Sie die Gefahren der Eile – und die Vorteile der zeitaufwendigen, gründlichen Reparatur gegenüber einem schnellen, oft fahrlässigen Verfahren sowie die Problematik, die schadhafte Werkzeuge erzeugen.

So verschieden die Verursacher von DNA-Beschädigungen sind, so verschieden sind die Veränderungen in der DNA. Der ultraviolette Anteil des Sonnenlichtes reagiert direkt mit den Nukleotiden – den Grundbausteinen – der DNA. Reaktive Sauerstoffradikale können auch direkt mit den Nukleotiden reagieren und so deren Eigenschaften verändern. Diverse chemische Stoffe können sich direkt mit der DNA verbinden und diese dadurch als genetisches Material unbrauchbar machen.

Eine besonders gefährliche Art eines Angriffs auf die DNA ist die ionisierende Strahlung, die beim Röntgen oder beim atomaren Zerfall (Radioaktivität) entsteht. Diese Strahlung ist in der Lage, Elektronen aus Atomen oder Molekülen zu entfernen, die Physiker sprechen dann von *Ionisation*; daher auch der Begriff *ionisierende Strahlung*. Die Auswirkungen der ionisierenden Strahlung stehen seit den Sechzigerjahren im Mittelpunkt einer regen Forschungsaktivität weltweit. Die Auswirkungen der ionisierenden Strahlung wurden der Welt vor Augen geführt, als im August 1945 der Abwurf zweier Atombomben auf die japanischen Städte Hiroshima und Nagasaki Zehntausende Menschen in den Tod riss. Im unmittelbaren Abwurfgebiet brannte den Menschen die Haut vom Leib. Im weiteren Umkreis starben die Menschen an akuter Strahlenvergiftung. Die Spätfolgen zogen sich noch über Jahrzehnte hin, denn die ionisierende Strahlung hatte die Genome Zehntausender Überlebender beschädigt. Infolge dieser Beschädigungen schlummerte in den Zellen der überlebenden Opfer ein hohes Krebsrisiko.

Nach Kriegsende befassten sich vor allem die militärische Forschung und, nachdem man anfing die Kernenergie wirtschaftlich zu nutzen, auch die Energieforschung mit den biologischen Folgen der ionisierenden Strahlung. Zunächst litt die Forschung durchaus unter ihrer militärischen Prägung und begann erst sehr viel später durch ihren Einzug in die akademische Welt groß Früchte zu tragen. Ionisierende Strahlung überträgt eine hohe Energiemenge und führt auf kleinstem Raum zur Bildung von reaktivem Sauerstoff, einem chemischen Radikal. Man spricht hier von *Radikalen*, weil die ionisierten Atome so ziemlich mit allem reagieren, was sie um sich haben, und so die chemische Struktur von Molekülen verändern können. Die Radikale reagieren eben auch unmittelbar mit der DNA, und dabei kommt es sogar zu Brüchen im DNA-Doppelstrang. Wie wir schon gesehen haben, sind solche Doppelstrangbrüche für die Zelle extrem gefährlich. Deshalb kennt die Zelle verschiedene Arten, einen Doppelstrangbruch zu reparieren. Die Reparatur von Doppelstrangbrüchen aber birgt bisweilen neue Gefahren.

Der einfachste Mechanismus, einen Doppelstrangbruch zu reparieren, ist, die beiden Enden so schnell wie möglich wieder miteinander zu verbinden. Dieses »Endenverbinden« wird sehr häufig genutzt. Dabei binden zunächst Proteine die DNA-Enden, um der Zelle ein Signal zu geben, dass eines ihrer Chromosomen gebrochen ist. Die DNA-Stränge werden zusammengeführt und wieder von einer Ligase (wir erinnern uns, die Proteine die DNA verbinden – lateinisch *ligare*), der DNA-Ligase IV, verknüpft.

Die Forschergruppen von Penny Jeggo und Patrick Concannon untersuchten Zellen von vier Patienten, die an schweren Wachstumsstörungen litten und deren Immunabwehr nicht funktionierte [42]. Die Zellen wiesen ganz typische Zeichen von Problemen in der Reparatur von DNA-Doppelstrangbrüchen auf. So reagierten sie äußerst empfindlich auf ionisierende Strahlung. Die Patienten sahen den uns bereits bekannten AT-Patienten sehr ähnlich. Aber keiner der vier zeigte irgendwelche Veränderungen im *ATM*-Gen. Erst als Jeggo und Concannon die Fähigkeiten der Patientenzellen untersuchten, die Enden von Doppelstrangbrüchen zu verbinden, merkten sie, dass die Zellen genau diese Reparatur nicht vollziehen konnten. Und in der Tat, in allen vier Patienten fanden die Forscher eine Mutation in dem Gen, welches die Ligase IV kodiert. Dieses vorzeitige Alterungssyndrom wurde von diesem Zeitpunkt an Ligase IV oder kurz Lig4-Syndrom genannt.

Das Lig4-Syndrom weist einige besonders interessante Aspekte der Funktion der Doppelstrangbruchreparatur auf. Die »Endenverbinden«-Reparatur ist ein schnelles System, Doppelstrangbruche zu flicken. Es hat aber auch eine ganz wichtige Funktion in unserem Immunsystem.

Das Immunsystem muss den Körper vor den gefährlichen Einflüssen aller möglichen Infektionen schützen, denn unsere Zellen werden ständig von Viren, Bakterien und Pilzen befallen. Unsere infektiösen Feinde treten dabei in unterschiedlichster Form auf, und gerade Viren, aber auch Bakterien, sind so wandlungsfähig, dass sie es immer wieder schaffen, in den Körper einzudringen und Krankheiten auszulösen. Unsere Immunabwehr steht im ständigen Wettkampf mit unzähligen Infektionskeimen. Wie beim Menschen ist auch die Erbinformation von Viren und Bakterien in deren Genom enthalten. Gerade das

Genom von Viren ist winzig klein, verglichen mit unserem, und besteht oft nur aus wenigen Genen. Die Genome von Viren und Bakterien können genauso mutiert werden wie die der Menschen, nur verändern sie sich viel schneller. Viren bestehen aus nicht viel mehr als Genen, codiert entweder als DNA oder RNA, umgeben von einer schützenden Hülle aus Proteinen und weiteren Proteinstrukturen, die es dem Virus ermöglichen, eine Erbinformation in unsere Zellen einzuführen. Um ihre Gene zu kopieren und abzulesen, benutzen sie grundsätzlich die Maschinerie unserer Zellen – Viren sind also in jeder Hinsicht durch und durch Parasiten. Die Virenproteine werden dann alle von der Produktionsmaschinerie unserer Zellen hergestellt. Viren programmieren dazu die Zellen so um, dass sie zu Massenproduktionsstätten von Viren umfunktioniert werden.

Eckard Wimmer, ein US-amerikanischer Virologe und Biochemiker deutscher Herkunft, wollte 2002 den Beweis antreten, dass Viren keine Lebewesen, sondern lediglich chemische Strukturen sind, indem er Polioviren komplett synthetisch herstellte [43]. Dabei brachte Wimmers Gruppe sämtliche Erbinformationen, die normalerweise im RNA-Genom des Poliovirus enthalten sind, mittels synthetisch hergestellter DNA in Zellen ein. Diese Erbinformation des Virus reichte aus, um die Zelle zur Poliovirusproduktionsanlage umzuwandeln. Auf Wimmers Veröffentlichung folgte – gerade im Jahr nach den Anschlägen auf das World Trade Center – eine scharfzüngige Diskussion, ob man den Terroristen jetzt auch noch eine Anleitung für die biologische Kriegsführung mittels Viren in die Hände gespielt hätte. Einmal in der Zelle angekommen, vermehren sich die kleinen Genome von Viren rasant. Bei dieser hohen Duplikationsrate der Genome der Viren entstehen viele Fehler, also Mutationen. Ganz besonders solche Virenarten, deren Genom aus RNA anstatt

DNA besteht, entwickeln noch sehr viel mehr Mutationen. Das Humane Immundefizienz-Virus (HIV) ist deshalb besonders tückisch, weil es so schnell mutiert und dann vom Immunsystem nicht mehr erkannt werden kann. Dies allein macht im Übrigen auch die biologische Kriegsführung – sei es durch Terroristen oder Militärs – schon vollkommen impraktikabel, weil die Täter gar nicht mehr kontrollieren können, ob sich das verändernde »Biologische« nicht auch gegen sie selbst wenden wird.

Auch Bakterien können ihre Struktur verändern. Besonders gefährlich dabei ist der Transfer von Genen zwischen verschiedenen Bakterienstämmen. So kann zum Beispiel eine Resistenz gegenüber einem Antibiotikum von an sich harmlosen Bakterien auf einen gefährlichen Bakterienstamm übertragen werden. Das Ausbreiten von Resistenzen gegenüber Antibiotika durch genetischen Transfer und Mutationen entwickelt sich derzeit weltweit zu einem enormen Gesundheitsrisiko, auch getrieben durch unnötige und unkontrollierte Anwendung von Antibiotika sowohl bei Menschen als auch vor allem in der Viehzucht.

Unsere Immunabwehr steht also in ständigem Kampf gegen Krankheitserreger, die ihr Erscheinungsbild schnell ändern können und somit äußerst anpassungsfähig sind. Vor allem ihre Erkennung stellt das Immunsystem vor die größte Herausforderung. Für unsere Immunabwehr sind zwei unterschiedliche Systeme verantwortlich: die angeborene Immunität und die erworbene, oder *adaptive* Immunität.

Eine angeborene Immunität hat sich schon früh in der Evolutionsgeschichte gebildet und erlaubt selbst einzelnen Zellen, sich gegen äußere Angriffe zu verteidigen.

Das adaptive Immunsystem kann lernen, Krankheitserreger zu identifizieren und dann die Immunantwort gezielt auf den gefährlichen Verursacher zu lenken. Die adaptive Immunantwort wird dabei von spezialisierten Immunzellen wie den B- und T-Zellen übernommen. Diese Zellen stellen Rezeptoren her. Rezeptoren sind uns bereits als die Proteine bekannt, die an der Oberfläche von Zellen sitzen und Botenstoffe erkennen, um sodann Instruktionen in das Innere der Zellen zu senden. Die Immunzellen benutzen spezielle Rezeptoren, mit denen sie anstatt Botenstoffen Teile von Krankheitserregern erkennen können. Die B-Zell-Rezeptoren (kurz BCR) und die T-Zell-Rezeptoren (kurz TCR) können ein Protein, das etwa von einem Virus stammt, unterscheiden von allen anderen Proteinen, die in einer normalen Zelle des Körpers vorkommen.

Für jeden Krankheitserreger muss nun ein ganz bestimmter Rezeptor gebildet werden. Die Information zur Bildung der Rezeptoren muss also in der DNA, die die Rezeptoren kodiert, gespeichert sein. Die riesige Vielfalt von BCRs und TCRs muss im Genom der B- und T-Zellen entstehen. Es müssen also in den Immunzellen genetische Information hergestellt werden, um ganz spezifische BCRs und TCRs bilden zu können. Dazu müssen die B- und T-Zellen die Gene, die diese Rezeptoren kodieren, so verändern, dass verschiedene Rezeptoren gebildet werden können, die dann so perfektioniert sind, dass sie ganz genau einen Krankheitserreger erkennen können. Die Immunzellen müssen also ihr Genom in dem Abschnitt verändern, in denen ihre DNA den BCR bzw. den TCR kodiert.

Um einen passgenauen Rezeptor bauen zu können, muss die Zelle selbst Hand anlegen an ihr eigenes Genom. Dies bringen Immunzellen zustande, indem sie ihre eigene DNA an ganz bestimmten Abschnitten aufschneiden, um sie in anderer Abfolge wieder zusammenzusetzen. So unterscheidet sich dann jeder BCR und TCR voneinander. Für diese Rezeptoren gibt es ungefähr dreihundert Genabschnitte, aus denen verschiedene Teile aneinandergereiht werden können. Durch das Aufschneiden der DNA entsteht ein Doppelstrangbruch, nur dass dieser Doppelstrangbruch im Gegensatz zu den durch ionisierende Strahlung verursachten, zielgenau durch spezialisierte Proteine, sogenannten Nukleasen, gesetzt wird.

Die Enden der aufgeschnittenen DNA müssen nun wieder verbunden werden. Dies macht eben jenes Reparatursystem, das auch die Enden von Doppelstrangbrüchen wieder verbindet. Haben Patienten aber eine Mutation im »Endenverbinden«-Reparatursystem, so können ihre B- und T-Zellen die Rezeptoren zur Erkennung der Krankheitserreger nicht mehr herstellen. Genau deshalb ist das Immunsystem der Lig4-Patienten nicht funktionsfähig. Die DNA-Reparatur ist also nicht nur für die Abwehr von Angriffen auf das Genom, sondern auch von Krankheitserregern wie Bakterien und Viren wichtig.

Beim Verbinden der DNA-Enden kann allerdings einiges schiefgehen. Diese Art der DNA-Reparatur ist darauf ausgelegt, gebrochene Enden möglichst schnell zu reparieren, und genau wie bei einer schnell durchgeführten Autoreparatur wird dabei oft gepfuscht. Bei der Reparatur des Genabschnittes des B-Zell-Rezeptors kann es zu Verbindungen falscher Abschnitte des Genoms kommen. Solche falschen Verbindungen von Genomabschnitten können dramatische Folgen haben. Denn dabei kann ein Gen mit wichtigen wie delikaten Funktionen, etwa der Regulation der Zellteilung, komplett außer Kontrolle geraten. Wird etwa ein der Teil des BCR-Gens, der normalerweise die Genaktivität, also die Expression des BCR-Gens, reguliert, mit einem Abschnitt verbunden, der ein anderes Gen, das *MYC*-Gen, kodiert, so wird in der B-Zelle nun so viel von dem *MYC*-Gen produziert wie normalerweise vom BCR. Das *MYC*-Gen aber kodiert einen Transkriptionsfaktor (wir erinnern uns, bei

Transkriptionsfaktoren hatten wir schon *daf-16* aus den Fadenwürmern kennengelernt, bestimmen die Genexpression, also wie viel von einem Gen abgelesen wird). Der *myc*-Transkriptionsfaktor wiederum reguliert die Aktivität von Genen, die die Zellteilung ausführen. Damit bestimmt *myc* wie häufig sich eine Zelle teilt. Die hohe *myc*-Produktion führt dann dazu, dass sich diese B-Zellen unkontrolliert teilen; die Zellen werden zu Krebszellen, Blutkrebs entsteht.

Falschverbindungen von DNA-Abschnitten mit solch dramatischen Folgen sind glücklicherweise selten, denn die meisten Fehler bleiben ganz folgenlos. Das liegt daran, dass nur ein geringer Teil unserer Chromosomen Gene enthält. Weite Strecken der DNA hingegen kodieren gar keine Gene. Demzufolge sind Fehler in der Verbindung von DNA-Brüchen oftmals gänzlich folgenlos.

Im Gegensatz zum gezielten Doppelstrangbruch, den die DNA-schneidenden Nukleasen während der Bildung der BCR setzen, treten Doppelstrangbrüche nach ionisierender Strahlung zufällig irgendwo im Genom auf; die Wahrscheinlichkeit, dass hierbei ein Gen getroffen wird, ist nur sehr gering. Deshalb benutzt die Zelle sehr oft das einfache Verbinden der DNA-Enden. Dass eine sehr seltene Falschverbindung zwischen einem sehr aktiven Gen, wie etwa dem BCR-Gen und einem Gen wie *MYC*, dennoch zur Krebsentstehung führen kann, liegt daran, dass die Zelle sich sehr häufig teilt und somit viele Zellen produziert, die dauerhaft den MYC-Transkriptionsfaktor produzieren.

Die Zelle verfügt aber auch über einen hochgradig akkuraten Reparaturmechanismus für Doppelstrangbrüche. Die sogenannte »Rekombinationsreparatur« benutzt eine unbeschadete Kopie des beschädigten Genomabschnitts. Sie kombiniert dann unbeschadete DNA so, dass die gebrochene DNA ersetzt werden kann. Weil diese Art der Reparatur selbstredend eine unbeschadete Kopie benötigt, wird die Rekombinationsreparatur nur dann angewendet, wenn das Genom zweifach vorliegt. Dies ist der Fall, nachdem die DNA repliziert also kopiert wurde, die Zelle sich aber noch nicht geteilt hat.* Während der Rekombinationsreparatur wird von der Stelle des Doppelstrangbruches aus nach der gleichen Sequenz (also die Abfolge der Nukleotide, durch die die Erbinformation festgelegt wird) in der unbeschadeten Kopie des betroffenen Chromosoms gesucht. Ist dieser Abschnitt gefunden, wird der Teil der DNA um den Bruch herum abgebaut und die DNA-Sequenz in Kopie des unbeschadeten Chromosoms wiederhergestellt.

Im Gegensatz zum einfachen Verbinden der Brüche nimmt die hochkomplexe Rekombinationsreparatur sehr viel mehr Zeit in Anspruch. Deshalb müssen viele Prozesse, allen voran die Teilungsaktivität der Zelle, dem Reparaturprozess angepasst werden. AT-Patienten, die wir schon kennengelernt haben, können die Rekombinationsreparatur nicht ausführen, weil ihr ATM-Gen nicht funktioniert. Das ATM-Protein bindet zusammen mit einem ganzen Arsenal spezialisierter Rekombinationsproteine an einen Doppelstrangbruch und koordiniert die Checkpointantwort, während der die Rekombinationsmaschinerie nach der unbeschadeten DNA-Sequenz sucht. AT-Patienten leiden an vorzeitiger Alterung, erkranken aber auch häufig schon frühzeitig an Blutkrebs, weil die DNA-Reparatur nicht ordentlich ausgeführt werden kann.

Ein anderer wichtiger Gendefekt, der zu Fehlern in der Rekombinationsreparatur führt, liegt im *BRCA1*-Gen. Dieses kennt

---

* Einige Zelltypen wie die menschlichen Eizellen können jahrzehntelang in einer solchen Zwischenphase des Zellzyklus verbleiben und etwaige Beschädigungen mittels der Rekombinationsreparatur akkurat reparieren.

man inzwischen weitläufig, nachdem Angelina Jolie ihre eigene Mutation in diesem Gen öffentlich gemacht hat. Zwei solcher »BReast CAncer« Gene, *BRCA1* und *BRCA2*, wurden bei Krebspatientinnen entdeckt. Menschen, die eine Mutation in einem dieser Gene tragen, bergen ein hohes Risiko, Brust- oder Eierstockkrebs zu entwickeln. Leiden (oder litten) in der eigenen Familie besonders viele Frauen an Brust- oder Eierstockkrebs, so kann man sich nach ausgiebiger Beratung durch den Frauenarzt dazu entschließen, die beiden *BRCA*-Gene sequenzieren zu lassen, um so zu erkennen, ob man selbst eine Mutation in diesen Genen trägt. Als man eine Mutation im *BRCA1*-Gen bei Frau Jolie fand, entschied sie sich zur vorsorglichen Entnahme des Brustgewebes, bevor ein Krebs sich entwickeln konnte. Ein solcher Schritt ist sicherlich drastisch und sollte wohlüberlegt sein. Brustkrebs ist aber eine gefährliche Krebsart und die Vermeidung die einzige sichere Strategie, gerade wenn man ein so extrem hohes Risiko in sich trägt wie es Mutationen in den *BRCA*-Genen mit sich bringen. Die beiden BRCA-Proteine sind an der Rekombinationsreparatur direkt beteiligt. Ohne sie kann dieser Reparaturprozess nicht vonstattengehen und es kommt zu Fehlern in der Reparatur von Doppelstrangbrüchen. Hierdurch können falsche Verbindungen zwischen Chromosomen entstehen, die dann, wie wir am Beispiel der Verschmelzung der *BCR*- und *MYC*-Gene gesehen haben, zu Fehlern in der Regulation des Zellwachstums und damit zu unkontrollierter Zellteilung bis hin zum Auswachsen eines Krebsgeschwürs führen.

Warum nun die *BRCA*-Gendefekte ausgerechnet zu Brust- und Eierstockkrebs führen, während AT-Patienten vor allem an Blutkrebs erkranken, ist bisher nicht wirklich verstanden. In Bezug auf Brustkrebs etwa können im Stoffwechsel des weiblichen Geschlechtshormons Östrogen Stoffe entstehen, die selbst die

DNA beschädigen können, während in weißen Blutkörperchen Doppelstrangbrüche während der Reifung zu B- und T-Zellen in den BCR- und TCR-Genen entstehen.

Beide Arten der Doppelstrangbruchreparatur haben Vor- und Nachteile: Zeitraubende, aber akkurate Rekombinationsreparatur oder die schnelle, aber fehlerbehaftete Reparatur der schnellen Endverbindung. Interessanterweise haben Zellen immer noch eine »Backup«-Option, Doppelstrangbrüche irgendwie zu reparieren, auch wenn weder das »Ende-Verbinden« noch die Rekombination funktionieren. Gerade dies könnte zu fehlerhafter Reparatur und damit zu Mutationen führen, die wiederum in der Entstehung von Krebs resultieren kann.

DNA-Schäden verursachen Krebs

Nun erfahren wir, was Boveri von Seeigeln lernte und weshalb wir Kaninchen nie mit Kohleteer füttern sollten. Außerdem werden Sie noch die Karzinogene kennenlernen, die sich in die DNA einschleichen und verhindern, dass sie ihre Aufgaben ordnungsgemäß erledigen kann. Schlechte Verbindungen wie diese, sowie fehlerhafte Kopien verursachen Krebs.

Noch bevor sie in Verbindung mit dem Alterungsprozess gebracht wurden, waren DNA-Schäden vor allem als Ursache von Krebs bekannt. Dass Krebs eine Erkrankung der Chromosomen ist, erkannte erstmalig der deutsche Biologe Theodor Boveri Anfang des 20. Jahrhunderts. Boveri hatte bewiesen, dass die Erbinformation im Kern der Zelle enthalten sein musste, indem er Zellkerne aus den Eizellen von Seeigeln entnahm und diese anschließend mit mehreren Spermazellen befruchtete. Durch seine mikroskopischen Untersuchungen der Zellkerne kam Boveri zu dem Schluss, dass die Chromosomen in den Zellkernen die eigentlichen Träger der genetischen Information sind. Basierend auf den Beobachtungen des Pathologen David von Hansemann, der gegen Ende des 19. Jahrhunderts die ungleiche Anzahl von Chromosomen in Krebsgewebe beschrieb [44], schrieb Boveri die Entstehung von Krebs der ungleichen Verteilung der Chromosomen auf die Tochterzellen zu, ein Phänomen, das man *Aneuploidie* nennt [45]. Boveris Hypothese kann man als Anfang des Verständnisses der Ursachen von Krebs ansehen. Heute weiß man, dass Aneuploidie ein wichtiger Faktor in der Krebsentwicklung ist. Vor allem nachdem die Checkpoints inaktiviert sind – etwa durch Mutationen im p53-Gen – kann die Aneuploidie die Krebszellen noch aggressiver machen.

Die ersten Hinweise zur Ursache der Krebsentstehung stammen aus dem 19. Jahrhundert, als man feststellte, dass Schornsteinfeger an Skrotalkrebs erkrankten. Einige Jahrzehnte später beobachteten die japanischen Forscher Yamagiwa und Ichikawa, dass Kaninchen, denen sie Kohleteer verabreichten, an Krebs erkrankten [46]. Später fand man dann in dem chemischen Gemisch des Kohleteers die kritische chemische Substanz, die in Mäusen Hautkrebs auslösen konnte.

Krebs erregende chemische Stoffe, sogenannte *Karzinogene* (mal wieder aus dem Griechischen entliehen von *karkinos* für »Krebs« und *genesis* für »Erzeugung«) haben eine räumliche Struktur, die es ihnen ermöglicht, sich in die Helixstruktur der DNA zu legen und dann eine chemische Verbindung mit der DNA zu schließen.

Nachdem Karzinogene identifiziert und Grenzwerte eingeführt worden waren, konnte das Krebsrisiko vermindert werden. Allerdings ist eine Vielzahl von chemischen Karzinogenen auch im Zigarettenrauch enthalten, und da entscheidet natürlich der Raucher selbst, sich dem hohen Krebsrisiko auszusetzen.

Die chemischen Veränderungen von DNA-Bausteinen, den Nukleotiden, können zur Folge haben, dass die DNA-Produktion während des Kopierens, der DNA-Replikation, zum Erliegen kommt. Zudem kommt es zu Kopierfehlern, wenn das korrekte neue Nukleotid nicht eingebaut wird, weil das Original chemisch verändert ist und deshalb nicht richtig erkannt wird.

Auch während der normalen Replikation können Mutationen entstehen. Die Replikationsmaschinerie ist zwar sehr genau im korrekten Einbau der Nukleotide während des DNA-Kopiervorgangs. Aber die Replikation muss natürlich sehr schnell vorankommen, schließlich gilt es, die Abfolge aller drei Milliarden Nukleotiden zu kopieren, damit die Tochterzellen auch die gesamte Erbinformation bekommen. Um direkt nach dem Kopieren der DNA-Fehler zu beheben, kann die Replikationsmaschine sich schnell korrigieren und die falschen Nukleotide aus der frischen Kopie wieder ausschneiden. Zudem überwacht während der Replikation das *Mismatch*-Reparatursystem, ob die falschen Nukleotide gepaart sind.

Mutationen in den Genen, die die Mismatch-Reparaturproteine kodieren, führen zu einer erhöhten Fehlerrate bei jedem Kopiervorgang der DNA. Daraus resultiert vor allem ein hohes Risiko, an Darmkrebs zu erkranken. So unterliegen dem *hereditären non-polypöses kolorektales Karzinom* (HNPCC) Defekte in der Mismatch-Reparatur.

Die Gefahren der Sonnenstrahlen und das Phänomen der Mondscheinkinder

Nun zu dem Feind, dem wir nicht entgehen können – oder wollen: der Sonne. Warum sie nicht nur freundlich, sondern auch tödlich ist, und warum Mondscheinkinder ihr nur mit Astronautenkleidung entgegentreten.
Des Weiteren zu einer anderen Gruppe alter Knaben, die keinen Krebs bekommen und trotzdem bereits mit zwölf sterben, und ein paar Worte dazu, was falsche Paarbildungen, unlesbare Informationen und falsche Interpretationen mit Krebsentwicklung zu tun haben.

Krebs ist zwar eine Erkrankung, die schon Kinder befallen kann – man denke nur an viele Blutkrebsfälle in sehr frühen Jahren. Dennoch ist Krebs vor allem eine Krankheit des Alterns. Mit dem Alter nimmt die Gefahr, an Krebs zu erkranken, dramatisch zu.

Wie bereits Boveri erkannte, ist Krebs eine Krankheit der Gene. Nur selten sind die Gendefekte, die zu Krebs führen, vererbt, so wie in Li-Fraumeni-Patienten oder bei solchen Brust- und Eierstockkrebspatientinnen, die Mutationen in den BRCA-Genen tragen. Bei den meisten Krebspatienten kommt es erst im Laufe des Lebens zu den entscheidenden Genveränderungen, den Mutationen, die dann eine unserer eigenen Zellen in eine Krebszelle verwandeln. Wie wir gesehen haben, können die Mutationen von einer Vielzahl verschiedener Karzinogene, den Krebserregern, verursacht werden. Der entscheidende Faktor, der zu Krebs in unserer Haut führt, ist die ultraviolette Strahlung der Sonne. UV-Strahlung verursacht ganz besonders bösartige DNA-Schäden. Oft ist der Sonnenbrand schon lange her. Vor allem Sonnenbänke stellen ein enormes Risiko dar, weil sie die Haut ganz besonders intensiv mit UV bestrahlen – schließlich möchte man ja schnellstmöglich die Bräune. Erst Jahrzehnte nach der Schädigung bricht der Krebs aus. Mutationen können lange ohne sichtbare Auswirkung bleiben. Sie sind aber ein schlummerndes lebensbedrohendes Risiko. Zunächst merkt man nur die angenehme Sonnenstrahlung, die Wärme. Vitamin D wird produziert, Endorphine senden dem Körper Glücksgefühle. Unser Körper braucht das Sonnenlicht!

Und wieder gilt, was uns schon die Evolutionsbiologie eingangs gelehrt hat: Weil die DNA-Schäden und mit ihnen die Mutationen erst viel später zu Krebs führen, sind wir Menschen mit keinen natürlichen Verhaltensweisen ausgestattet, die uns vor den Risiken der UV-Bestrahlung zurückschrecken lassen. Also legen wir uns in die Sonne und fühlen uns auch noch wohl dabei. Aber der Hautkrebs kommt, die Zahlen steigen dramatisch an. Jedes Jahr erkranken weit über zweihunderttausend Menschen allein in Deutschland neu an Hautkrebs. Gerade die Generation, die als Jugendliche noch Sonnenstudios besuchen durfte, bekommt heute – zwanzig Jahre später – den Hautkrebs zu spüren.

Der Grund, warum es nach dem ersten Angriff auf das Genom noch so lange dauert, bis schlussendlich der Krebs ausbricht, liegt darin, dass es nicht nur einer, sondern mehrerer Mutationen bedarf, bis eine Zelle zur Krebszelle wird. Dem amerikanischen Krebsforscher Robert Weinberg gelang es Ende der Neunzigerjahre, menschliche Zellen zu Krebszellen umzuwandeln, indem er drei genetische Veränderungen an ihnen vornahm [47]. Daraus lässt sich schließen, dass Mutationen in drei Genen ausreichen, um einen Krebs entstehen zu lassen. Was für Arten von Genen müssen diese drei sein, dass sie zusammen eine solch dramatische Krankheit auslösen können? Zunächst schleuste Weinberg in die Zellen das Gen für *Telomerase* ein. Telomerase ist ein Protein, das die Enden der Chromosomen vor dem Verkürzen schützt. Dazu nahm Weinberg noch ein Gen namens *RAS*, das durch eine Mutation dauerhaft aktiv geworden war und der Zelle andauernd signalisierte, sie solle sich teilen. Um den Dreierbund der Krebsgene komplett zu machen, brachte Weinbergs Team noch das *große-T-Onkogen* des Affenvirus 40 in die Zellen ein. Das von diesem Virusgen gebildete Protein inaktiviert das uns wohlbekannte p53-Protein der Zellen und somit die Checkpoints, die ansonsten die Zelle vor unkontrolliertem Wachstum schützen würden. Mit *Onkogen* titulieren die Krebsforscher Gene, die aktiv das Wachstum von Krebszellen beflügeln; *RAS* oder auch *MYC,* das uns in B-Zellen des Immunsystems begegnet ist, sind ganz typische Onkogene im menschlichen Genom. Mit diesen drei genetischen Veränderungen wurde aus der normalen menschlichen Zelle eine Krebszelle.

Krebszellen, die natürlich im menschlichen Körper entstanden sind, haben oft Hunderte von Mutationen und Veränderungen der Chromosomenstruktur wie die Aneuplodie, also zusätzliche Kopien oder Teile von Chromosomen, die schon Boveri beobachtete. Die Ansammlung so vieler genetischer Veränderungen ist dem Fehlen der DNA-Schadenscheckpoints geschuldet. Trotz DNA-Schäden teilen sich die Krebszellen einfach weiter, und die DNA-Schäden verändern Gene und werden so zu Mutationen. Am längsten dauert es aber, die entscheidenden Mutationen anzuhäufen, die notwendig sind, um eine Zelle zur Krebszellen werden zu lassen. Auch wenn die UV-Strahlung die erste kritische Mutation gesetzt hat, bedarf es noch zusätzlicher Mutationen. Wiederholtes Sonnenbaden ist also genau das Verhalten, das diese zusätzlichen Mutationen entstehen lässt.

Es gibt Patienten, für die ist sogar die alltägliche Sonnenstrahlung schon zu viel des Risikos: die Mondscheinkinder. Die Mondscheinkrankheit hat ihren Namen, weil die betroffenen

Kinder selbst das Tageslicht meiden müssen, um nicht an Hautkrebs zu erkranken. Wissenschaftlich genannt *Xeroderma pigmentosum* (XP), beginnt es damit, dass die Kinder zunächst Entzündungsreaktionen zeigen und von Sommersprossen übersät sind, denn es kommt zu sehr starker Pigmentbildung (von *Pigmentum*, lateinisch für »Farbe«, in der Haut durch das Melanin gebildet) aller Hautstellen, die dem Sonnenlicht ausgesetzt sind. Sodann entwickeln die Kinder tödliche Hauttumore. Das Schicksal der Mondscheinkinder war früher hart, oft verbrachten sie ihre Kindheit isoliert, weil das Spielen unter freiem Himmel ein tödliches Risiko barg.

Der DNA-Reparaturforschung ist es aber in den letzten Jahrzehnten gelungen, im wahrsten Sinne des Wortes »Licht« nicht nur in die Ursache der Mondscheinkrankheit, sondern auch in das Leben der jungen Patienten zu bringen. In den Sechzigerjahren untersuchte James Cleaver Zellen von Patienten, die an *Xeroderma pigmentosum* litten. Er setzte diese Zellen UV-Strahlung aus und gab ihnen Nukleotide, DNA-Bausteine, die er zuvor radioaktiv markiert hatte. Indem er einfach die Radioaktivität in der Zell-DNA verfolgte, konnte er feststellen, ob die Nukleotide in die DNA der Zellen eingebaut würden. Normale Zellen bauten die Nukleotide nach UV-Bestrahlung in ihre DNA ein. Sie taten dies, da sie ihre durch UV beschädigte DNA reparierten. Dabei schneiden die Zellen einen Teil ihrer DNA, die den Schaden enthält, aus und füllen die entstandene Lücke mit neuen Nukleotiden auf. Als Cleaver das gleiche Experiment mit Zellen von Mondscheinkindern durchführte, stellte er fest, dass keine der markierten Nukleotide eingebaut wurden. Cleaver bewies, dass die Patientenzellen ihre DNA nach UV-Bestrahlung nicht reparieren konnten. Damit war eine Erklärung gefunden für die extrem hohe UV-Empfindlichkeit der Patientenzellen. Es wurde so schlagartig klar, dass die Ursache des Leidens der Mondscheinkinder die fehlende Reparatur UV-induzierter DNA-Schäden ist. Obwohl diese Krankheit auch heute nicht heilbar ist, konnte diese Erkenntnis jedoch zu einer effektiven Vermeidung der schlimmsten Auswüchse der Mondscheinkrankheit führen. Wird heutzutage ein Kind mit *Xeroderma pigmentosum* diagnostiziert, so haben die Eltern eine Reihe von Möglichkeiten, das Leiden ihres Kindes und vor allem das Krebsrisiko zu minimieren. Die Kinder müssen konsequent auch vor geringen Mengen UV-Strahlung geschützt werden. Weil normale Kleidung schon zu viel UV-Strahlung durchlässt, benötigen sie besonders undurchlässige Stoffe. Mit spezieller Kleidung, ursprünglich von der NASA zum Schutze der Astronauten entwickelt, die auf ihren Reisen ins All extrem hoher UV-Strahlung ausgesetzt sind, weil keine schützende Erdatmosphäre als UV-Filter dient, können die Mondscheinkinder tagsüber ins Freie und mit ihren Freunden spielen. Die Fenster zu Hause und in der Schule sollten mit Folien bedeckt werden, die kein UV-Licht hindurchlassen. UV-Messgeräte können den Kindern vor Verlassen des Hauses eine genaue Risikobewertung geben, wenn etwa die Wolkendecke schon einen Großteil der UV-Strahlung abfängt.

Allerdings gibt es einige *Xeroderma-pigmentosum*-Patienten, deren Leiden sich nicht auf die Haut allein beschränkt. Die Patienten werden in die Gruppen A bis G eingeteilt, je nachdem, welches Gen bei ihnen mutiert ist. Man weiß heute, dass etwa dreißig Proteine an der Reparatur von UV-induzierten DNA-Schäden beteiligt sind. Es ist gut möglich, dass man weitere beteiligte Faktoren entdecken wird. Bisher hat man Mutationen in sieben Genen gefunden, die zur Mondscheinkrankheit führen können.

Patienten, die Mutationen in den XP-Genen A, B, D und G tragen, entwickeln zudem neurologische Störungen. Bei diesen

Patienten sterben Nervenzellen schon früh ab. Anhand der Krankheitsbilder dieser Patienten werden wieder einmal die zwei Auswirkungen von DNA-Schäden deutlich: die Krebsentstehung und der Abbau von Geweben, in diesem Fall des Gehirns, ein ganz typisches Zeichen des Alterns.

Mitte der Vierzigerjahre untersuchte der englische Kinderarzt Edward Cockayne ein extrem kleinwüchsiges Kind, dessen Nervensystem sich nicht richtig entwickelt hatte und das zusehends das Sehvermögen verlor. Kinder, die am nach seinem Entdecker genannten Cockayne-Syndrom (CS) erkranken, zeigen als Neugeborene keine besonderen Auffälligkeiten. Aber schon in den ersten Lebensjahren stellen sie ihr Körperwachstum ein. Schon bald darauf folgt der Abbau – die »Degeneration« – von verschiedenen Geweben. So sterben Nervenzellen ab, Gehirn und Bewegung sind gestört. Cockayne-Syndrom-Patienten sterben typischerweise im Alter von zwölf Jahren, häufig an Arterienverkalkung und Nierenversagen. Bei besonders schweren Fällen tritt der Tod bereits im sechsten Lebensjahr ein. Auch die Haut von Cockayne-Syndrom-Patienten ist sehr sensitiv gegenüber dem Sonnenlicht. Die Zellen von Cockayne-Syndrom-Patienten reagieren genau wie solche von *Xeroderma-pigmentosum*-Patienten hochempfindlich auf UV-Bestrahlung. Im Gegensatz zu *Xeroderma-pigmentosum*-Patienten entwickeln Cockayne-Syndrom-Patienten aber keinen Hautkrebs.

Die dem Cockayne-Syndrom zugrunde liegenden vererbten Mutationen betreffen zwei Gene das *CSA*- und das *CSB*-Gen. Beide von diesen Genen kodierten Proteine, *CSA* und *CSB*, spielen eine Rolle in der Reparatur von DNA-Schäden, die vom UV-Licht verursacht werden. Jedoch sind die Krankheitsbilder, die von Mutationen in den XP-Genen oder von Mutationen in den CS-Genen hervorgerufen werden, vollkommen verschieden.

XP-Mutationen führen vor allem zu Hautkrebs, während CS-Mutationen zu Wachstumsstörungen und zu Gewebsabbau in vielerlei Organen führen; der Gewebsabbau, die Degeneration, wie sie für das Altern so typisch ist. Deshalb wird das Cockayne-Syndrom auch als Progerie bezeichnet, also als eine Krankheit, die zu vorzeitigem Altern führt.

Wir haben bisher viele Erbkrankheiten kennengelernt, bei denen Patienten, die Mutationen in Genen tragen, die für die DNA-Reparatur notwendig sind, an vorzeitiger Alterung leiden und an Krebs erkranken. Allerdings lehrt uns nun das Beispiel der *Xeroderma pigmentosum-* und der Cockayne-Syndrom-Patienten, dass es Fehlfunktionen in der DNA-Reparatur geben kann, die *entweder* zur Krebsentstehung *oder* zu vorzeitiger Alterung führen. Daher sind diese Krankheiten so wichtig, um zu verstehen, wie DNA-Schäden Alterung auslösen.

Die XP- und CS-Gene sind Teil einer der komplexesten DNA-Reparaturmaschinerien, der sogenannten Nukleotidexzisionsreparatur, kurz NER. Der Name beschreibt an sich schon den Mechanismus der Reparatur. Dabei wird ein Stück des beschädigten DNA-Strangs ausgeschnitten, man spricht von der »Exzision« (von lateinisch *excidere* »ausschneiden«) von Nukleotiden. Die NER ist aus zwei Gründen so komplex und benötigt so viele verschiedene Reparaturfaktoren. Zum einen erkennt die NER ganz bestimmte Arten von DNA-Schäden, die wegen ihrer Struktur nicht einfach aufzudecken sind. Zum anderen muss nicht nur das beschädigte Nukleotid, sondern ein Stück bestehend aus etwa 30 Nukleotiden aus dem DNA-Strang herausgeschnitten werden, und anschließend muss dieses Stück neu hergestellt werden.

Die NER erkennt DNA-Schäden, die zu Veränderungen in ihrer räumlichen Struktur führen. Ganz typisch dafür sind die zwei Veränderungen, die direkt durch das Auftreffen von UV-

Strahlen auf die DNA entstehen und zur direkten chemischen Verbindung der Basen der Nukleotide führen. Die Energie der ultravioletten Strahlung produziert dann eine direkte Verbindung zweier benachbarter Thymine, den T-Bausteinen der DNA. Eine solche Verbindung wird chemisch *Cyclobutan Pyrimidin Dimer* genannt, oder kurz CPD. Anstatt dass die Nukleotide nur durch das Rückgrat der DNA verkettet sind, werden sie nach UV-Strahlung auch direkt über die Basen miteinander verbunden. Diese direkte chemische Verbindung der Basen führt zu einer kleinen räumlichen Veränderung in der DNA-Struktur. Obwohl auf den ersten Blick gering, sind die Auswirkungen einer solchen Veränderung dramatisch. Denn sie sorgt dafür, dass ein Gen nicht mehr abgelesen werden kann. Die Transkription, also das Umschreiben der Gene von der DNA in mRNA während der Genexpression, kommt vollkommen zum Erliegen, wenn ein UV-induzierter CPD ihr den Weg versperrt.

Die Replikation, also das Kopieren der DNA-Stränge, kann solche Schäden zum Teil ignorieren. Sie kann sie aber nicht richtig kopieren, denn die Replikationsmaschinerie vermag die direkt verbundenen Basen nicht chemisch zu interpretieren und ihnen im neuen Strang die richtigen Basen gegenüberzustellen. Deshalb entstehen bei der Replikation nach UV-Strahlung Mutationen. Mutationen wiederum können zu Fehlfunktionen von Genen führen und sind Ursache für die Krebsentstehung, wie wir bereits gesehen haben. DNA-Schäden durch UV-Strahlung entstehen unmittelbar, wenn wir uns ungeschützt der Sonne aussetzten. Sie sind also sehr häufig und äußerst gefährlich.

Die UV-Schäden in der DNA können also zwei verschiedene Konsequenzen nach sich ziehen. Zum einen lösen sie oft Mutationen aus, wenn sie vor dem Kopieren der DNA nicht behoben sind. Zum anderen können sie zum Erliegen der Genexpression, der Transkription, führen. Für diese beiden Konsequenzen der UV-Schäden stehen der NER zwei verschiedene Schadenserkennungsmechanismen zur Verfügung.

Die Probleme mit der Replikation betreffen das gesamte Genom, denn das Genom muss in seiner Gesamtheit kopiert werden, bevor sich eine Zelle teilen kann. Gerade in der Haut finden beständig Zellteilungen statt, denn unsere äußere Hautschicht wird andauernd erneuert. Hier scannen NER-Proteine das gesamte Genom nach UV-Schäden in einem Prozess der *Global-Genom-NER*, oder kurz GG-NER, genannt wird. Dabei sucht das XPC-Protein die Chromosomen permanent nach Schäden ab, die die Struktur der DNA verändern. Ein Mutation im *XPC*-Gen führt dazu, dass dieses Scannen nicht mehr durchgeführt wird. Die UV-Schäden verbleiben also, und während der Replikation kann es dann durch fehlerhaftes Kopieren der beschädigten DNA zu Mutationen kommen. Patienten, deren XPC-Protein nicht funktioniert, entwickeln *Xeroderma pigmentosum* und zwar die Form, die ausschließlich die Haut in Mitleidenschaft zieht.

Ganz anders verhält es sich während des Ablesens – der Transkription – von Genen, die einen UV-Schaden in ihrer Sequenz tragen. Hier kommt es zum Erliegen der Transkription. Hier setzt nun die Transkriptionsgekoppelte-NER, kurz TC-NER, an. Kommt es zum Erliegen der Transkription an einem DNA-Schaden, so schlägt das CSB-Protein Alarm und rekrutiert das CSA-Protein, um die NER-Maschinerie zur Reparatur des Schadens zu bewegen. Sind CSA oder CSB aber nicht funktional – wie bei Cockayne-Syndrom-Patienten – so verbleibt die Transkriptionsmaschine an dem Schaden, der nicht behoben werden kann.

Nachdem der Schaden erkannt wurde, benutzen sowohl GG-NER als auch TC-NER die gleiche Kernmaschinerie der NER. Die XPA-, -B-, -D- und -G-Proteine sind Teil dieser gemeinsam benutzten NER-Maschinerie. Folglich leiden Patienten, die in diesen Genen Mutationen in sich tragen, auch nicht nur an den Hautpathologien (starke Pigmentbildung, trockene Haut, Hautkrebs) wie XPC-Patienten, sondern auch noch an Fehlfunktionen und Gewebsabbau im Nervensystem.

Defekte in der TC-NER führen nicht zu erhöhten Mutationen im Genom. Stattdessen ist die Transkription blockiert. Trifft nun die Replikationsmaschinerie beim Kopieren der DNA auf einen liegengebliebenen Transkriptionsapparat, so kann es zur Kollision kommen. Die Replikation bleibt nun ebenfalls stecken. Die Zelle ist infolgedessen kaum in der Lage, sich weiter zu teilen, geschweige denn, sich gar in eine Krebszelle zu verwandeln, denn vor jeder Zellteilung muss die DNA kopiert werden. Aus Ermangelung selbst der notwendigen Zellteilungen, die allein schon zur Bildung und Erneuerung von Geweben notwendig sind, können aber Gewebe nicht wachsen, und es kommt sogar zum Absterben von Zellen, wenn besonders viele DNA-Schäden zur Blockade führen. Daraus folgen dann Wachstumsstörungen. Durch den Verlust von Zellen degenerieren die Gewebe – die Patienten altern im Zeitraffer. Es sind also nicht die aus DNA-Schäden herrührenden Mutationen, die die Alterung herbeiführen, sondern vielmehr die verbleibenden DNA-Schäden. Im Gegensatz zu verbleibenden DNA-Schäden sind Mutationen oft eine Folge eines fehlgeschlagenen DNA-Reparaturversuches. Die fehlerhafte Reparatur ermöglicht der Zelle zwar, weiterhin ihre Funktion zu erfüllen, birgt aber das Risiko, dass Mutationen in Genen, die für Checkpoints und Zellwachstum verantwortlich sind, Krebs entstehen lassen.

Wie können die Schäden in der DNA solch gravierende Auswirkungen auf den gesamten Körper haben? Dazu waren wieder einmal Untersuchungen an Mäusen besonders erhellend.

Um Mausmodelle für seltene Erbkrankheiten wie *Xeroderma pigmentosum* und Cockayne-Syndrom entwickeln zu können, musste man zunächst erst einmal wissen, welche Gene die Krankheit verursachen, welche Mutation die Patienten geerbt hatten. Man kannte bereits die NER-Gene in Bakterien und Hefezellen, aber das erste menschliche DNA-Reparaturgen wurde erst in den Achtzigerjahren von den Rotterdamer Forschern Jan Hoeijmakers und Dirk Bootsma identifiziert. Dies war damals kein ganz einfaches Unterfangen. Geholfen haben dabei Zellen von chinesischen Hamstern, in die man besonders leicht Stücke des menschlichen Genoms einbringen konnte. Nun hatte man bereits eine Reihe von solchen Hamsterzellen etabliert, von denen manche besonders empfindlich auf UV-Strahlung reagierten. Diese Zellen hatten – genau wie die Zellen der *Xeroderma pigmentosum*- und Cockayne-Syndrom-Patienten – Fehlfunktionen in DNA-Reparaturgenen. Hoeijmakers und Bootsma nutzten diese genetischen Defekte der Hamsterzellen, um zu testen, welche Teile des menschlichen Genoms die DNA-Reparatur in den UV-empfindlichen Hamsterzellen wiederherstellen würde. Denn solche Genomabschnitte, so die Logik, würden genau die Gene enthalten, die für die DNA-Reparatur notwendig waren. Als Erstes identifizierten die Niederländer dabei das NER-Gen *ERCC1*. Diesem folgten eine Reihe weiterer NER-Gene wie die XP- und CS-Gene. Sodann konnte man voranschreiten und die Mutationen in genau diesen Genen in den Patienten feststellen. Man hatte die kritischen Reparaturgene gefunden.

Nun brauchte es nicht mehr lange, und man bediente sich der modernen Methoden zur Herstellung von Mausmutanten, um Mäuse zu generieren, die genau die gleichen Mutationen in sich trugen wie die Patienten. Anhand dieser Mäuse konnte man untersuchen, welche Auswirkungen die DNA-Reparaturdefekte auf die Krebsentstehung, das Körperwachstum und die vorzeitige Alterung haben.

Ganz ähnlich den Cockayne-Syndrom-Patienten, blieben die äquivalenten Mäuse kleinwüchsig und zeigten bereits nach wenigen Wochen ein Aussehen, das Mäusen glich, die am Ende ihres zwei- bis dreijährigen Lebens standen. Bei den schwersten Fällen dieser Erkrankungen verstarben die Mäuse bereits drei Wochen nach der Geburt. Damit hatte man nun ein experimentelles Tiermodell zur Hand, an dem man untersuchen konnte, welche Auswirkungen ein spezifischer DNA-Reparaturdefekt hatte.

Und hier wurde nun eine vollkommen unerwartete Entdeckung gemacht: Im niederländischen Labor von Jan Hoeijmakers befasste sich der griechische Biologe George Garinis damit, ein umfassendes Bild der Expression, also der Nutzung sämtlicher Gene in den vorzeitig alternden Mäusen zu erstellen. Dabei wurden die mRNAs gemessen und dann mit den mRNAs in gleichaltrigen Mäusen verglichen, die ganz normal alterten.[*] Wir erinnern uns, die mRNA entsteht nach Umschreiben (Transkription) der DNA in RNA, die dann aus dem Kern hinausverfrachtet wird, um in Proteine übersetzt (translatiert) zu werden. Daraus lässt sich dann schließen, welche Gene besonders aktiv sind – sprich: viel mRNA produzieren – und welche Gene inaktiv sind – sprich: sehr wenig oder gar keine mRNA produzieren. Mit einer solchen Analyse der Genaktivität oder fachlich ausgedrückt *Genexpression* lässt sich feststellen, welche biologischen Vorgänge sich in einer Zelle oder in einem Gewebe ereignen.

---

[*] Idealerweise würde man natürlich die Mengen von Proteinen messen, aber Proteine sind sehr viel schwieriger zu messen als mRNAs. Selbst heutzutage, mit riesigen Fortschritten in der Messung von Proteinen, gelingt es noch immer nicht, mit der gleichen Empfindlichkeit und Genauigkeit sämtliche Proteine eine Zelle oder eines Gewebes zu messen. Das Messen der Mengen sämtlicher mRNAs jedoch macht keine besonderen Schwierigkeiten.

Garinis beobachtete nun, dass die Mäuse, die den gleichen genetischen Defekt der Cockayne-Syndrom-Patienten in sich trugen, eine äußerst geringe Genexpression der Gene aufwiesen, durch die der Insulin-ähnliche Wachstumsfaktor (kurz *IGF-1* genannt) den Wachstumsprozesses steuert [48], [49]. In der Tat waren im gesamten Körper der Maus nur geringe Mengen des Wachstumsfaktors IGF-1 messbar. Nun erinnern wir uns, verminderte Aktivität von IGF-1, sei es durch Kopchicks Mutation im Rezeptor des Wachstumshormons (der Growth-Hormone-*GH*-Rezeptor) oder in den Snell- und Ames-Zwergmäusen führt zu geringerem Körperwachstum, ganz wie bei den kleinwüchsigen Cockayne-Syndrom-Mäusen. Aber im Gegensatz zu den früh sterbenden Cockayne-Syndrom-Mäusen, sind die Ames- und Snell-Zwergmäuse oder Kopchicks Mäuse, denen der Rezeptor zur Wahrnehmung des Wachstumshormons GH fehlt, langlebig. Zusammen mit Garinis haben wir uns dann systematisch die Ähnlichkeiten zwischen der vorzeitig vergreisenden und den langlebigen Mäusen angeschaut. Und in der Tat: beide Extreme der Alterung – vorzeitige und verlagsamte Alterung – sind sich frappierend ähnlich [50].

Die entscheidende Frage, die nun im Raum stand, lautete: Wie hängen DNA-Schäden, die für das vorzeitige Altern verantwortlich sind, mit der verminderten IGF-1-Aktivität zusammen, die in Tieren vom Fadenwurm bis zum Säuger das Leben verlängert? Hierzu hatten wir mit den unterschiedlichen Auswirkungen der Gendefekte in Zellen von *Xeroderma-pigmentosum-* und Cockayne-Syndrom-Patienten das ideale experimentelle System zur Hand. Denn hiermit konnten wir nun untersuchen, welche DNA-Schadensantworten wir nach Schäden finden würden, die zu vorzeitigem Altern führen, und welche ganz im Gegenteil dazu zum unentwegten Wachstum der Zellen als Krebszellen führen. Dabei bemerkten wir, dass ganz spezifisch nur solche DNA-Schäden, die zum Erliegen der Transkription führten, eine Verringerung der IGF-1-Aktivität auslösten [51]. Verbleiben diese Schäden dauerhaft, so kommt es zur geringeren Expression der Gene, die die Rezeptoren von IGF-1 und dem Wachstumshormon GH kodieren; beide Wachstumsfaktoren fehlen dann, um die Zellen im Körper zur Zellteilung zu animieren, das Wachstum der Gewebe bleibt aus. Die verringerte Aktivität dieser beiden Rezeptoren, das haben wir von den langlebigen Mäusen gelernt, ist aber auch ausschlaggebend für die Lebensverlängerung.

Wie wirkt sich dieses Schadensantwortprogramm nun aus? Kann es dem Körper überhaupt helfen, mit den Schäden in der DNA umzugehen? Dazu haben wir uns in Köln einmal mehr dem einfachen Fadenwurm zugewandt. Auch Fadenwürmer, die Mutationen in den *CSA*- oder *CSB*-Genen tragen, reagieren empfindlich auf UV-Strahlung und halten dann komplett das Wachstum ihres Körpers an. Auch die Fadenwürmer aktivieren das gleiche Programm, wie die Cockayne-Syndrom-Mäuse. Es kommt zur Aktivierung von DAF-16, dem entscheidenden Protein, das die Würmer länger leben lässt, wenn es infolge verminderter IGF-1-Signale (im Wurm *daf-2*) angeschaltet wird. Bei unseren Untersuchungen haben wir festgestellt, dass eine starke Aktivierung von DAF-16 selbst dann die Würmer ihr Wachstum fortsetzen lässt, wenn sie die DNA-Schäden überhaupt nicht reparieren können [52]. Die Gewebe erwachsener Würmer funktionieren weiterhin, solange DAF-16 aktiv ist, und dank DAF-16 können die Würmer überleben, selbst wenn die DNA-Schäden im Genom verbleiben. Das »Langlebigkeitsprogramm«, gesteuert von DAF-16, erlaubt dem Tier selbst verbleibende DNA-Schäden zu tolerieren, quasi ein langes Leben durch Schadens-Toleranz. Je älter der Wurm aber wird, desto schlechter springt

DAF-16 auf die DNA-Schäden an. Ein altes Tier kann dann DAF-16 nicht mehr aktivieren und erliegt den DNA-Schäden.

Diese Ergebnisse zeigen eine faszinierende Verbindung zwischen DNA-Schäden und den genetischen Mechanismen der Lebensverlängerung auf: Zellen reagieren auf blockierende DNA-Schäden mit einem »Langlebigkeitsprogramm«, das die Funktion von Geweben und Organen beibehalten kann. Mittels dieses Programms, ausgeführt durch DAF-16, sind Zellen und Gewebe vor Stress geschützt, ihre Funktion ist verbessert ganz so wie in langlebigen Tieren.

Im Gegensatz zu den Fadenwürmern brauchen die Gewebe von Mäusen und Menschen aber fortwährende Zellteilungen für ihr Wachstum und ihren Erhalt. Hier hat die verminderte Aktivität des IGF-1-Signalweges den Kleinwuchs zur Folge. Der Vorteil der Verringerung der Wachstumssignale ist aber das Verhindern von Krebs. Gerade Cockayne-Syndrom-Patienten sind in der Tat vor Krebs gut geschützt. Somit kann das Langlebigkeitsprogramm den negativen Auswirkungen der DNA-Schäden entgegenwirken. Genau dies passiert offenbar nicht nur in vorzeitig vergreisenden Patienten, sondern auch während unserer ganz normalen Alterung.

DNA-Schadensreaktionen im Alter

Alles zu seiner Zeit: Warum Wachstum im Frühling (des Lebens) notwendig und im Herbst gefährlich ist, warum der Körper, den wir bewohnen, vieler Renovierungen bedarf und warum diese im Alter nur noch begrenzt vonstattengehen kann.

Als wir die Genexpression der vorzeitig alternden Mäuse untersuchten, stellten wir fest, dass sie denen von Mäusen an ihrem natürlichen Lebensabend verblüffend ähnelten. Auch die natürlich gealterten Mäuse zeigten geringe Expression der Gene, die im IGF-1-Signalweg eine Rolle spielen. Wie in der Maus, so werden auch im Menschen mit zunehmendem Alter geringere Mengen Wachstumsfaktoren und weniger IGF-1 hergestellt.

Nach allem, was wir aus Modellsystemen, vom *daf-2*-Fadenwurm bis zu den langlebigen Zwergmäusen, gelernt haben, dient diese Reduzierung der Wachstumsbotenstoffe offenbar der Lebenserhaltung. In Mäusen wie Menschen hat der Entzug der Wachstumsstoffe darüber hinaus die Konsequenz, dass das Krebsrisiko vermindert wird. Krebszellen können allein nicht wachsen, sie benötigen Wachstumshormone des Körpers. So entstehen gerade in hohem Alter Tumore, die aber nur langsam wachsen. Ganz im Gegenteil dazu breiten sich die Krebszellen der Blutkrebspatienten im Kindesalter mit rapider Geschwindigkeit aus.

Beim Menschen hat die verminderte Produktion von Wachstumsbotenstoffen allerdings auch noch eine ganz andere Seite. So kann verminderte Hormonproduktion, ebenso eine zu geringe Menge des Wachstumshormons selbst, zu Knochenschwund führen. Osteoporose bei Frauen tritt allmählich nach den Wechseljahren ein. Lange versuchte man, den negativen Auswirkungen der fehlenden Hormonproduktion im Alter mit Hormontherapien zu begegnen. Nach allem was wir über die Krebsentstehung und das Wachstum von Krebszellen erfahren haben, birgt eine solche Behandlung immer auch ein erhöhtes Krebsrisiko. Diese zwei Seiten der Folgen von Hormonen müssen ganz genau gegeneinander erwogen werden. Darüber werden wir noch im Kapitel der Alternstherapien Genaueres erfahren.

Zellwachstum ist aber nicht nur für das krankhafte Wachsen von Krebs bedeutend, sondern auch für das Wachstum und für die Erhaltung der ganz normalen Funktion vieler Gewebe.

Auch das Mausmodell des Hutchinson-Gilford-Progerie-Syndroms (HGPS) bleibt im Körperwachstum zurück, ganz wie die HGPS-Patienten. Als der spanische Forscher Carlos López-Otín von den Ergebnissen aus Rotterdam erfuhr, nahm er in seinen HGPS-Mäusen ebenfalls die IGF-1-Werte unter die Lupe. Auch diese vorzeitig alternden Mäuse zeigten verringerte Mengen von IGF-1 in ihrer Blutzirkulation, ganz ähnlich den Cockayne-Syndrom-Mäusen. Als López-Otín seinen Mäusen IGF-1 spritzte, wuchsen sie wieder und konnten sich entwickeln [53]. Hier wurde deutlich, dass das Programm, welches den alternden Körper vor den Auswirkungen von DNA-Schäden schützen sollte, indem es das Wachstum von Zellen und Geweben verringerte, während der Frühphase des Lebens das notwendige Wachstum verhindert und so zu schweren Entwicklungsstörungen führen kann.

Die HGPS und Cockayne-Syndrom-Mäuse benutzen also im Prinzip das richtige Programm, um sich der zunehmenden Instabilität ihrer Genome zu erwehren, aber sie tun dies in einem Lebensabschnitt, in dem dies vollkommen unangebracht ist und die negativen Auswirkungen sodann klar überwiegen.

Ein Gewebe, welches ständiger Erneuerung bedarf, ist das Blutsystem. Weiße und rote Blutkörperchen müssen immerzu produziert werden. Raul Motaslavsky und Fred Alt untersuchten zu der Zeit, als der wir uns in Rotterdam mit den Auswirkungen von blockierenden DNA-Schäden befassten, in Boston eine Maus, die ebenfalls dramatisch schnell alterte. Diese Maus führte eine Mutation im Sirtuin-6-Gen und reagierte hochempfindlich auf DNA-Schäden.

Die *Sirtuin-6*-Maus zeigte zudem Fehler in der Bildung weißer Blutkörperchen. Erstaunlicherweise lag dieser Defekt aber nicht an den Stammzellen des Blutes selbst. Die Stammzellen konnten nämlich ganz normale weiße Blutkörperchen bilden, wenn sie in normale Mäuse transplantiert wurden. Stammzellen aus normalen Mäusen hingegen konnten in den Mäusen, deren *Sirtuin-6-Gen* mutiert war, nur sehr unzureichend weiße Blutkörperchen generieren [54]. Die Mäuse, denen Sirtuin 6 fehlte, hatten geringe Mengen des IGF-1-Wachstumsfaktors in ihrem Blutkreislauf. Diese Ergebnisse legten nahe, dass die geringen Mengen an Wachstumsfaktoren nicht ausreichen, um Stammzellen, wie etwa die der weißen Blutkörperchen, zur Teilung zu bringen und damit die Regeneration, oder Erneuerung, von Geweben zu erlauben.

Einen ähnlichen Befund erhob der deutsche Mediziner Lenhard Rudolph bei Untersuchungen von Mäusen, die vorzeitig alterten, weil ihre *Telomere*, also die Strukturen, die die Enden der Chromosomen schützen, zu kurz waren [55]. Die Mäuse konnten nicht ausreichend weiße Blutkörperchen aus ihren Blutstammzellen herstellen. Die Blutstammzellen selbst funktionierten perfekt in normalen Mäusen, aber selbst normale Blutstammzellen mit intakten Telomeren konnten in den Mäusen mit verkürzten Telomeren weiße Blutkörperchen nur unzureichend bilden.

Hier kommt ein weiterer negativer Effekt der Abnahme von Wachstumsfaktoren im Alter zum Tragen: die abnehmende Regenerationsfähigkeit der Stammzellen im alternden Milieu. Denn Wachstumsfaktoren sind unerlässlich, um Stammzellen zur Teilung zu bringen und neue Zellen zu bilden. Es gibt also keine einfachen Antworten auf die Frage, welches die perfekte Anpassung zum Überleben des alternden Körpers ist.

Die verminderte IGF-1-Aktivität hat zweifelsohne einen positiven Effekt auf bereits ausgebildete Gewebe. Deshalb ist die *daf-2*-Mutation, die den IGF-1-Rezeptor im Fadenwurm inaktiviert und dann zur Aktivierung von DAF-16 führt, fast uneingeschränkt positiv. Alle Gewebe im erwachsenen Fadenwurm sind vollständig ausgebildet. Außerhalb der Keimbahn teilt sich keine Zelle mehr. Im Fadenwurm haben die somatischen Gewebe, also der Körper mit Ausnahme der Geschlechtszellen, keine Stammzellen und werden nicht regeneriert. Dies ist offenbar während der zwei- bis dreiwöchigen Lebensspanne des Fadenwurmes nicht nötig.

Auch im Menschen gibt es Gewebe, die einmal gebildet werden und sich nie wieder regenerieren. Unsere Nervenzellen zum Beispiel werden in unserer frühen Entwicklung gebildet und müssen uns dann unser ganzes Leben lang dienen. Stirbt eine Nervenzelle ab, kann sie nicht ersetzt werden. Deshalb ist der Abbau, die Degeneration, der Nervenzellen im Alter unumkehrbar.

Zwar wurden vor einigen Jahren auch Stammzellen im Gehirn von Mäusen und vom Menschen gefunden. Aber hierbei handelt es sich wohl mehr um ein Relikt aus unserer evolutionsbiologischen Vorzeit. Diese Zellen bilden nur in sehr begrenztem Umfang neue Nervenzellen, offenbar noch weniger beim Menschen als bei der Maus. Fast alle unsere Nervenzellen sind unersetzbar. Auch die Nervenzellen, die für unsere kognitiven Fähigkeiten zuständig sind, können nicht erneuert werden. Sterben sie, sind sie für immer verloren. Deshalb sind Demenzerkrankungen eine zentrale Herausforderung für die alternde Menschheit.

Demenz: Wenn unsere Nerven altern

Das hohe Alter ist jene Zeit, in der die Nervenzellen ihre Zelte abbauen. Dabei gehen einige Dinge, wie das Erinnerungsvermögen oder die Fähigkeit zur Nahrungsaufnahme und Alltagsbewältigung, verloren. Mediziner sprechen von Morbus Alzheimer und von Parkinson. Schuld daran sind Ablagerungen giftiger Proteinverbindungen im Gehirn und Gene, die mit ihrer Aufgabe, das Nervensystem zu versorgen, überfordert sind.

Wir haben bereits gesehen, dass die vorzeitig vergreisenden Patienten sehr häufig unter dem Abbau ihrer Nervenzellen leiden.

Die offensichtlichsten Folgen sind Störungen im Bewegungsablauf der Menschen. Die abnehmenden motorischen Fähigkeiten können zum Beispiel durch das Absterben jener sogenannten *Purkinje-Zellen* verursacht werden, die vom Kleinhirn aus die Motorik koordinieren. Folge ist eine Störung im Bewegungsablauf – auch *Ataxie* genannt –, eine prominente Manifestation der vorzeitigen Alterung der *Ataxia-teleangiectasia*-Patienten. Die Betroffenen machen zu große oder weite Bewegungen am Ziel vorbei, oder sie können nur noch mithilfe einer Stütze aufrecht stehen oder gerade sitzen.

DNA-Reparaturdefekte, wie sie etwa bei dem betrachteten Cockayne-Syndrom vorkommen, führen zum Abbau von Nervenzellen, der wiederum starke kognitive Verluste mit sich bringt.

Auch beim natürlichen Altern entstehen neurodegenerative Erkrankungen, also Leiden, die durch den Abbau des Nervensystems hervorgerufen werden. Man schätzt, dass fast die Hälfte aller Menschen nach dem fünfundachtzigsten Lebensjahr an Demenz erkrankt. Dies ist eine erschreckende Zahl. Sie bedeutet, dass jeder Zweite, wenn er nur alt genug wird, mit dem Verlust seiner kognitiven Leistung rechnen muss. Schon jetzt ist absehbar, dass sowohl die betroffenen einzelnen Familien als auch die Gesellschaft als Ganze sich von einer Überforderung bedroht sieht. Auch kommt immer stärker eine Diskussion auf, ob nicht mit Begriffen wie Demenz eine vorschnelle Stigmatisierung vorgenommen wird. Solange aber keine Heilung in Aussicht steht, sind Demenzkranke ein ganz normaler Teil der modernen alternden Gesellschaft.

Die häufigste neurodegenerative Erkrankung ist der Morbus Alzheimer, der etwa 60 Prozent der Demenzen ausmacht. Danach folgt die Schüttelkrankheit Parkinson, die schon weit weniger häufig ist. Alois Alzheimer beschrieb um die Wende zum 20. Jahrhundert die nach ihm benannte Erkrankung, welche sich anschickt, zur Geißel unserer alternden Gesellschaft des 21. Jahrhunderts zu werden. Alzheimer untersuchte die fünfzigjährige Auguste Deter in der Frankfurter Nervenklinik und schrieb ihr »präsenile Demenz« zu [56].

Menschen, die an Alzheimer erkranken, verlieren zunehmend ihre kognitiven Fähigkeiten und zeigen Verhaltensauffälligkeiten. Bei fortschreitendem Krankheitsverlauf büßen sie ihr Erinnerungsvermögen ein und erkennen oft selbst ihnen nahestehende Verwandten nicht mehr. Die tagtägliche Routine verliert sich, die Patienten können die einfachsten Dinge nicht mehr durchführen, selbst die Nahrungsaufnahme fällt schwer. Alzheimer ist eine besonders heimtückische Erkrankung, weil sie schleichend einsetzt und das gesamte soziale Umfeld in Mitleidenschaft zieht.

Alois Alzheimer ließ sich nach Auguste Deters Ableben das Gehirn der verstorbenen Patienten nach München schicken, wo er inzwischen Laborleiter geworden war. Das Gehirn von Alzheimer-Patienten weist charakteristische senile Plaques und fibrilläre – d. h. aus Fasern zusammengesetzte – Ablagerungen auf. Die Plaques, so weiß man heute, bestehen aus Ansammlungen oder *Aggregaten* (von lateinisch *aggregare* »ansammeln«) von sogenannten Beta-Amyloid-Peptiden. Die Fibrillen hingegen werden im Zellinneren vom Tau-Protein gebildet. Dies sind die definierenden Merkmale des Gehirns eines Alzheimer-Patienten. Krankheitsursächlich scheint in der Tat eine Variante des *beta-Amyloid-Peptids* (Peptide nennt man Proteine die nur relativ kurz sind) zu sein, das aus 42 Aminosäuren besteht. Diese Peptide stammen vom *Amyloid-Vorgänger-Protein*, kurz APP.[*] Das Beta-Amyloid-42 Peptid gilt als toxisch, denn in Verbindung mit einigen weiteren Beta-Amyloid-Peptiden bildet es kleinere (*Oligomere*) oder größere (*Polymere*) Aggregate. Letztere formen dann die typischen Beta-Amyloid oder senilen Plaques. Obwohl diese Plaques als Marker des von Alzheimer geplagten Gehirns gelten, sind offenbar weniger diese Furcht einflößenden Plaques, sondern vielmehr die kleineren Beta-Amyloid-Oligomere für die Erkrankung ursächlich. Bei Patienten, die schon früh an Alzheimer erkranken, hat man Mutationen in zwei *Präsinilin*-Genen gefunden. Präsinilin 1 und 2 bilden einen Teil der *gamma-Sekretase*, das kritische Enzym, das für die Herstellung des Beta-Amyloid-42-Peptid verantwortlich zeichnet. Darüber hinaus wurden auch

---

[*] Beta-Amyloid entsteht wenn das Amyloid-Vorgänger-Protein, englisch: Amyloid-Precursor-Protein (APP), an bestimmten Stellen zerteilt wird. APP kann von der Alpha-Skretase oder nacheinander von der Beta-Sekretase und Gamma-Sekretase zerteilt werden. Diese Enzyme schneiden APP an ganz definierten Stellen. Als Produkt der Gamma-Sekretase entsteht das Beta-Amyloid-Peptid entweder in Form eines 40 oder 42 Aminosäuren zählenden Peptids.

Veränderungen im *APP*-Gen identifiziert. Eine Analyse von Auguste Deters DNA im Jahre 2013 ergab, dass sie eine Mutation im Präsinilin-1-Gen in sich trug [57].

Im Gegensatz zu Deters Krankheitsverlauf, tritt die weitaus häufigste Form von Alzheimer aber erst in hohem Alter in Erscheinung. Für diese spät einsetzende Form von Alzheimer wurde 1993 eine bestimmte Form des *Apolipoproteins E* (kurz ApoE) als genetischer Risikofaktor entdeckt [58], [59]. Das ApoE-Gen kommt im Menschen in verschiedenen Varianten vor; welche Variante wir in unserem Genom tragen, legt dann fest, wie hoch das persönliche Risiko ist, an Alzheimer zu erkranken. Die *Typ-4-Variante* des ApoE-Gens tritt sehr gehäuft bei Alzheimerpatienten auf. Liegt das Alzheimerrisiko eines Vierundachtzigjährigen normalerweise bei etwa zwanzig Prozent, erkrankt bereits fast jeder zweite, bei dem auch nur eines der beiden ApoE-Gene in der ApoE4-Variante vorliegt, an Alzheimer. Besonders dramatisch ist es bei Menschen, bei denen beide ApoE-Genvarianten als ApoE4 vorliegen. Mehr als neunzig Prozent diese Menschen erkranken an Alzheimer bereits vor ihrem siebzigsten Lebensjahr [60]. Das ApoE-Protein hat vielerlei Funktionen. Die ApoE4-Form fördert die Herstellung der Beta-Amyloid Peptide.*

Obwohl genetische Risikofaktoren der Alzheimer-Demenz bekannt sind, ist es noch immer nicht ganz klar, wie die molekularen Ereignisse zum kognitiven Abbau führen. So ist es möglich, dass die Plaques die Beta-Amyloid-Peptide aufnehmen, um die schädliche Wirkung der Beta-Amyloid-Oligomere zu reduzieren. Auch kommt es zu Entzündungsreaktionen im Gehirn, die zu Angriffen auf die Nervenzellen führen können.

---

* Es wird vermutet, dass die ApoE4-Form die Funktion der gamma-Sekretase verstärkt und so zur erhöhter Produktion des Beta-Amyloid-42-Peptids führt.

ApoE hat auch Funktionen, die unabhängig von Beta-Amyloid sind. So versorgt ApoE die Nervenzellen mit Cholesterin und Fettsäuren, die wichtig für die Nervenfunktion sind. Die ApoE4-Form ist hierbei ineffizienter als andere Formen des ApoE-Gens. Interessanterweise spielt ApoE auch in der Funktion der Blutgefäße eine wichtige Rolle.

Aufgrund der weiten Verbreitung von Alzheimer sind groß angelegte epidemiologische Studien (die Epidemiologie untersucht die Ausbreitung von Krankheiten) durchgeführt worden. Nur wenige Faktoren haben eine klare Verbindung mit dem Auftreten von Alzheimer ergeben. Besonders hervorzuheben ist hierbei hoher Blutdruck, der zu erhöhtem Alzheimerrisiko führt. Eine gesunde Durchblutung ist offenbar nicht nur für die Vermeidung von Herzinfarkten und Schlaganfällen wichtig, sondern auch für die Verhinderung der Altersdemenz. Ein aktiver Lebensstil ist daher in der Tat eine wichtige Schutzmaßnahme gegen Alzheimer, wie gegen so viele altersassoziierte Erkrankungen.

IV. Proteine, Moleküle und Zellen im Alter

Proteine: bauen, transportieren, zerstören

Die Proteine sind gleichsam Mädchen für alles im Haushalt des Körpers. Dieses Kapitel will erklären, was Proteine und Perlenketten gemeinsam haben, welche Aufgaben sie erfüllen und weshalb es so schwierig ist, sie zu falten – insbesondere bei hoher Temperatur, sodass die Qualitätskontrolle zur Unterstützung die molekularen Anstandsdamen vorbeischickt. Außerdem erleben wir das Sortieren und Verschicken neuer Proteine im Postamt und wie unbrauchbare Exemplare in Ketten gelegt, hingerichtet und recycelt werden.

Ursächlich für die Entwicklung von Alzheimer ist also offenbar die Anreicherung von Beta-Amyloid-Peptiden. Proteine, seien es kleine Peptide wie Beta-Amyloid oder riesige Proteine, wie sie in unseren Muskelfasern vorkommen, müssen nicht nur hergestellt, sondern auch wieder abgebaut werden. Der Abbau der Beta-Amyloid-Peptide aber scheitert in den Nervenzellen der Alzheimer-Patienten.

In den letzten Jahren hat man zunehmend die Rolle des Proteinabbaus im Alterungsprozess aufdecken können. Die Maschinerien, die in jeder Zelle für den korrekten Aufbau und Abbau von Proteinen notwendig sind, funktionieren so, wie man sich die hochkomplexe Baustelle einer Megastadt vorstellt. Gebäude von der Gartenlaube bis zum Industriekomplex müssen abgerissen werden, wenn sie zu alt oder nicht mehr brauchbar sind.

Währenddessen müssen neue Strukturen konstruiert werden. Dabei werden sie wie beim modernsten Logistikunternehmen zentral gebaut und so markiert, dass sie beim Sortieren an den richtigen Ort geliefert werden können.

In der Zelle ist just-in-time eine Selbstverständlichkeit. Es gibt zwei Orte, in denen Proteine hergestellt werden: Zum einen das *Zytoplasma*, also der »Raum« *(plasma)* innerhalb der Zelle, zum anderen in einer speziellen Struktur, die als *endoplasmatisches Retikulum* bezeichnet wird. Endoplasmatisch, weil diese Struktur »innerhalb des Zytoplasmas« liegt, und lateinisch *reticulum*, weil es wie ein »Wurfnetz« aussieht. Im Zytoplasma werden Proteine hergestellt, die direkt dort benötigt werden. Im endoplasmatischen Retikulum hingegen werden alle Proteine zusammengebaut, die zu besonderen Orten, wie den verschiedenen Strukturen innerhalb der Zellen, den Organellen, wie etwa den Mitochondrien, oder an die Zelloberfläche gebracht werden müssen. Alle Oberflächenrezeptoren, wie wir sie schon kennengelernt haben, werden so im endoplasmatischen Retikulum hergestellt. Auch sämtliche Wachstumsfaktoren, die in die Blutbahn abgegeben werden, haben ihren Ursprung im endoplasmatischen Retikulum.

In der Proteinbiosynthese, dem Herstellen der Proteine, wird die *messenger RNA* (mRNA) in ein Protein übersetzt, *translatiert*. Bei der Translation wird die Information, die in der Abfolge der Nukleotide in der DNA kodiert ist, via der Abfolge der Nukleotide der mRNA in die Abfolge der Aminosäuren in den Proteinen übersetzt. Die Translation in Proteine findet in den *Ribosomen* statt. Die Ribosomen sind die molekularen Maschinen, in denen Aminosäuren zu Proteinen verbunden werden. In den Ribosomen wird die mRNA gebunden und von einer speziellen Art von RNA-Molekülen, den *transport RNAs*, kurz tRNA, erkannt. Jede tRNA bringt eine bestimmte Aminosäure zum Ribosom, damit sie in das zu bildende Protein eingebaut werden kann. Durch Erkennung der Sequenz der mRNA fügt die tRNA die richtige Aminosäure in die Kette von Aminosäuren, es entsteht genau das Protein, das von der mRNA-Sequenz festgelegt ist.

Die Synthese von Proteinen wird genauestens kontrolliert. Vor allem der Start der Synthese, also bevor die erste tRNA, beladen mit der ersten Aminosäure zur Bildung des Proteins, an die mRNA bindet, muss genau reguliert sein.

Wie jeder andere biologische Prozess ist auch hier die ganz genaue Regulation das entscheidende Merkmal. Nektarios Tavernarakis, Direktor des Instituts für Molekularbiologie und Biotechnologie, einem weltweit geachteten Forschungsinstitut in seiner kretischen Heimat, machte hier eine interessante Entdeckung. Der griechische Biologe untersuchte Fadenwürmer, die eine geringere Menge eines Faktors hatten, der den Start der Translation bestimmt. In Tarvernarakis' Fadenwürmern kam es zu verringerter Translation und damit weniger Proteinbiosynthese [61]. Solche Würmer lebten nun erheblich länger als normale Würmer. Wir werden noch sehen, wie genau diese Beobachtung in das Konzept der *Proteostase*, des Gleichgewichtes der Proteine, passt.

Während der Translation müssen die Proteine nicht nur aus der Verkettung von Aminosäuren hergestellt, sondern auch in der richtigen Art und Weise gefaltet werden. Im Gegensatz zu den DNA- und RNA-Ketten, die aus vier verschiedenen Nukleotiden bestehen, die sich alle chemisch relativ ähnlich sind, bestehen Proteine aus Abfolgen von zwanzig verschiedenen Aminosäuren, die chemisch sehr unterschiedliche Eigenschaften aufweisen können. Daher sind Proteine auch in der Lage, gänzlich verschiedene Funktionen in der Zelle und im ganzen Körper auszuführen.

Die reine Abfolge der Aminosäuren wird auch als Primärstruktur der Proteine bezeichnet. Danach kommt die Sekundärstruktur, in der eine Abfolge von Aminosäuren lokal typische Strukturen bilden, etwa eine Helixstruktur oder eine flächenartige Struktur. Kompliziert wird es dann in der Ausbildung der Tertiärstruktur, die die räumliche dreidimensionale Ausformung der Proteine beschreibt.*

Die Ausbildung der Tertiärstruktur ist ein äußerst kompliziertes Unterfangen. Gerade bei Proteinen, die ihren Weg durch das endoplasmatische Retikulum nehmen, müssen Teile eines Proteins konstruiert werden, die sich von anderen Teilen des gleichen Proteins in ihren chemischen Eigenschaften sehr stark unterscheiden.

Für die korrekte Faltung von Proteinen verfügt die Zelle über verschiedene Hilfsmechanismen. Kommt es zu ernsthaften Problemen in der Proteinfaltung, so greift ein Qualitätskontrollmechanismus, der auch zum Abbau der Proteine führen kann. Denn falsch gefaltete Proteine können für die Zelle zur Gefahr werden. Sie können dann regelrecht verklumpen, wenn sie sich zu Aggregaten zusammenrotten. Das passiert, wenn zum Beispiel Teile eines Proteins, die eigentlich im Inneren die Proteinstruktur zusammenhalten sollen, nach außen gekehrt werden und dann mit anderen Proteinen Kontakte bilden.

Um solch ungewollte Kontakte zu vermeiden, werden Proteine von molekularen »Anstandsdamen«, den *Chaperonen* begleitet. Ron Laskey verwendete Ende der Siebzigerjahre den Begriff

---

* Diese Struktur kann etwa mit kristallographischen Verfahren gemessen werden. Ende der Fünfzigerjahre gelang es Max Perutz und John Kendrew zum ersten Mal, die Struktur eines komplexen Proteins, des Hämoglobins, so zu bestimmen. Beide erhielten 1962 für diese bahnbrechende Errungenschaft den Nobelpreis für Chemie – im gleichen Jahr wie Francis Crick, James Watson und Maurice Wilkins ihren Preis für die Aufklärung der Struktur der DNA bekamen. Ein wahrlich besonderes Jahr in der Geschichte des Nobelpreises!

Chaperone für die Faltungshelfer, die Proteine vor schlechter Gesellschaft schützen; und Proteine befinden sich immer dann in schlechter Gesellschaft, wenn sie mit anderen Proteinen Aggregate zu bilden drohen. Chaperone helfen vor allem den großen sperrigen Proteinen dabei, sich korrekt zu falten. Chaperone werden hauptsächlich in Situationen aktiviert, in der die Proteinfaltung besonders gefährdet ist.

Experimentell hat man die Funktion der Chaperone besonders nach Hitzeschock untersucht. Hitze gefährdet ganz besonders die Faltung der Proteine. Das kann man im Extremfall beobachten, wenn man Eiweiß in kochendes Wasser gibt. Die Proteine bilden spontan Aggregate und – wie der Chemiker sagt – »fallen aus«. Damit ist gemeint, dass sich die Proteine nicht mehr frei löslich im Wasser bewegen können, sondern aus der wässrigen Phase »ausfallen« und Klumpen bilden.

In solch einem Extremfall sind Proteine in ihrer Funktion komplett unbrauchbar, ihre räumliche Struktur vollkommen verändert. Solche Extremfälle kann natürlich keine unserer menschlichen Zellen überleben. Gerade menschliche Zellen sind unserer Körpertemperatur perfekt angepasst. Schon wenige Grade über unserer Körpertemperatur befällt uns das Fieber. Aber selbst bei nur relativ leichten Temperaturerhöhungen fällt es den Proteinen schwer, ihre perfekt austarierte Tertiärstruktur anzunehmen.

Deshalb werden die Chaperone aktiviert, sobald sich die Temperatur in der Zelle erhöht. Die Chaperone können dann die richtige Faltung der Proteine unterstützen. Im endoplasmatischen Retikulum, wo die Proteine zusammengebaut werden, wird auf den Faltungsstress mit dem *unfolded protein response*, kurz UPR, zu deutsch »ungefaltete Protein-Antwort«, reagiert. Diese Faltungshelfer sind wichtig, damit die Zelle mögliche Stresssituationen überstehen kann.

Eine erhöhte Aktivität der Chaperone vermag in der Tat die Lebensdauer des Fadenwurms zu verlängern. Die Wichtigkeit der verschiedenen Systeme der zellulären Stressantwort wird besonders deutlich bei langlebigen Individuen. So benötigen etwa Fadenwürmer, deren Lebenszeit aufgrund von Mutationen im *daf-2*-Insulin-ähnlichen-Rezeptor verdoppelt ist, unbedingt die Aktivität von Chaperonen und des UPR. Die Aktivierung der Stressantworten spielt auch in einem äußerst faszinierenden Phänomen mit dem Namen *Hormese* eine wichtige Rolle, wie wir alsbald sehen werden. Aber verfolgen wir zunächst noch unsere Proteine etwas weiter auf ihrem Schicksalsweg.

Im endoplasmatischen Retikulum geschieht bereits allerhand mit den Proteinen, noch während sie sukzessive verkettet werden. Zunächst erfolgt die Faltung. Alsbald werden die Proteine markiert, damit sie beim Sortieren beim richtigen Adressaten in der Zelle landen. Dies geschieht auf ihrem Weg durch den Golgi-Apparat, ein riesiges Gebilde, das sich um das endoplasmatische Retikulum herum erstreckt und nach seinem Entdecker, dem italienischen Pathologen Camillo Golgi benannt ist.

Der Golgi-Apparat ist das Sortierzentrum der Zelle und erkennt meist schon anhand der ersten Aminosäuren, wohin es mit dem Protein zu gehen hat, ob etwa in die Mitochondrien, zur Zelloberfläche oder in andere Strukturen der Zelle.

Proteine können auch die Zelle ganz verlassen, wie etwa typischerweise die Wachstumsfaktoren oder auch die strukturgebenden Proteine, die im Raum zwischen den Zellen für Stabilität sorgen. Während ihres Transportes werden viele Proteine auch noch zerteilt. Oft kommen aus riesigen Vorläuferproteinen kleine Proteine, dann Peptide genannt, heraus. Die Vorläuferproteine haben häufig die Funktion, die kleinen Peptide vorzuhalten und dann freizusetzen, wenn sie schnell benötigt werden. So etwas ist typisch für Faktoren, die außerhalb der Zelle schnell gebraucht werden, wenn es erforderlich ist, etwa in der Immunabwehr, wenn es gilt ganz schnell auf das Eindringen eines Krankheitserregers zu reagieren.

Proteine erfüllen alle Aufgaben, die unser Körper benötigt. Sie sind Teile von molekularen Maschinen oder haben strukturelle Funktionen. Sie können als Enzyme aktiv sein oder als Botenstoffe und Hormone. Im Menschen gibt es etwa zwanzig- bis fünfundzwanzigtausend verschiedene Proteine, die aber wiederum in leicht unterschiedlichen Formen hergestellt werden können, um dann geschätzt einhunderttausend unterschiedliche Proteine zu bilden.

Hinzu kommen verschiedene Veränderungen, *Modifikationen*, die an Aminosäuren innerhalb eines Proteins vorgenommen werden können. Solche Modifikationen bestimmen Eigenschaften und Aktivitäten von Proteinen. Häufige Arten der Modifikation von Proteinen sind das Anhängen einer Phosphatgruppe. Eine Phosphatgruppe besteht aus Phosphor, das über ein Sauerstoffmolekül an eine Aminosäure angehängt wird. Das uns schon bekannte p53-Protein ist zum Beispiel nur aktiv, wenn ihm Phosphatgruppen zugefügt werden. Der für die Alterung so wichtige Transkriptionsfaktor DAF-16 hingegen kann nach dem Zufügen von Phosphatgruppen nicht in den Zellkern eintreten und ist damit inaktiv.* Mittels solcher Modifikationen, wie dem Anhängen einer Phosphatgruppe, kann so genau reguliert werden, wann, wo und wie ein Protein aktiv oder inaktiv ist. Signalwege, ausgehend von der Erkennung eines Botenstoffes durch einen Rezeptor an der Oberfläche der Zelle, werden weitergelei-

---

* Nur bei nachlassender Aktivität des insulinähnlichen *daf-2*-Rezeptors verliert *daf-16* seine Phosphatgruppen, tritt in den Zellkern ein und aktiviert die Transkription von Genen, die dem Fadenwurm dann ein besonders langes Leben bescheren.

tet durch genau solche Modifikationen. Der Rezeptor beginnt mit dem Anhängen von Phosphatgruppen an benachbarte Proteine, die dann das Gleiche mit den nachgeschalteten Proteinen anstellen und so das Signal innerhalb der Zelle weiterleiten.

Wie alle Strukturen, seien es biologische oder von Menschenhand erbaute, halten auch Proteine nicht ewig. Genau wie wir es bereits bei der DNA gesehen haben, werden auch Proteine beschädigt.* Im Gegensatz zur Erbinformation der DNA können Proteine hingegen aus ihrer Gensequenz immer wieder neu hergestellt werden. Gerade Proteine, die in Schlüsselfunktionen sitzen, etwa bei der Regulation der Zellteilung, werden schon alsbald nach ihrer Herstellung wieder zerlegt.

So ergeht es etwa dem p53-Protein. Wie wir bereits gesehen haben, hat die p53-Aktivität dramatische Folgen: die Teilung und damit das Wachstum der Zelle wird angehalten – entweder vorübergehend oder permanent – oder die Zelle wird in den Selbstmord, die Apoptose, getrieben. Ein funktionierendes p53-Protein ist aber sehr wichtig, da bei fehlendem oder in der Funktion gestörtem p53 das Krebsrisiko erheblich steigt. Also muss p53 jederzeit bereit sein, auf DNA-Schäden zu reagieren, um das Krebsrisiko zu minimieren und beschädigte Zellen unschädlich zu machen. Aber es darf nicht einfach so loslegen und das Leben und die Funktion normaler Zellen gefährden. Daher wird das p53-Protein zwar ständig hergestellt, damit es einschreiten kann, wenn es notwendig ist. Aber das p53-Protein wird auch genauestens kontrolliert.

---

* Der große Unterschied ist natürlich, dass Schäden in der DNA so dramatische Folgen haben können, weil sie die unersetzbare genetische Information beinhaltet. Geht die Information, die in der Sequenz der DNA kodiert worden ist, verloren, kann sie von nirgendwoher wiedergewonnen werden. Die DNA ist die Festplatte der Zelle mit allen ihren Informationen. Das entsprechende Protein kann nie wieder fehlerfrei gebaut werden, wenn die Sequenz des codierenden Gens nicht mehr korrekt ist.

Dafür sorgt zum Beispiel das MDM2-Protein. MDM2 erkennt p53 und führt es dem Schrottplatz der Zelle zu. Dabei hängt MDM2 dem p53-Protein eine Kette aus Ubiquitin an. Den Namen *Ubiquitin* hat dieses Protein seinem universellen Vorkommen zu verdanken. Mit langen Ketten von Ubiquitin werden Proteine markiert, um sie der zellulären Maschine zum Abbau von Proteinen zu überführen, damit sie verschrottet und in ihre Einzelteile zerlegt werden. Der Name dieser Proteinabbaumaschine, das *Proteasom*, leitet sich von Protease ab. Proteasen sind generell Proteine, die andere Proteine schneiden. Das Proteasom bildet mit seinen vielen Untereinheiten eine Struktur, die einem Fass ganz ähnlich sieht. Proteine, die mit einer Ubiquitinkette markiert sind, werden in dieses Fass eingelassen und dabei zerschnitten. Am Schluss werden dann die Aminosäuren des abgebauten Proteins frei und können wieder für die Konstruktion neuer Proteine verwendet werden. Das Proteasom ist also die Recyclingzentrale der Zelle.*

Wieder einmal waren es genetische Experimente in Fadenwürmern, die gezeigt haben, dass dieses Recyclingsystem der Zellen das Leben des Tieres verlängern kann. Mehrere Faktoren, die für das Markieren von Proteinen mittels Ubiquitinketten verantwortlich sind, als auch das Proteasom selbst versetzten den Fadenwurm in die Lage, Stresssituationen besonders gut zu überstehen.

Wie bedeutsam die korrekte Faltung und der Abbau von Proteinen ist, zeigt sich auch im alternden Menschen. Der »graue Star« nimmt so vielen alten Menschen ihre visuelle Schärfe. Die

---

* Aber längst nicht alle Proteine sind so kurzlebig wie zum Beispiel p53. Erst kürzlich hat man systematisch die Lebensdauer von Proteinen analysiert und ist zu dem erstaunlichen Ergebnis gekommen, dass es sogar Proteine gibt, die nur einmal hergestellt werden und dann der Zelle ihr ganzes Leben treu bleiben.

Welt ist nur noch durch einen Schleier sichtbar. Katarakte durchziehen das Auge und führen zur Trübung der Linse. Die Bildung der Katarakte ist eine direkte Folge der Aggregation, dem Verklumpen, von Chrystallin. Normalerweise ist Chrystallin ein lösliches Protein. Wird es aber beschädigt, sei es durch UV-Strahlung der Sonne oder durch chemische Angriffe seitens der Sauerstoffradikale, verliert das Chrystallin seine Tertiärstruktur. Es benötigt wiederum Chaperone, um die korrekte Faltung wiederherzustellen. Gelingt dies nicht, so bilden Chrystalline Aggregate.

Unser gesamtes Leben lang sind unsere Augen der UV-Strahlung der Sonne ausgesetzt, unser ganzes Leben lang entstehen im Zellstoffwechsel schädliche Stoffe wie die Sauerstoffradikale. Somit steigt der Anteil des beschädigten Chrystallins kontinuierlich an. Gleichzeitig gelingt die Proteinfaltung immer schlechter. Dies ist wiederum ganz im Sinne unserer evolutionsbiologischen Überlegungen, denn auch die Proteinfaltungshelfer wie die Chaperone sind ja nicht darauf ausgelegt, in Körperzellen unendlich lang zu funktionieren. So verschleiern uns die Chrystallinaggregate mit zunehmendem Alter unweigerlich die Sicht.

Hungern für ein langes Leben: die kalorische Restriktion

Hungern ist bekanntlich tödlich, kann jedoch auch Leben verlängern. *Target of rapamycin* heißt das TOR zum langen Leben für Kleintiere. Wenn die Zelle auf Sparflamme wirtschaftet, beginnt sie sich selbst zu konsumieren und nicht überlebenswichtige Bestandteile zu recyceln. Die sogenannte kalorische Restriktion lässt allerdings den Einzelnen zwar länger, seine Spezies aber kürzer überleben, da sie die Fortpflanzung unmöglich macht.
Die große Frage ist, ob jenes TOR zum langen Leben für Menschen auch zugänglich ist.

Moleküle, die entweder trotz der Chaperone keine brauchbare Tertiärstruktur annehmen oder aufgrund von Beschädigungen, sei es durch UV-Strahlung, Hitze oder chemischer Angriffe nicht mehr funktionieren, werden vom Proteasom, dem Recyclingapparat, zerlegt.

Die Beschädigungen können aber auch größere Strukturen, ja sogar ganze Organellen wie die Mitochondrien, betreffen. Für das Proteasom sind sie dann viel zu groß. Solche Strukturen werden durch einen faszinierenden, erst vor Kurzem entdeckten Prozess der *Autophagie* (aus dem Griechischen von *auto* »selbst« und *phagein* »fressen«) aufgelöst.

Durch die Autophagie frisst die Zelle ihre eigenen Bestandteile auf. Der Fadenwurm zum Beispiel greift während Hungerperioden zur Autophagie. Die Zellen können den Verzicht auf Nahrung durch Autophagie überleben. Dann zerlegen sie nicht unbedingt notwendige Bestandteile, um sie für den Aufbau von lebensnotwendigen Proteinen zu verwenden.

Das Selbstkonsumieren zellulärer Bestandteile ist ein wichtiger Mechanismus, der das Leben verlängern kann, besonders unter Bedingungen begrenzter Nahrungszufuhr. Wenn gezielt der Kaloriengehalt der Nahrung verringert wird, leben einzellige Bäckerhefen, Fadenwürmer, Taufliegen, ja selbst Mäuse länger.

Fadenwürmer können auch ganz ohne jegliche Nahrung ein langes Leben führen.* Allerdings stellen die hungernden Würmer ihre Fortpflanzung komplett ein. Genau wie die extrem langlebigen Hunger- oder Dauerlarven verschieben sie die Fortpflanzung auf die Zeiten, in denen Nahrung wieder vorhanden sein wird. Bei erwachsenen Tieren muss die Hungerperiode aber ganz kurz vor der Reproduktion einsetzen, ansonsten funktioniert diese Langlebigkeitskur nicht [62]. Genau dann nämlich bildet sich die Keimbahn des Tieres zurück.** Während der Hungerphase verbleiben dann nur einige wenige Keimbahnzellen, die ihre Aktivität einstellen. Der Wurm kann so monatelang in einer jugendlichen Form überleben, während ihm normalerweise ja nur zwei bis drei Wochen bleiben.

Gibt man nun dem Wurm wieder Futter, so regeneriert sich die Keimbahn. Nachkommenschaft wird produziert, und der Wurm lebt ein ganz normales zwei- bis dreiwöchiges Leben, bis ihn sein natürlicher Tod ereilt.

Aber nicht nur kompletter Futterentzug, sondern auch ein reduziertes Nahrungsangebot führt – wenn auch zu einer nicht ganz so dramatischen – Verlängerung der Lebensdauer. Nun wurde landläufig davon ausgegangen, dass weniger Nahrung auch weniger schädliche Stoffe im Stoffwechsel, dem Metabolismus, mit sich bringe und daher Zellen und Gewebe länger

---

* Ein besonders beeindruckendes Beispiel dafür ist das bereits erwähnte Dauerlarvenstadium. Dauerlarven können bis zu zehnmal länger leben als ein wohlgenährter ausgewachsener Wurm. Aber selbst erwachsene Würmer leben ganz ohne Nahrung sehr viel länger als ihre wohlgenährten Artgenossen.
** Dabei sind übrigens die gleichen Gene notwendig, die in *C. elegans* den programmierten Zelltod ausführen. Welche genaue Funktion die Apoptosegene in der Rückbildung der Keimbahn in hungernden Würmern haben, ist derzeit noch unbekannt.

ihre jugendlichen Funktionen ausführen könnten. Im Gegensatz zu solchen Ad-hoc-Vorstellungen ist die verlängerte Lebensdauer unter begrenzter Nahrungszufuhr aber ein aktiv regulierter Prozess.

Bei den Dauerlarven hatten wir ja schon gelernt, dass die Aktivität des Signalweges, der vom DAF-2-Rezeptor ausgeht, ausschlaggebend ist. Das erwachsene Hungerleben ist bislang sehr viel weniger gut verstanden – es wurde ja auch erst vor wenigen Jahren entdeckt. Die Langlebigkeit unter reduzierter Nahrungsaufnahme wird auch durch die *daf*-Gene bestimmt. Zudem sind eine Reihe von Genen entdeckt worden, die den Stoffwechsel und die Stressantworten regulieren, mit denen der Wurm auf Nahrungsknappheit reagiert. Eine wichtige Rolle spielt hierbei ein Komplex von Proteinen, der *target of rapamycin*, also »Ziel von Rapamycin«, kurz TOR genannt wird. Fehlender Zucker in der Nahrung etwa vermindert die Aktivität von TOR, was dann zu Anpassungen im Stoffwechsel, aber auch zur Verminderung der Translation, also der Produktion von Proteinen, führt.

Erinnern wir uns an Tavernarakis' Entdeckung, dass verminderte Translation selbst schon zur Lebensverlängerung führen kann, gibt es hier einmal mehr eine klare Überlappung von Mechanismen, die die Lebensdauer bestimmen.

Interessant an TOR ist aber vor allem, dass es – wie der Name des Komplexes schon sagt – Rapamycin, einen pharmakologisch wirksamen Stoff, gibt, der speziell auf TOR zielt und dessen Aktivität behindert. In der Tat kann durch Zugabe von Rapamycin allein schon die Lebensspanne verlängert werden. Ob dies bei Maus und Mensch funktioniert, werden wir schon bald diskutieren. Interessanterweise wird die Lebensverlängerung bei reduzierter Nahrungsaufnahme nicht nur mittels bestimmter Gene reguliert, sondern auch aktiv durch die Sinneswahrnehmung der

Umwelt durch bestimmte Nervenzellen.* Kommt es in Fadenwürmern aufgrund von Nahrungsmangel zu verringerter Aufnahme von Aminosäuren, so signalisieren diese Nervenzellen den verschiedenen Geweben des Tieres, dass es nun unter Hungerbedingungen lebt. Im Organismus kommt es zu Stressantworten. Teile dieser Stressantwort sind Proteine, die reaktive Sauerstoffspezies inaktivieren und die Zellen somit vor Angriffen schützen. Dazu kommen Proteasom und Autophagie, um alle Reserven freizusetzen; der Organismus arbeitet auf Sparflamme.

Nicht nur bei einfachen Tierformen, sondern selbst bei Säugetieren steigt die Lebenserwartung durch eine Reduktion der Nahrungszufuhr. Bereits in der 1930er-Jahren hatte man bei Experimenten mit Ratten festgestellt, dass verringerte Kalorienaufnahme zur Verlängerung des Lebens führen kann. Im Gegensatz zu

---

* Der uns bereits aus seinen Hefestudien mit Sirtuinen bekannte Leonard Guarente konzentrierte sich auf zwei bestimmte Nervenzellen, die im Fadenwurm den Transkriptionsfaktor SKN-1 herstellen. SKN-1 spielt während der normalen Entwicklung bereits im Embryo eine wichtige Rolle. Nach der Embryonalentwicklung wird SKN-1 in zwei ganz bestimmten Nervenzellen, den ASI-Neuronen hergestellt. In diesen beiden Nervenzellen initiiert SKN-1 unter Bedingungen reduzierter Nahrung dann ein Genexpressionsprogramm, das den Wurm besonders lange leben lässt, ganz ähnlich wie es der DAF-16-Transkriptionsfaktor bei niedriger Insulinaktivität durchführt [63]. Das Besondere an der SKN-1-Funktion ist, dass SKN-1 nur in den zwei ASI-Nervenzellen aktiv ist, aber dennoch Auswirkungen auf den gesamten Organismus hat. Solche *systemischen* Effekte sind für den Alterungsprozess von ganz besonderer Bedeutung. In Mäusen haben wir dies bereits in der hormonellen Regulation des Körperwachstums in Verbindung mit der Langlebigkeit der Snell- und Ames-Zwergmäuse bezeugen können. Bei den Zwergmäusen resultieren Defekte in der Hirnanhangdrüse in vermindertem Körperwachstum und verlängerter Lebensdauer. Wie kann aber der Organismus wahrnehmen, dass sich der Nährwert seines Futters verringert? Interessanterweise können die Effekte verringerter Nahrungszufuhr gezielt durch die Zugabe von Aminosäuren, den Bestandteilen von Proteinen, aufgehoben werden. Im Gegensatz zu Zucker und Fetten, die bis auf wenige Ausnahmen von Zellen selbst aus ihren Bestandteilen gebaut werden können, müssen essenzielle Aminosäuren mit der Nahrung aufgenommen werden. So muss der Mensch zehn der zwanzig Aminosäuren, aus denen alle menschlichen Proteine gebaut werden, von außen mit der Nahrung aufnehmen, die anderen zehn können unsere Zellen selbst herstellen. Chanhee Kang und Leon Avery aus Dallas machten eine interessante Entdeckung, wie ein Fadenwurm die Aminosäuren wahrnehmen kann. Dabei identifizieren zwei Rezeptoren in jeweils einer bestimmten Nervenzelle eine Aminosäure [64].

Fadenwürmern kann bei Säugetieren die Nahrungszufuhr aber nicht komplett abgeschnitten werden. Totales Hungern ist für Ratten und Mäuse ebenso tödlich wie für uns Menschen. Mäuse stellen zudem typischerweise das Trinken ein, sobald sie nicht essen – ein nicht sonderlich gesundes Verhaltensmuster. Wird das Mäusefutter aber so komponiert, dass der Kaloriengehalt der gleichen Menge an Nahrung verringert wird, so leben die Mäuse länger. Die Vermutung liegt nah, dass – wie im Fadenwurm – die Herstellung von Proteinen, also die Translation, in Folge des Aminosäuremangels vermindert wird. Verminderter Aufbau von Proteinen vermag eben gerade den Faltungsstress zu reduzieren und damit die Chaperone zu entlasten.

Bei den Mäusen kann die lebensverlängernde Kalorienreduktion vierzig Prozent betragen, sie verlieren dann dramatisch an Körpergewicht. Die körperliche Aktivität unter solchen Hungerbedingungen nimmt aber weder im Wurm noch in der Maus ab. Stattdessen geht die Lebensverlängerung eindeutig auf Kosten der Fortpflanzung. Die hungernden Tiere sind nicht in der Lage, Nachkommen hervorzubringen.

Die Nahrungsreduktion, bei spezifischer Verringerung des Kaloriengehaltes in der zur Verfügung gestellten Nahrung auch *kalorische Restriktion* genannt, wirkt lebensverlängernd in allen wichtigen Modellsystemen, die weltweit zur Erforschung des Alterungsprozesses verwendet werden, sprich der Bäckerhefe, dem Fadenwurm, der Taufliege und der Maus.

Bei allen diesen Organismen führt die Nahrungsreduktion gleichzeitig zur Verringerung der Reproduktion. Selbst Bäckerhefen teilen sich nicht in einer Umgebung, die nicht ausreichend Nährstoffe enthält. Die Strategie ist einleuchtend, denn wie sollte ein Nachkomme denn aufwachsen, ohne seine sämtlichen neu zu bildenden Strukturen aus der Nahrung aufbauen zu können. Ein ausgewachsener Organismus hingegen verfügt über zahlreiche Reserven, die er mittels Recycling durch Proteasom und Autophagie anzapfen kann. Ein Embryo hingegen ist voll auf *Anabolismus*, also den Aufbau, programmiert. Aus ihm muss ja schließlich ein ganzer Organismus erwachsen.

Es ist durchaus möglich, dass reduzierte Nahrung deshalb zur Verlängerung des Lebens führt, weil Ressourcen frei werden, die ansonsten in die Zeugung der Nachkommenschaft investiert werden. In der Tat verwenden Tiere wie Fadenwürmer, Taufliegen und Mäuse einen ganz erheblichen Teil ihrer Energie auf die Produktion von Nachkommen.

Die einfache Annahme, dass bei kalorischer Restriktion der Körper auf Kosten der Reproduktion länger lebe, ist allerdings von der Direktorin des Max-Planck-Institutes für die Biologie des Alterns in Köln, Linda Partridge, in Zweifel gezogen worden [65]. Partridge setzte der kalorisch restriktiven Nahrung ihrer Taufliegen gezielt Proteine zu, woraufhin sich der Effekt der kalorischen Restriktion, die Fortpflanzung zu reduzieren und die Lebensspanne zu maximieren, verflüchtigten. Als sie einzig die Aminosäure Methionin der kalorisch restriktiven Diät der Taufliegen beimischte, gewannen die Fliegen ihre Fertilität zurück, lebten aber noch immer länger. Partridge hatte damit wiesen, dass die Lebensverlängerung eben nicht notwendigerweise auf Kosten der Fertilität, der Zeugung von Nachkommen, gehen muss. Eine Lebensverlängerung könnte somit erreicht werden, ohne auf Nachkommenschaft zu verzichten.

Wie würde aber der Mensch auf eine drastische Reduktion des Kaloriengehaltes seiner Nahrung reagieren? Könnte eine kalorienarme Kost unser Leben verlängern? Gar altersbedingten Erkrankungen vorbeugen? Die Ergebnisse in einfacheren Tierarten legen ja durchaus nahe, dass kalorische Reduktion vielleicht sogar universell zur Langlebigkeit führt. Ein theoretisches Argument, das der Evolutionsbiologe Thomas Kirkwood dagegenhält, besteht darin, dass Primaten wie Affen und Menschen im Gegensatz zu Würmern, Fliegen und Mäusen nur einen relativ geringen Teil ihrer körperlichen Ressourcen auf die Fortpflanzung verwenden.

Wie aber wirkt sich die kalorische Restriktion auf Primaten aus? Die Lebensdauer von Primaten zu untersuchen ist alles andere als trivial. Denn ganz wie wir Menschen leben auch unsere nahen Verwandten durchaus ein langes Leben, vor allem in Gefangenschaft. Und nur in der Gefangenschaft lässt sich überhaupt ein Experiment mit kontrollierter Nahrungsaufnahme durchführen. Derzeit werden dazu zwei Langzeitstudien an Rhesusaffen durchgeführt, mit erstaunlich unterschiedlichen Ergebnissen.

Als Erstes bekannt wurde die über zwanzig Jahre angelegte Studie am Nationalen Primatenforschungszentrum an der Wisconsin-Universität in Madison [66]. Ricki Coleman und Richard Weindruch beobachteten, dass eine dauerhafte Verminderung des Kaloriengehaltes um dreißig Prozent zu vermindertem Auftreten typischer Alternsleiden wie Diabetes, Krebs und Herz-Kreislauf-Erkrankungen führt. Darüber hinaus konnten die Affenforscher eine bessere Erhaltung der grauen Substanz – ein Indikator für den Erhalt der Nervenzellen – bei den Primaten feststellen. Die Lebensdauer der Affen hatte sich über den Verlauf der Studie allerdings nicht generell verändert. Als die Autoren der Studie jedoch speziell solche Todesfälle untersuchten, die aufgrund typischer Alternsleiden erfolgten, konnten sie eine signifikante Verlängerung der Lebenserwartung durch kalorische Restriktion messen.

Ein zweites Team um Julie Mattison, Donald Ingram und Rafael de Cabo leitete ein ähnliches Langzeitexperiment am

Nationalen Institut für Alterung in Maryland [67]. In dieser Studie gab es keinerlei signifikante Lebensverlängerung. Zwar war die kalorische Restriktion durchaus geeignet, jeglicher Fettleibigkeit vorzubeugen, aber dennoch konnten weder Diabetes noch Herz-Kreislauf-Erkrankungen verhindert werden. Ähnlich den Ergebnissen der Wisconsin-Studie, entwickelten aber auch die Affen in Maryland weniger Tumore während der kalorischen Restriktion.

Im Großen und Ganzen sind die Ergebnisse im Hinblick auf die gesundheitsfördernden Aspekte und die Lebenserwartung in Primaten wohl eher ernüchternd. Dennoch gibt es eine erhebliche Anzahl von Menschen, die ihre Hoffnung an kalorische Restriktion heften.

Die Mitglieder von Vereinen, wie die US-amerikanische »*Calorie-Restriction Society*«, messen täglich ihre Cholesterinwerte und analysieren jeden Nahrungsbestandteil genauestens, bevor sie ihn zu sich nehmen. Die Evidenz dafür, dass diese Menschen damit ihrer Gesundheit einen besonderen Gefallen tun, ist gerade im Hinblick auf die Primatenstudien dünn wie das erste winterliche Eis.

Derzeit werden aber auch Studien durchgeführt, die die Auswirkungen kalorischer Restriktion im Menschen analysieren. Positive Effekte gibt es vor allem bei Menschen, die an Fettleibigkeit leiden. Fettleibigkeit hat allerdings schon jetzt pandemische Ausmaße angenommen. Sie ist zur vorherrschenden Zivilisationskrankheit geworden. Besonders dramatisch ist die Situation bei Kindern, die in jungen Jahren verfetten. Dachte man anfangs noch, dass Fettleibigkeit ein US-amerikanisches Phänomen sei, so ist inzwischen auch Europa von der Verfettungswelle eingeholt worden. Aber nicht nur die industrialisierten Länder, sondern auch Schwellen- und Entwicklungsländer werden von der

Pandemie erfasst. Selbst in China, traditionell ein Hort schlanker Menschen, werden inzwischen viele Kinder der neuen Mittel- und Oberschicht dick. In Mexiko gilt heute sogar der überwiegende Teil der Bevölkerung als übergewichtig. Es scheint so, als ob gerade die radikale Umstellung von Essgewohnheiten das krankhafte Übergewicht verursachte. So trifft heutzutage die Verfettung in den USA vor allem die aus Lateinamerika zugewanderte Bevölkerung. Entsprechend schätzt man fast die gesamte weibliche Latinogesellschaft in den USA als übergewichtig ein.

Interessant hierzu ist eine Studie des Kölner Alterns- und Stoffwechselforschers Jens Brüning. In dieser zeigte er, dass Nachkommen von Muttertieren, deren Nahrung während der Stillzeit besonders fettreich ist, unumkehrbare Schäden in der Entwicklung von Nervenfortsätzen entwickeln, die das Sättigungsgefühl steuern [68]. Die Folgen sind Diabetes und Fettleibigkeit. Das Entwicklungsstadium, in dem die jungen Mäuse so empfindlich auf die Nahrungskomposition der Mutter reagieren, würde etwa dem dritten Trimester der menschlichen Schwangerschaft entsprechen. Es ist also vorstellbar, dass ungesunde Ernährung sich bereits in den frühsten Entwicklungsstadien auf den Nachwuchs überträgt. Die kalorische Restriktion mag in normal genährten Primaten und vermutlich auch den nicht übergewichtigen Menschen geringe positive Auswirkungen haben. Allerdings ist eine gesündere, ausgewogenere und kalorienärmere Kost bei der derzeitigen Fettleibigkeitspandemie dringend geboten.

In Bezug auf kalorische Restriktion gilt es, noch viele der Faktoren zusammenzuführen und die biologischen Mechanismen der Auswirkung auf Gesundheit und Langlebigkeit besser zu verstehen. Selbst im Fadenwurm sind die genetischen

Komponenten kalorischer Restriktion bislang nur unzureichend verstanden. Nahrung ist im Allgemeinen hochkomplex zusammengesetzt. So ist es möglich, dass verschiedene Menschen unterschiedlich auf Veränderung des kalorischen Gehalts oder der Zusammensetzung der Nahrung reagieren.

Dies wurde selbst in Mäusen offenbar. Weltweit benutzten Wissenschaftler etwa eine Handvoll verschiedener Mausstämme, die aus Generationen von Inzucht hervorgegangen waren. Kalorische Restriktion führt aber nicht in allen Mausstämmen zur Lebensverlängerung. Es gibt also offenbar genetische Faktoren, die festlegen, ob Hungerperioden positive gesundheitliche Folgen haben.

Ein wichtiges Ziel der kalorischen Restriktion ist die Entwicklung pharmakologischer Substanzen, die als Medikament verabreicht werden können, um im Körper den gleichen positiven Effekt auszuüben. Die Inaktivierung des TOR-Komplexes mittels Rapamycin etwa hat die gleichen Auswirkungen wie die kalorische Restriktion. In einer groß angelegten Untersuchung, in der in verschiedenen Labors unterschiedliche Mausstämme mit Rapamycin behandelt wurden, konnte ein lebensverlängernder Effekt dieses Wirkstoffes nachgewiesen werden [69].

Rapamycin ist ein zugelassenes Medikament. Es wird unter dem Handelsnamen Rapamune von Pfizer zur postoperativen Behandlung nach Nierentransplantationen eingesetzt. Wie schon der uns wohlbekannte Peter Medawar erkannte, stößt das Immunsystem körperfremde Organe und Gewebe ab. Obwohl sie lebensrettend für Transplantationspatienten sind, erkennt das Immunsystem die Zellen der transplantierten Organe als fremde Eindringlinge. Rapamycin kann auf den TOR-Komplex auch in Immunzellen wirken und damit ihre Aktivität verringern. Es folgt eine Unterdrückung der Immunabwehr, der sogenannten

Immunsuppression, wodurch das transplantierte Organ nicht mehr abgestoßen wird. Die Immunsuppression ist nach einer Transplantation lebensnotwendig.

Die Patienten müssen dabei natürlich vor Infektionen gut geschützt werden. Unter normalen Lebensumständen ist eine Immunsuppression aber hochgefährlich. Schließlich ist unser Körper permanent infektiösen Krankheitskeimen ausgesetzt. Es gibt sogar Hinweise darauf, dass kalorische Restriktion der Immunabwehr schaden könnte. Möglicherweise ist dies eine direkte Auswirkung reduzierter TOR-Aktivität unter Bedingungen verminderter Nahrungszufuhr. Die Funktion der Immunabwehr spielte in den bisherigen Experimenten zur Lebensverlängerung nach kalorischer Restriktion in keinem der Modellsysteme eine Rolle. Denn in jedem Fall lebten die Tiere in sauberen, fast keimfreien Labors. Wie ihnen die kalorische Restriktion in ihrer natürlichen Umwelt bekommen wäre, bleibt unerforscht. Es wird derzeit versucht, spezifischere Wirkstoffe zu identifizieren, von denen man sich die positiven Effekte kalorischer Restriktion erhofft, ohne die negativen Konsequenzen etwa der Behandlung mit Rapamycin in Kauf nehmen zu müssen.

Mitochondrien: die Kraftwerke der Zelle

Kraftwerke produzieren bekanntlich nicht nur Energie, sondern auch Schadstoffe. In den Zellen ist es nicht anders, unabsichtlich werden freie Radikale erschaffen. Das Immunsystem benutzt diese Radikale als Waffe, dabei entsteht in der Zelle selbst jedoch ein Kollateralschaden, der zu Hörverlust, Parkinson, Huntington oder Organschäden führen kann.

Positive Effekte der kalorischen Restriktion werden zum Teil durch das Auffressen und Recycling der eigenen Strukturen, der Autophagie, hervorgerufen. Wenn die Zellen ihre eigenen Bestandteile konsumieren, werden beschädigte Strukturen der Zellen zersetzt und gleichzeitig Aminosäuren für den Aufbau neuer wichtiger Proteine bereitgestellt. Ein besonders großes Ziel der Autophagie sind ganze Organellen der Zellen. Den Abbau der Mitochondrien nennt man aufgrund seiner besonderen Bedeutung auch *Mitophagie*.

Mitochondrien sind die Energiekraftwerke der Zellen. Die Energiewährung der Zelle ist ein kleines, aber energiereiches Molekül namens *Adenosintriphosphat*, kurz ATP.[*] Der deutsch-amerikanische Biochemiker Fritz Lipmann, nach dem mittlerweile das Leibniz-Institut für Altersforschung in Jena benannt wurde, erkannte die Funktion von ATP darin, Energie innerhalb des Zellstoffwechsels zu übertragen. Gemeinsam mit Lipmann wurde Hans Krebs für seine Entdeckung des *Citratzyklus*, auch »Krebszyklus« genannt, zu Beginn der Fünfzigerjahre mit dem Nobelpreis ausgezeichnet. Der Citratzyklus ist unser wichtigster Energielieferant, bei dem im Inneren der Mitochondrien Elek-

---

[*] Entdeckt wurde ATP Ende der Zwanzigerjahre des vorigen Jahrhunderts von Lohmann, Fiske und Subbarow. ATP überträgt Energie, indem es seine dritte Phosphatgruppe auf andere Moleküle überträgt und damit deren energetischen Gehalt erhöht.

tronen bereitgestellt werden, die dann in die *Atmungskette* eingeführt werden.* Durch die Atmungskette werden Elektronen entlang der Membran, die die Mitochondrien umgibt, geschleust. Da Elektronen eine negative Ladung haben, ziehen sie positiv geladene Protonen an, die durch die Membran hindurchgepumpt werden, wann immer ein Elektron des Weges kommt. Daraus ergibt sich eine ungleiche elektrische Ladung, weil ständig Protonen aus dem Inneren der Mitochondrien herausgepumpt werden. In der ungleichen Verteilung der Ladung steckt Energie, wie wir es von einer Batterie kennen. Die Energie wird dazu genutzt, die Protonen durch eine Protonenpumpe zurückzulassen. Genau an dieser Pumpe entsteht dann ATP, das dann überall in der Zelle als Energie genutzt werden kann.

»Eingeatmet« wird Sauerstoff, auf den am Ende der Atmungskette Elektronen und Protonen gepackt werden. Sauerstoff plus zwei Protonen und Elektronen ergeben Wasser. Geschätzte 98 und 99,9 Prozent der Elektronen in der Atmungskette erreichen ihr Ende und werden Teil des unschädlichen Wassers. Einige Elektronen allerdings reagieren zu früh mit Sauerstoff und anstatt Wasser entsteht der gefährliche reaktive Sauerstoff, ein chemisches Radikal, das allerhand Schaden anrichten kann. Bei der

---

* Die Atmungskette besteht aus Proteinen, die in der inneren Membran der Mitochondrien die Elektronen aus dem Citratzyklus entlang der Membran befördern. Während dieses Elektronentransportes werden Protonen durch die innere Membran transportiert. Die Protonen gelangen somit in den Raum zwischen der inneren und der äußeren Membran der Mitochondrien. Es entsteht ein elektrochemischer Gradient, bei dem mehr Protonen in dem Membranzwischenraum vorhanden sind als im Inneren der Mitochondrien, es entsteht ein Membranpotenzial. Peter Mitchell stellte Anfang der Sechzigerjahre die *Chemiosmotische Hypothese* – auch Mitchell-Hypothese genannt – auf, der zufolge die Gewinnung des hochenergetischen ATP durch das Membranpotenzial gebildet wird [70]. Mitchell war damals sehr isoliert, seine Hypothese wurde von seinen Zeitgenossen strikt abgelehnt.
Aber Mitchell sollte recht behalten und Ende der Siebzigerjahre den Nobelpreis erhalten. Die ATP-Bildung erfolgt, wenn die Protonen aus dem Membranzwischenraum durch die *ATP-Pumpe* in das Innere der Mitochondrien, getrieben vom Membranpotenzial, gezogen werden. Die Energie des Membranpotenzials wird somit umgewandelt, indem auf das Adenosindiphosphat (ADP) eine weitere Phosphatgruppe zum ATP angehängt wird.

Energiegewinnung fallen somit immer gefährliche Schadstoffe an, tagein, tagaus, ein ganzes Leben lang.

Reaktiver Sauerstoff kommt in vielerlei Formen vor. Durch Radikalreaktionen kann er Moleküle – seien es Proteine, Fettsäuren oder Nukleinsäuren wie DNA und RNA – chemisch verändern und in ihrer Funktion stören. In Harmans Theorie des Alterns spielt die Beschädigung durch freie Radikale eine zentrale Rolle. Da freie Radikale in Form reaktiven Sauerstoffs während der Atmung in den Mitochondrien entstehen, gilt diesen Kraftzentren eine ganz besondere Aufmerksamkeit in der Alternsforschung.

Für die Zelle stellt reaktiver Sauerstoff eine Bedrohung dar, der sie entgegentritt mit einer Fülle von Stoffen und Enzymen, mit denen er sich abreagieren und somit unschädlich gemacht werden kann. Obwohl unsere Zellen über große Mengen dieser *antioxidativen* Stoffe verfügen und damit den Körper optimal schützen, hat sich eine ganze Industrie darauf spezialisiert, uns weitere antioxidative Produkte zu verkaufen, seien es Vitamine, Nahrungszusatzstoffe, Pillen oder Hautcremes; aber dazu mehr später.

Harmans Freie-Radikale-Theorie der Alterung erscheint auf Anhieb plausibel: Freie Radikale entstehen unweigerlich im Stoffwechsel, vor allem der Atmungskette, und haben das Potenzial, sämtliche Moleküle der Zelle zu beschädigen. Weil sie so einleuchtend und einfach die Ursachen der Alterung erklärt, hat diese Theorie nach wie vor eine breite Anhängerschaft. Aber auch die schönsten und plausibelsten Theorien müssen experimentell überprüft werden, schließlich malt sich die Wissenschaft ja nicht einfach schöne Bilder, sondern muss herausfinden, wie es um die Dinge in der Welt wirklich beschaffen ist.

Also, wie steht es nun um die experimentelle Überprüfung der Freien-Radikale-Theorie der Alterung? Richtig ist zunächst, dass reaktiver Sauerstoff die Funktion von Zellen stören und im schlimmsten Fall das Absterben der Zelle verursachen kann.

Der tödlichen Eigenschaft des reaktiven Sauerstoffes bedient sich auch unser Immunsystem als Waffe zur Verteidigung gegen Angriffe von Krankheitserregern. So werden bakterielle Invasoren wie etwa Salmonellen mit Radikalen befeuert und zerstört, wenn sie unsere Zellen angreifen. Nicht nur Bakterien, sondern auch Viren werden mittels reaktiven Sauerstoffes angegriffen.

Naheliegend ist es also, dass der reaktive Sauerstoff aus der Atmungskette unsere körpereigenen Moleküle angreift. An Proteinen können die Folgen solcher Angriffe Spuren hinterlassen in Form von einer bestimmten Veränderung an den Aminosäuren. Diese Veränderung kann am *Carbonylgehalt* abgelesen werden, einer chemischen Veränderung, die entsteht, wenn reaktiver Sauerstoff mit Proteinen reagiert.

Angriffe reaktiven Sauerstoffs auf das Erbgut haben vielerlei schädliche Veränderungen an den Basen der DNA zur Folge.[*] In Taufliegen steigen sowohl Carbonylgehalt der Proteine als auch der Anteil beschädigter Basen in der DNA mit dem Alter an. Fliegen, die *Superoxiddismutase*, die SOD, ein wichtiges Enzym, das reaktiven Sauerstoff unschädlich macht, in sehr hohen Mengen produzieren, leben in der Tat länger [71]. Hingegen führt der Verlust von SOD zu reduzierter Lebenserwartung der Fliegen [72]. In Fadenwürmern sind die Ergebnisse schon weniger klar. So ist die Lebensspanne von Würmern, denen SOD-Gene fehlen, kaum berührt [73]. Demzufolge könnte die Bedeutung der Abwehr reaktiven Sauerstoffs in verschiedenen Tierarten durch-

---

[*] Die am besten charakterisierte Form einer solchen Beschädigungen der DNA sind 8-Oxoguanine, die entstehen, wenn reaktiver Sauerstoff mit dem DNA-Baustein Guanin reagiert.

aus unterschiedlich sein. Antioxidative Enzyme wie *Superoxidismutasen*, *Katalasen* und *Peroxidasen* verwandeln den reaktiven Sauerstoff über verschiedene Zwischenstufen zu Wasser und machen ihn so unschädlich. Wie würde sich eine höhere Aktivität dieser Enzyme wohl auf die menschliche Alterung auswirken?

Um dies zu ergründen, sind in den letzten fünfzehn Jahren Mäuse hergestellt worden, die erhöhte Mengen solcher antioxidativer Enzyme produzieren. Die Ergebnisse waren im Allgemeinen ernüchternd. In den meisten Fällen hat sich die Lebensspanne der Mäuse nicht verlängert [74]. Peter Rabinovitch konnte allerdings zeigen, dass Mäuse, die erhöhte Mengen von Katalase ganz spezifisch in den Mitochondrien herstellen, etwa zwanzig Prozent länger leben [75]. Auch die altersbedingte Veränderung der Herzgewebe und Trübung der Augenlinsen durch die Bildung von Katarakten, dem grauen Star, sind bei diesen Mäusen verzögert.

Welche Rolle spielen nun oxidative Schäden, die durch reaktiven Sauerstoff verursacht werden? Obwohl die Erbinformation im Genom kodiert wird, das im Kern der Zelle behütet wird, haben die Mitochondrien auch selbst ein kleines Genom, in dem ein paar wenige der Gene kodiert sind, die in diesen Kraftwerken der Zellen genutzt werden. Bei dem Genom der Mitochondrien handelt es sich um ein evolutionsgeschichtliches Relikt.*

---

* Ursprünglich waren die heutigen Mitochondrien ja eigenständige Bakterien. Erinnern Sie sich an die bereits erwähnte *Endosymbiontentheorie*, der zufolge Bakterien in die Vorläufer unserer heutigen Zellen aufgenommen wurden. Anstatt dass sie aber abgetötet wurden, wie es unsere Zellen normalerweise mit bakteriellen Eindringlingen machen, haben diese Bakterien überlebt. Ihr effizienter Stoffwechsel kam den eukaryontischen Zellen, also den Zellen, die im Gegensatz zu Bakterien ihr Genom in ihrem Zellkern aufbewahren, sehr gut zupass. Es ergab sich ein gegenseitiger Vorteil für beide Organismen, sie gingen eine innere Symbiose, oder *Endosymbiose*, ein. Die Bakterien konnten friedlich mit der eukaryontischen Zelle zusammenleben, die sie nicht tötete. Nach und nach entwickelten sich dann Gene im Zellkern, deren Produkte, die Proteine, in die Mitochondrien gebracht wurden. Immer weniger Gene mussten noch in den Mitochondrien selbst kodiert werden.

Im Zellkern können die Gene sehr viel besser geschützt werden. Schließlich verfügt der Zellkern über die gesamte Breite der DNA-Reparaturmechanismen, von denen wir schon einige kennengelernt haben. Auch die Regulation der Genexpression, also wie viel von einem Gen abgelesen und zu Proteinen übersetzt wird, ist im Zellkern durch viel präziser arbeitende Mechanismen gesteuert als in den vergleichsweise einfachen Mitochondrien.*

Mitochondrien nutzen einfache Versionen der Maschinerien für Genregulation und zum Kopieren ihres kleinen Genoms. Nur einige wenige DNA-Reparaturmechanismen sind auch in Mitochondrien aktiv. Um dennoch funktionsfähig zu sein, liegt die DNA der Mitochondrien allerdings in vielfachen Kopien in jedem einzelnen Mitochondrium vor, quasi nach dem Prinzip Masse statt Klasse. Ist das eine DNA-Molekül beschädigt, wird einfach ein anderes weiterhin benutzt.

Besonders atmungsaktive Zelltypen, wie etwa unsere Muskelzellen, verfügen über Tausende von Mitochondrien. Allerdings hat man in den letzten Jahren durch verbesserte Bildgebungsverfahren festgestellt, dass Mitochondrien in der Regel nicht als einzelne Organellen vorliegen, sondern fusionieren und elaborierte Netzwerke miteinander bilden. Stehen die Zellen aber unter Stress, so trennen sich die Mitochondrien wieder in einzelne Organellen auf. Mit dem Prozess aus Verschmelzung und Teilung können Mitochondrien auf veränderte Bedingungen des Zellstoffwechsels etwa unter Bedingungen von Stress und Nahrungsmangel reagieren.

---

* Die verbliebenen Gene im mitochondrialen Genom sind ein Beispiel für Überbleibsel vergangener Zeiten. Denn die Natur, wie wir sie derzeit sehen, ist nur ein Zwischenprodukt der Evolution. Das können wir sehr gut an uns selbst beobachten. Sicherlich ist der Mensch eine ziemlich weite Entwicklung, gerade wenn man sich vorstellt, dass in grauer Vorzeit unser Ursprung in einem Einzeller genommen hat, aus dem auch Würmer, Fliegen und alle andere Lebewesen hervorgingen. Aber auch die Spezies Mensch wird sich weiterentwickeln. Vielleicht wird eines fernen Tages auch eine neue Spezies aus dem Menschen erwachsen.

Sind Mitochondrien beschädigt, so werden sie mittels ihrer eigenen Autophagie, der Mitophagie, »aufgefressen« und dabei zerlegt und ihre Bestandteile in der Zelle wiederverwendet. Störungen in der mitochondrialen Dynamik oder der Mitophagie können dramatische Folgen ganz besonders für solche Zellen haben, die auf einen hohen Energiebedarf angewiesen sind.

Unsere Nervenzellen haben einen ganz besonders aktiven Energiestoffwechsel. Die Fortsätze der Nervenzellen – genannt *Axone* – übertragen Signale an andere Nervenzellen oder Muskelfasern und geben so Informationen weiter. Die Axone können extrem lang sein wie etwa die der motorischen Nervenzellen, die im Rückenmark liegen und mit ihren Fortsätzen die Fußmuskulatur steuern. Mitochondrien sind nicht nur im Zellkörper selbst, sondern auch an den Enden der Axone vorhanden, um die Energie zur Signalübertragung zu anderen Nerven- oder Muskelzellen bereitzustellen. Damit ein Mitochondrium durch ein Axon transportiert werden kann und dann auch zur Energiegewinnung taugt, muss zunächst der Teilungs- wie auch der anschließende Verschmelzungsprozess am Zielort der Mitochondrien einwandfrei funktionieren. Sind diese Prozesse gestört, kommt es zu Funktionsstörungen gerade in den Nervenzellen. Der Hörverlust ist ein typisches Beispiel von Auswirkungen abnehmender Funktion von Mitochondrien. Auch Störungen der Mitophagie können dramatische Auswirkungen haben.

Die Schüttelkrankheit Parkinson kommt in einer erblichen und einer häufigeren sporadischen Form vor. Erblich bedingter Parkinson kann durch Mutationen in den Genen PINK1 und Parkin verursacht werden. PINK1 sichert die funktionale Unversehrtheit der Mitochondrien, das Parkin-Protein spielt eine bedeutende Rolle in der Mitophagie, also dem Zerlegen und

Recyceln der Mitochondrien. Funktioniert entweder PINK1 oder Parkin nicht, so können beschädigte Mitochondrien nicht effizient beseitigt werden.

Schlussendlich ähneln die Folgen der erblichen Form von Parkinson denen der sporadischen sehr. Bei der sporadischen Form von Parkinson kommt es zur Bildung sogenannter Lewy-Körper, benannt nach dem deutschen Neurologen Friedrich Lewy. Parkinson ist deshalb auch als *Lewy-Körper-Demenz* bekannt. Ein wichtiger Durchbruch im Verständnis von Parkinson gelang Ende der Neunzigerjahre mit der Entdeckung, dass die Lewy-Körper aus Aggregaten, also Zusammenlagerungen, des Proteins Synuklein gebildet werden [76]. Ganz ähnlich dem Beta-Amyloid, das durch Bildung von Aggregaten zu Alzheimer führt, wird die sporadische Form von Parkinson durch Verklumpungen von Proteinen, in diesem Fall bestehend aus Synuklein, hervorgerufen.

Und wie bei der Alzheimer-Erkrankung ist auch hier der Abbauprozess eines Proteins gestört. Bei Parkinson sind vor allem die Nervenzellen betroffen, die den Botenstoff Dopamin produzieren und deshalb auch *dopaminerge* Nervenzellen genannt werden. Dopamin ist unter anderem für die Motorik, also die Steuerung der Bewegungsabläufe, wichtig. Deshalb verlieren Parkinson-Patienten auch zunehmend ihre motorischen Fähigkeiten. Die kontrollierte Zugabe von Vorstufen von Dopamin, wie etwa L-Dopa, kann vor allem die motorischen Störungen zumindest vorübergehend aufheben. Alternativ zum medikamentösen Eingriff kann operativ ein »Hirnschrittmacher« die Aktivität der verbliebenen Nervenzellen erhöhen. Dabei werden mehrere Elektroden in das Gehirn eingeführt – man nennt das Verfahren *Tiefe Hirnstimulation*. Auch diese Behandlung – wenn auch von unschätzbarem Wert für die Lebensqualität der

Patienten – kann nur die Symptome von Parkinson mindern, aber eine letztendliche Heilung bleibt unerreicht.

Nicht nur Alzheimer und Parkinson werden offenbar durch die Bildung von Aggregaten von Proteinen in Nervenzellen verursacht. Auch der Abbau von Nervenzellen im Gehirn von Huntington-Patienten wird durch Zusammenlagerung des Proteins Huntingtin verursacht. Hier liegt die Ursache in einer wachsenden genetischen Veränderung in dem Gen, welches das Huntingtin-Protein kodiert. Durch schludriges Kopieren während der DNA-Replikation kommt es zum wiederholten Einbau der Abfolge der Nukleotide CAG – bei jedem Kopiervorgang werden immer mehr CAG-Abfolgen aneinandergereiht. CAG kodiert für die Aminosäure Glutamin. Die langen Abfolgen von CAG werden dann in lange Reihen von Glutaminen beim Herstellen des Huntington-Proteins übersetzt.

Das Huntingtin-Protein wird dann mit immer länger werdenden Abschnitten von Glutaminen hergestellt. Es ist dann nicht nur unbrauchbar, sondern auch gefährlich, und bildet wegen der veränderten Strukturen regelrecht Klumpen, es kommt zur Bildung von Aggregaten, die vom Proteasom nicht mehr abgebaut werden können. Die großen Aggregate behindern nun die Funktion der Nervenzellen, und Nervenzellen, die nicht funktionieren, sterben schon alsbald ab.

Warum sind aber gerade Nervenzellen von den Abbauproblemen beschädigter Proteine so schwer beeinträchtigt? Diese Frage lässt sich bisher noch nicht eindeutig erklären. Das Besondere an unseren Nervenzellen besteht vor allem darin, dass sie während unserer frühen Entwicklung gebildet werden. Sie differenzieren sich aus und werden nicht mehr ersetzt.

Nervenzellen bilden mit ihren Fortsätzen, den *Axonen,* die Signale aussenden, und den *Dendriten,* die Signale empfangen, komplexe Kommunikationsnetzwerke untereinander. Durch diese Netzwerke entstehen Gedächtnis und Reaktionen. Wahrnehmungen werden gesendet und verarbeitet; seien es optische oder akustische Signale oder Geschmacks- oder Geruchssinne oder das Fühlen der Temperatur.

Die Komplexität des Gehirns stellt uns Menschen vor Herausforderungen, die an die Grenzen der wissenschaftlichen Möglichkeiten stoßen. Die molekularen Mechanismen etwa der Übertragung von Nervenimpulsen sind mittlerweile gut verstanden. Auch die Frage, wie Muskeln von den Nervenzellen gesteuert werden oder wie Moleküle den Geruchssinn anregen können, sind inzwischen detailreich untersucht werden. Groß angelegte Forschungsgruppen diesseits und jenseits des Atlantik gehen derzeit den großen unbeantworteten Fragen, wie die menschlicher Kognition funktioniert, nach.

Gerade weil jede Nervenzelle in einem komplexen Netzwerk mit anderen Nervenzellen integriert ist, kann sie auch gar nicht so einfach ersetzt werden. Wie könnte eine neue Nervenzelle denn wissen, mit welchen anderen Nervenzellen sie in welcher Verbindung stehen soll? Hochdynamisch allerdings sind die Verbindungen zwischen den existierenden Nervenzellen. Jede neue Erinnerung, jeder neue Eindruck, den wir gewinnen, verwandelt sich mittels neuronaler Plastizität, also der Veränderung der Verbindungen zwischen den Nervenzellen, in einen Teil von uns selbst.

Dennoch verfügt auch das menschliche Gehirn über eine sehr begrenzte Anzahl neuronaler Stammzellen, also spezialisierter Stammzellen, die die Geburt neuer Nervenzellen anregen können. Diese können aber nur in ganz begrenztem Umfang Nervenzellen ersetzen, etwa solche, die in der Geruchswahrnehmung eine Rolle spielen. Vermutlich handelt es sich auch hierbei um ein evolutionsgeschichtliches Überbleibsel. In ganz primitiven Tieren, etwa dem Süßwasserpolypen *Hydra*, werden Nervenzellen ganz routiniert regeneriert. In den komplexen Netzwerken des menschlichen Gehirns ist dies aber einfach nicht praktikabel.

Nervenzellen haben einen aktiven Stoffwechsel und hohen Energiebedarf. So können sie eine Unterbrechung der Blutzufuhr, welche den wichtigen Sauerstoff zur Energiegewinnung mit sich führt, nur ganz schlecht tolerieren. Gerade deshalb ist der Schlaganfall für den Menschen so gefährlich. Denn die Nervenzellen reagieren äußerst empfindlich, sobald die Blutzufuhr gekappt ist. Beim Schlaganfall kommt es rasch zum Absterben von Nervenzellen. Deshalb ist es so entscheidend, dass die Blutversorgung des Gehirns so schnell wie möglich wiederhergestellt wird. Empfindlich sind Nervenzellen aber auch bei etwaigen Störungen durch Proteine, die sich zu Aggregaten angesammelt haben. Während andere Zelltypen im Körper ersetzt werden können, ist eine Funktionsstörung oder gar das Absterben von Nervenzellen mit einem unwiederbringlichen Verlust im Gehirn verbunden.

Wir hatten bereits in der Diskussion der vorzeitigen Alterungssyndrome die ursächliche Rolle nuklearer DNA-Schäden im Alterungsprozess kennengelernt. Nun ist aber die DNA der Mitochondrien, auch wenn sie nur eine kleine Zahl an Genen kodiert, noch viel weniger geschützt. Schließlich sind nur wenige der Reparaturmechanismen des Zellkerns auch in Mitochondrien aktiv. Weitverbreitet ist die Idee, dass der reaktive Sauerstoff, der in der Atmungskette entsteht, das Genom der Mitochondrien angreift und zu Beschädigungen führt. Dies ist wiederum eine Vorhersage von Harmans Theorie der Freien Radikalen, die den Alterungsprozess vorantreiben sollen. Einer experimentellen Überprüfung hält aber auch dieser Aspekt der Theorie nicht wirklich stand.

Die modernen Möglichkeiten, das gesamte Genom auch der Mitochondrien zu bestimmen, in dem man die gesamte Abfolge der Nukleotide abliest, erlauben eine genaue Analyse der Arten von Veränderungen im Genom während der Alterung von Mäusen. Oxidative Schäden an den Basen der Nukleotide der DNA hinterlassen eine bestimmte Signatur von Mutationen. Diese allerdings konnte bei alternden Mäusen nicht festgestellt werden. Ganz im Gegensatz dazu fanden sich im mitochondrialen Genom aber Mutationen, die während des Kopierens, der Replikation, entstehen [77].

Diese Mutationen entstehen aber bereits früh in der Entwicklung der Maus, wenn besonders viele Mitochondrien gebildet werden müssen, weshalb dann eben auch viele Kopien der Genome der Mitochondrien angefertigt werden. Am Stockholmer Karolinska Institut stellten Aleksandra Trifunovic und Nils-Göran Larsson eine Maus her, die beim Kopieren der DNA in den Mitochondrien ganz besonders viele Fehler macht. Diese Maus altert im Zeitraffer, ganz wie die Mäuse mit nuklearen Reparaturdefekten [78]. Beschädigungen mitochondrialer DNA können also zum Alterungsprozess ebenso beitragen, wie Schäden des Genoms, das im Zellkern aufbewahrt wird. Larsson, inzwischen Direktor am Kölner Max-Planck-Institut für die Biologie des Alterns, konnte sogar zeigen, dass Mutationen, die bereits in den Mitochondrien im Muttertier vorhanden waren, den Alterungsprozess der Nachkommen beschleunigen können [79]. Die Übertragung mitochondrialer DNA und der darin enthaltenen etwaigen Mutationen auf die Nachkommen erfolgt bei Mäusen wie beim Menschen allein über die Mutter, väterlicherseits werden keine Mitochondrien vererbt. Denn nur dem Kern des Spermiums wird während der Befruchtung Einlass in die Eizelle gewährt, die Mitochondrien werden draußen gehalten.

Ist ein Mitochondrium zu schwer beschädigt, so kann es mittels Mitophagie entfernt werden. Schlägt der Abbau des kompromittierten Mitochondriums aber fehl, kann es sogar zu einer Ausweitung der schadhaften Mitochondrien in einer Zelle kommen. Eine solche Expansion beschädigter Mitochondrien kann in Geweben wie etwa dem Herzmuskel, in dem Zellen nicht von Stammzellen erneuert werden, zu einer abnehmenden Funktion des ganzen Organs führen.

Das Leben von Gnaden der Moleküle

An dieser Stelle soll einmal erläutert werden, was Leben ist, und vor allem, was es nicht ist: Isolation. Wie und weshalb wir verstehen müssen, wie alles miteinander zusammenhängt, um den Körper und seine Krankheiten begreifen zu können, und weshalb wir mitten in dem größten Abenteuer stecken, auf das sich Menschen jemals begeben haben.

Warum aber haben Beschädigungen an speziellen Molekülen, wie etwa dem Beta-Amyloid-Protein, so dramatische Auswirkungen auf unseren gesamten Körper?

Alzheimer-Patienten – darunter einst mächtige Staatenlenker wie Ronald Reagan und Margaret Thatcher, Schriftsteller wie der Literaturnobelpreisträger Gabriel Garcia Márquez oder Wissenschaftler wie der Physiknobelpreisträger Charles Kao – verloren ihre einstige mentale Kraft, ihr Gedächtnis und ihr Intellekt wurden durch die Fehlfunktion eines winzig kleinen Proteins zerstört. Zudem nur ein Protein von den Zehntausenden verschiedenen, die unsere Zellen besitzen. Wie kann unser Leben so sehr von einzelnen Genen und Proteinen abhängen? Alles, was wir sind und denken, wird reduziert durch eine Fehlfunktion in einer Dimension von wenigen Nanometern.

Die Molekularbiologie der letzten knapp hundert Jahre hat uns aber genau das gelehrt: Das Leben ist ein Zusammenwirken kleinster Moleküle. Dabei ist das Leben aber nicht einfach die Summe seiner Teile, wie bereits Aristoteles erkannte. Als der Virologe Wimmer den Poliovirus als chemische Formel veröffentlichte, traf er genau den Unterschied zu eigentlichen Lebewesen. Ein Poliovirus ist C332,652H492,388N98,245O131,196P 7,501S2,340, also ein paar hunderttausend Kohlenstoff- (C) und Wasserstoffatome (H), etwa hunderttausend Stickstoff- (N) und Sauerstoffatome (O), dazu ein paar tausend Phosphat- (P) und Schwefelatome (S). Ein Virus als Quasi-Lebewesen, als chemische Substanz, die nichts anderes kann, als einen Wirt zu infizieren, der dann weitere Poliopartikel herstellt.

Eine klare und immerwährende Definition des Lebens wird vielleicht gerade aufgrund der Vielfalt, die das Leben auf der Erde auszeichnet, niemals formuliert werden. Charakteristische Bedingungen hingegen können sehr wohl benannt werden. So muss sich ein System, um als Lebensform zu gelten, selbst erhalten können. Leben braucht einen Stoffwechsel, ein Gleichgewicht in einem Bereich, definiert etwa von der Zellmembran. Leben muss sich selbst wiederherstellen können, etwa durch den Prozess des Kopierens des Erbguts, gefolgt von der Zellteilung. Leben muss reagieren können auf äußere Einflüsse und sich an diese dann anpassen. Signale müssen ausgesandt und empfangen werden, wie etwa durch die Signalübertragung in Zellen durch Insulin oder Wachstumshormone.

Aber selbst ein Gen ist nicht einfach nur eine Sequenz aus Nukleotiden in der DNA. Ein Gen ist eine Eigenschaft. Ein Gen wird zu einer biologisch aktiven Substanz allein im Kontext seiner

Umgebung. Es benötigt Signale, die bestimmen, ob, wann und wie viel von dem Gen in mRNA umgeschrieben wird. Anschließend kann die mRNA editiert werden, d. h. verschiedene Teile können aus der mRNA entfernt und zu anderen Teilen zusammengefügt werden. So entstehen aus ein und demselben Gen verschiedene Formen von mRNAs und damit dann verschieden ausgebildete Proteine. Die mRNA muss dann noch in die Abfolge der Aminosäuren übersetzt werden, um ein Protein zu bilden. Als fertiges Protein kann die Aktivität durch chemische Veränderungen an Aminosäuren beeinflusst werden. Die Stabilität des Proteins wiederum wird durch Abbau und Recycling gesteuert. Sämtliche dieser Prozesse hängen wiederum von anderen Genen in der Zelle ab, die selbst auch streng kontrolliert werden.

Gerade deshalb kann ein Gen nicht als einzelne isolierte Einheit betrachtet werden. Stattdessen macht die Interaktion der zwanzig- bis fünfundzwanzigtausend verschiedenen Gene und der aus ihnen entstehenden hunderttausend verschiedenen Proteinen das Leben aus. Der Mensch hat bereits tiefen Einblick in die Funktionsweise seiner Gene genommen. Wir sind aber noch weit entfernt von einem Verständnis der komplexen Wechselwirkungen unserer Gene im Zusammenhang unseres gesamten Organismus. Unser Gehirn versucht sich selbst zu verstehen, ob dies je komplett gelingen wird, können wir heute noch nicht absehen. Die Entdeckung unserer selbst mit wissenschaftlicher Methodik hingegen ist das wohl größte Abenteuer, in das sich Menschen jemals gestürzt haben.

Gerade aufgrund der Komplexität der Biologie unseres Körpers lassen sich weder der Alterungsprozess noch spezifische Erkrankungen wie Alzheimer durch die Fehlfunktion einzelner Moleküle erklären. Ganz im Gegenteil geschieht etwa die Aggregation von Proteinen im Kontext der biologischen Wechselwirkungen mit anderen Molekülen unserer Zellen und letztendlich mit den Systemen unseres gesamten Körpers. In den letzten Jahren ist ein neues Verständnis biologischer Wechselwirkungen und Kausalitäten erwachsen, in dem diese im Zusammenhang mit dem gesamten Organismus betrachtet werden. Die Disziplin der Systembiologie soll ihre Erkenntnisse aus der Betrachtung des gesamten Systems, etwa der Zelle oder gar des Organismus ableiten. Dieser Ansatz steht der klassischen induktiven Herangehensweise der Molekularbiologie komplementär gegenüber. Was sind also die Konsequenzen molekularer Beschädigungen, die unseren Körper altern und degenerieren lassen? Hierzu betrachten wir nun die Auswirkungen molekularer Schäden auf den Organismus.

Die Telomere: Schutzkappen der Chromosomen und des Alterns

Geschichten von der egoistischen Krebszelle und der selbstlosen Körperzelle, die zur Zombiezelle wurde! Über die Bereitschaft der Krebszellen, für ihre Unsterblichkeit zu töten, den Willen der Körperzellen, zu sterben, um nicht zu werden wie sie, und über ihr Schicksal, nach dem Tod als Zombiezellen den Feind weiterhin zu nähren. Telomerase als Kraut gegen den Zelltod – wie sie den alternden Körper im Stich lässt und wie wir das ändern können – allerdings mit Krebs als Risiko und Nebenwirkung.

Von allen vorstellbaren Beschädigungen, die Moleküle abbekommen können, sind Schäden im Genom besonders perfide. Denn das Genom enthält die Information zur Bildung aller Strukturen. Ist die Information der DNA einmal verloren, kann sie nicht wiederhergestellt werden. Deshalb reagieren Zellen auch mit einer solchen Dramatik auf DNA-Schäden. DNA-Schadenscheckpoints entscheiden dann über das Schicksal der Zelle: Kann die DNA repariert werden, wird die Zellteilung nur vorübergehend angehalten; sind die Schäden aber zu groß, stellt die Zelle für immer ihre Teilungsaktivität ein und wird zu einer seneszenten Zelle, oder sie begeht gar den zellulären Selbstmord, die Apoptose. Die Schäden entstehen unweigerlich allein schon aufgrund der inhärenten chemischen Instabilität der DNA.* Aber Schäden treten mit der Zeit auch ganz ohne äußere Einflüsse auf. Das hat etwas mit der Beschaffenheit unserer Chromosomen selbst zu tun.

Wie wir bereits im Kapitel über DNA-Doppelstrangbrüche gelernt haben, sind Strangbrüche ein Alarmsignal für jede Zelle. Allerdings sind die Chromosomen in unseren Zellen linear und nicht kreisförmig wie etwa die DNA von Bakterien oder Mitochondrien. Die Enden unserer Chromosomen sind also im Prinzip nichts anderes als Doppelstrangbrüche. Würden sie allerdings als solche erkannt, käme es in jeder Zelle zur Aktivierung der Checkpoints. Keine Zelle würde sich je teilen können und, solange die Enden als bloße Enden vorliegen, gar in den Zelltod getrieben.

Deshalb werden die Chromosomenenden, auch Telomere – von griechisch *telos* »Ende« und *meros* »Teil« – genannt, gegen ihre

---

* Die Entwicklung der DNA als Erbsubstanz ist bereits evolutionsbiologisch ein großer Fortschritt gegenüber der ursprünglich genutzten RNA als Erbsubstanz. Eine kleine chemische Veränderung, eine fehlende Hydroxylgruppe macht die Desoxyribose chemisch stabiler als die Ribose. Nur noch RNA-Viren sind auf diese altertümliche Form des genetischen Materials angewiesen, während die meisten Organismen die RNA nur für kurzzeitige Funktionen nutzen, etwa zum Transferieren genetischer Information in Proteinsequenzen mittels mRNA, zum Andocken der richtigen Aminosäure im Ribosom, während der Translation mittels tRNA oder zur Strukturgebung von Ribosomen mittels rRNA. Zudem wurden in den letzten Jahren noch weitere Arten von RNA-Molekülen gefunden, und es ist wahrscheinlich, dass die RNA-Biologie noch einige Überraschungen bieten wird.

Erkennung durch die DNA-Schadensantwort gut geschützt. Die Telomere werden von einer speziellen Abfolge von Nukleotiden in der DNA-Sequenz festgelegt. Im Menschen enden die Chromosomen mit langen Wiederholungen der Nukleotidabfolge TTAGGG. An diese binden sich Proteine, die die Erkennung als Doppelstrangbruch verhindern. Nur solange Proteine die Enden der Chromosomen verdecken, kann die Erkennung als Doppelstrangbruch und das damit verbundene Schicksal der Zelle verhindert werden.

Kommt es aber zur Verkürzung der Enden, so fallen die Schutzmechanismen weg. Ein Chromosom ohne schützende Telomere signalisiert der Zelle, dass ein Chromosom beschädigt ist. Die DNA-Reparatur greift dann ein und kann ungeschützte Enden verschiedener Chromosomen miteinander verbinden. Durch solche falschen Verbindungen von Chromosomen kann Instabilität im Genom oder gar Aneuploidie entstehen.

Mit jeder Teilung der Zelle werden die Telomere ein Stück weit verkürzt. Das liegt daran, dass die Enden der Chromosomen vom normalen Kopiervorgang der DNA ausgenommen sind. Die Verkürzung der Telomere ist für unsere normalen Körperzellen kein weiteres Problem. Unsere Körperzellen sind ja nicht zum unendlich langen Leben bestimmt, ganz wie es August Weismann schon vor über hundert Jahren erkannte.

Die von Leonard Hayflick Anfang der Sechzigerjahre beobachtete Zellalterung – dass sich menschliche Zellen in Kultur nach einer bestimmten Anzahl von Teilungen in die zelluläre Seneszenz, also einen totalen Ruhezustand, begeben und nie wieder teilen – liegt genau daran, dass die Telomere der Körperzellen mit jeder Teilung der Zelle kürzer werden. Sind die Telomere dann irgendwann zu kurz, werden sie nicht mehr geschützt, sondern stattdessen wie ein ganz normaler Doppelstrangbruch behandelt. Genau das aber ruft dann die Checkpoints auf den Plan. Die Checkpoints entscheiden dann, ob die Zelle nur vorübergehend ihre Teilungsaktivität anhält, etwa um ihre DNA zu reparieren (im Falle von kurzen Telomeren ein ziemlich sinnloses Unterfangen), oder ob die Zelle für immer die Teilung einstellt oder sich gar selbst umbringt. Hayflicks Zellen gingen dabei nicht in den Zelltod, die Apoptose, sondern in die zelluläre Seneszenz.*

Unsere Körperzellen – nicht für ein unendlich langes Leben bestimmt – können gut damit leben, eine überschaubare, von der Länge ihrer Telomere bestimmte Anzahl von Teilungen zu haben. Die Keimbahnzellen (Spermien und Eizellen) aber sind ja für die Unendlichkeit bestimmt. Deshalb können sie auf intakte und geschützte Chromosomen gar nicht verzichten. Eine kontinuierliche Verkürzung der Telomere in Keimbahnzellen wäre das Ende einer Spezies. Deshalb nutzen Keimbahnzellen ein ganz besonderes Protein: die *Telomerase*.

Die Entdeckung der Telomerase sollte ein ganz besonderes Weihnachtsgeschenk sein, das Carol Greider ihrer Doktormutter Elizabeth Blackburn in Kalifornien machte. Die Laborarbeit den Festlichkeiten vorziehend, gelang der damals 23-jährigen Doktorandin am ersten Weihnachtstag 1984 der Durchbruch: Im einzelligen Wimpertierchen der Gattung *Tetrahymena* gelang es ihr, das Enzym nachzuweisen, das die Enden der Chromosomen kopieren und damit die Telomere erhalten konnte [80].

---

* Die Entscheidung, ob eine Zelle, deren DNA beschädigt ist, sich umbringt oder als seneszente Zelle sich nie wieder teilt, hängt vor allem von der Art der betroffenen Zelle ab. Blutzellen zum Beispiel neigen zum Selbstmord und sterben durch Apoptose, weil sie sehr einfach durch Teilung von Stammzellen oder Vorläuferzellen ersetzt werden können. Hayflicks Zellen waren aber Fibroblasten. Fibroblasten kommen im Bindegewebe vor. Prinzipiell können sie zwar ersetzt werden, haben aber vor allem eine strukturgebende Funktion. Selbst wenn sie sich nicht mehr teilen, können sie dem Bindegewebe noch Halt geben. Ihr Absterben wäre für das Bindegewebe schädlicher als die Präsenz beschädigter teilungsinaktiver Zellen.

2009 erhielten Carol Greider und Elizabeth Blackburn gemeinsam mit dem Molekularbiologen Jack Szostak den Nobelpreis für Medizin.

Die Telomerase setzt sich aus einem Protein und einer RNA zusammen. Sie nutzt ihre eigene RNA als Vorlage, um Telomer-DNA – im Menschen bestehend aus Abfolgen von den Nukleotiden TTAGGG – herzustellen. Telomerase ist nicht nur in den Keimbahnzellen, sondern auch in Stammzellen aktiv und erlaubt somit die kontinuierliche Produktion neuer Zellen in Geweben, die besonders auf ihre Erneuerung angewiesen sind, so etwa das Blut oder der Darm. Ist die Telomerase aktiv, können selbst Körperzellen in Kultur theoretisch unendlich weiterwachsen. Da die Telomere dann immer wieder verlängert werden, greifen auch keine Checkpoints, um der Teilung der Zellen Einhalt zu gebieten: die Zellen wachsen einfach immer weiter. Dem aufmerksamen Leser wird es nicht entgangen sein, welche Gefahren ein fortwährendes Wachstum der Zellen mit sich bringen kann. Denn Krebszellen schalten die Telomerase an und sichern damit ihre eigene Unsterblichkeit! Telomerase ist also ein zweischneidiges Schwert. Zum einen ist es wichtig, das regenerative Potenzial der Stammzellen zu erhalten und damit die Erneuerung von Geweben sicherzustellen, andererseits unterstützt die Telomerase aber das Wachstum von Krebszellen.

Carol Greider, mittlerweile mit in ihrem eigenen Labor zunächst am Cold Spring Habor Laboratory, dann an der Johns-Hopkins-Universität, und Ronald DePinho entwickelten unabhängig voneinander eine Maus, der die Telomerase vollkommen fehlte. Zur großen Überraschung waren diese Mäuse aber komplett normal. Sie wuchsen normal auf, ihre Gewebe funktionierten genauso wie bei Mäusen, die normale Telomerase in sich trugen, und sie lebten auch genauso lang.

Als nun aber die Mäuse, denen die Telomerase fehlte, über ein paar Generationen miteinander verpaart wurden, verschlechterte sich ihr Gesundheitszustand entscheidend. Bereits in der dritten Generation zeigten die Mäuse im Alter von nicht einmal einem Jahr Zeichen des Alterns, die bei normalen Mäusen erst nach Vollendung des zweiten Lebensjahres einsetzen. Die Situation verschlimmerte sich zusehends, und Mäuse in der sechsten Generation ohne Telomeraseaktivität wiesen bereits frühzeitig dramatische Alterungssymptome auf.

Menschen, die eine erbliche Mutation im RNA-Teil der Telomerase oder im Dyskerin (DKC1) – einem Protein, das den RNA-Teil der Telomerase stabilisiert – tragen, leiden unter Wachstumsstörungen, einem Abbau des Nervensystems und einer geschwächten Immunabwehr. Die Erklärung, warum im Gegensatz zum Menschen die Mäuse erst Phänotypen zeigen, nachdem ihre Keimbahnzellen über mehrere Generationen die Enden ihrer Telomere nicht mehr erhalten haben, liegt darin, dass die Mäuse, die Greider und DePinho verwendeten, über extrem lange Telomere verfügten. Bei diesen Labormäusen brauchte es daher extrem lange, sogar mehrere Generationen, bis die Telomere eine kritische Kürze erreichten.

Das Konzept der Telomerverkürzung war schon nach den ersten Studien Blackburns eine viel beachtete Erklärung der Zellalterung. Man konnte sich leicht vorstellen, dass die Telomerlänge wie eine innere Uhr der Zellen das Alter messen konnte. Die Länge der Telomere nimmt in der Tat mit dem Alter in den Körperzellen ab.

Ronald DePinho gelang vor einigen Jahren ein spektakuläres Experiment. Als er in Mäusen, denen die Telomerase schon über Generationen fehlte, diese wieder anschaltete, kehrte sich der Abbau der Gewebe wieder um [81]. Dieses Experiment legt nahe, dass selbst bereits einsetzende Gewebsschäden aufgehoben werden können. Ein hoffnungsvoller Ausblick auf mögliche Anti-Aging-Therapien!

Ähnliche Ergebnisse wurden vor Kurzem von Jan van Deursen an der Mayo-Klinik in Minnesota in einem anderen Modell vorzeitiger Alterung erbracht. Der Niederländer van Deursen hatte das Checkpointgen *BubR1* inaktiviert, dass für die normale Verteilung der Chromosomen während der Zellteilung wichtig ist [82]. Ohne *BubR1* kommt es zur Aneuploidie, die Zellen bekommen nicht beide den gleichen Satz an Chromosomen. Dadurch kommt es zur Instabilität des Genoms. Daraufhin aktivieren die Zellen die Checkpoints und werden in die Seneszenz getrieben, ihre Teilung ist also komplett abgeschaltet. Ohne Teilung der Stammzellen können die Gewebe dieser *BubR1*-Mäuse nicht erneuert werden, und es kommt zur frühzeitigen Alterung.

Ein Schlüsselfaktor, der diese Zellen in die Seneszenz überführt ist das p16-Protein.* Fehlt p16, so wird die Seneszenz der *BubR1*-defizienten Zellen verhindert, die Maus bleibt vom vorzeitigen Altern verschont. Ganz wie van Deursens *BubR1*-Mäuse profitieren auch Mäuse, denen die Telomerase fehlt, von der Inaktivierung des p21-Gens, das ähnlich dem p16 die Seneszenz von Zellen steuert [83]. Noch beeindruckender war aber das nächste Experiment van Deursens. Nun entwickelte er nämlich eine Maus, bei denen die Zellen, sobald sie anfingen, p16 herzustellen, abgetötet wurden. Auch diese Mäuse waren vor der vorzeitigen Vergreisung geschützt [84]. War man bislang davon ausgegangen, dass die seneszenten Zellen, die sich nie wieder teilten, einfach so im alternden Körper rumsitzen, ohne irgend etwas Positives oder Negatives beizutragen, haben van Deursens Er-

---

* *p16* ist benannt nach seinem molekularen Gewicht von 16 Kilodalton.

gebnisse die schadhaften Folgen der Seneszenz aufgedeckt. Es ist offenbar dem Körper mehr gedient, seneszente Zellen loszuwerden, als sich von ihnen in die Spirale des Alterns ziehen zu lassen.

Die Inaktivierung der Seneszenz durch pharmakologische Substanzen könnte also durchaus therapeutische Chancen für die Behandlung alternsassoziierter Erkrankungen bieten. Vor allem Stammzellen könnten von einer Aufhebung der Seneszenz profitieren. So ist es vorstellbar, dass spezifische Hemmstoffe von Proteinen wie p16 oder p21 die Gewebserneuerung verbessern könnten. Die Gefahr solcher Therapien liegt aber darin, dass die Seneszenz durchaus ihren Sinn für unseren Körper hat. Denn sie dient der natürlichen Vorbeugung der Krebsentwicklung.[*]

Bereits in den Neunzigerjahren verfolgte die amerikanische Biotech-Firma Geron die Idee, Telomerase zu aktivieren, um den Alterungsprozess aufzuhalten. Dies war damals eine gewagte Idee. Mittlerweile hat sich Geron eher auf eine gegenteilige Strategie verlegt und testet derzeit Substanzen, die Telomerase abschalten, um so das Wachstum von Krebszellen aufzuhalten. Im Prinzip ist dies ein durchaus vielversprechender Ansatz. Allerdings kennen gerade Krebszellen auch Alternativen der Telomererhaltung. Dabei werden die längsten Telomere genutzt, um die kürzesten zu verlängern.

Da die Telomerlänge unserer Körperzellen mit jeder Teilung abnimmt, hat man schon früh versucht, durch die Bestimmung der Telomerlänge Auskunft über die Lebenserwartung eines Menschen zu erlangen. In der Tat birgt die Telomerlänge eine gewisse Vorhersagekraft. Unterteilt man eine Gruppe von Menschen

---

[*] Im Gegensatz zum positiven Effekt des Ausschaltens von p21 auf die Gesundheit von Mäusen, denen seit Generationen die Telomerase fehlt, verkürzt die Inaktivierung von p53, der Schlüsselfaktor, der p21 anschaltet, das Leben der Tiere noch weiter. Denn ohne p53 entwickeln die Tiere schnell Krebs und sterben anstelle vorzeitiger Alterung an den Tumoren [83].

nach der Länge der Telomere ihrer Zellen, so hat die Gruppe mit den längeren Telomeren eine erhöhte Lebenserwartung im Vergleich zu der Gruppe, deren Telomere im gleichen Alter bereits kürzer sind [85].

Allerdings ist die Korrelation, also der mathematisch ermittelte Zusammenhang, zwischen Telomerlänge und Lebenserwartung relativ schwach. Obwohl sie für größere Gruppen von Menschen im Durchschnitt gelten mag, ist der Vorhersagewert für den einzelnen Menschen nur gering. Das hält Elizabeth Blackburn und die spanische Telomerforscherin Maria Blasco aber nicht davon ab, kommerzielle Tests zur Bestimmung der Länge der Telomere anzubieten. Diese Tests sind allerdings ungenau und sagen natürlich nur etwas über die Telomere in den getesteten Zellen aus – zumeist handelt es sich um leicht abzunehmende Blutzellen. Von viel ausschlaggebenderer Bedeutung ist aber offenbar das kürzeste Chromosomenende, da dieses die Checkpoints auszulösen beginnt, weil es als Doppelstrangbruch erkannt wird. Telomere haben also eine wichtige Schutzfunktion an den Enden der Chromosomen. Da sie mit jeder Zellteilung verkürzt werden, nimmt die Länge der Telomere mit zunehmendem Alter ab. Verlängert werden können sie durch die Telomerase, die im Gegensatz zu den Körperzellen in Keimbahnzellen und Stammzellen aktiv ist.

Telomerase ist auch in den allermeisten Krebszellen aktiviert und erlaubt diesen unsterblich zu werden und ihre Zellteilung so lange weiterzutreiben, bis der ganze Organismus an Krebs stirbt. Die »egoistischen« Krebszellen nehmen so das Absterben des Körpers, dem sie entstammen, in Kauf, sterben also letztendlich am eigenen »Egoismus«. Unsere normalen Zellen hingegen sind »altruistisch«. Erreichen ihre Telomere kritische Kürze, so gehen sie selbst in die Seneszenz und stellen ihre

Teilungsfähigkeit ein. Damit verhindern sie, selbst zu »egoistischen« Krebszellen zu werden.*

Seneszente Zellen wurden lange als komplett inaktiver Schrott angesehen, der sich einfach so im Laufe der Zeit im Körper ansammelt. Diese Annahme hat sich aber in den letzten Jahren als vollkommen falsch herausgestellt. Vielmehr entwickeln seneszente Zellen ihre ganz eigenen Aktivitäten und üben dadurch offenbar einen großen Einfluss auf ihre Umgebung aus.

Die Amerikanerin Judith Campisi, inzwischen am Buck-Institut für Altersforschung im kalifornischen Novato, untersucht das Verhalten seneszenter Zellen schon seit einigen Jahren [88]. Sie beobachtete zunächst, dass Zellen im Labor vor der Seneszenz geschützt werden können, solange sie bei geringem Sauerstoffgehalt gehalten werden.

In den meisten Körpergeweben beträgt der Sauerstoffgehalt weniger als drei Prozent, während er einundzwanzig Prozent der Atemluft ausmacht. Der Sauerstoff muss in den Lungen vom Hämoglobin der roten Blutkörperchen aufgenommen und dann über die Adern in sämtliche Gewebe transportiert werden. Bei besonders dichten Geweben, wie zum Beispiel im Inneren eines Tumors, kann es sogar zu extrem niedriger Sauerstoffzu-

---

* Aber auch die Regenerationsfähigkeit der Stammzellen kann abnehmen, wenn Telomere zu kurz werden und die Zellen in die Seneszenz gehen. Die Seneszenz ist allerdings nicht nur eine Eigenschaft des alternden Körpers. Der Spanier Manuel Serrano und der in Barcelona forschende Ire Bill Keyes beobachteten, dass bereits während der Embryonalentwicklung von Mäusen seneszente Zellen entstehen [86], [87]. Es ist möglich dass die Produktion von Botenstoffen aus diesen seneszenten Zellen zum Wachstum umliegender Gewebe beiträgt. Interessanterweise spielt p21, das Gen, welches die Zellen während der Embryonalentwicklung der Mäuse in die Seneszenz treibt, bereits im Fadenwurm eine spezifische Rolle, die Zellteilung anzuhalten, damit die Wurmzellen sich in spezielle Zelltypen verwandeln oder differenzieren können [88]. Es ist also vorstellbar, dass die Gene, die in Säugern wie Maus und Mensch die zelluläre Seneszenz regulieren, schon seit frühen Zeiten der Evolutionsgeschichte die Zellteilung während der Embryonalentwicklung steuern.

fuhr kommen. Während Krebszellen aufgrund der Wandelbarkeit ihres Genoms sich daran anpassen können, reagieren gerade Nervenzellen im Gehirn extrem empfindlich auf verminderte Sauerstoffzufuhr. Werden aber Zellen etwa aus Hautproben oder Tumorgeweben entfernt und im Labor weitergezüchtet, sehen sie sich dem atmosphärischen Sauerstoffgehalt von einundzwanzig Prozent ausgesetzt. Es kommt zu erhöhter Bildung reaktiven Sauerstoffs, der wiederum die DNA der auf solch hohe Sauerstoffkonzentrationen nicht eingestellten Zellen beschädigt. Erfährt die Zelle zusätzlich DNA-Beschädigungen in Form von Doppelstrangbrüchen etwa durch Angriffe ionisierender Strahlung oder chemischer Substanzen, kommt es noch früher zum Einstellen der Teilungsaktivität und somit zur zellulären Seneszenz.

Die seneszenten Zellen sterben aber nicht. Wie im alternden Körper können sie über Jahre in der Kulturschale im Labor ausharren. Ihr Stoffwechsel bleibt aktiv. Seneszente Zellen kommen im Körper vor allem in der Umgebung von Krebszellen vor. Entweder könnte es sich bei diesen Zellen um inaktivierte Krebszellen handeln, die eventuell aufgrund von DNA-Schäden oder nach zu vielen Teilungen in die zelluläre Seneszenz getrieben wurden. Alternativ könnten es aber auch normale Zellen sein, die vom Tumorgewebe in die Seneszenz verfrachtet wurden.*

---

* Um in Mäusen Tumore zu studieren, hat man im Prinzip drei Möglichkeiten. Die langwierigere Methode ist es, in Mäusen Mutationen einzuführen, die Krebsgene (Onkogene) wie *myc* aktivieren, oder Tumorsuppressoren wie p53 inaktivieren und dann zuwarten, bis diese Mäuse spontan Tumore entwickeln. Alternativ können die Mäuse Stoffen ausgesetzt werden, die DNA beschädigen und Mutationen auslösen, die dann, genau wie beim Menschen, zur Krebsentstehung führen. Diese beiden Methoden erfordern Zeit, haben dafür den unschätzbaren Vorteil, dass die entstandenen Tumore in ihrer Entstehungsgeschichte menschlichen Tumoren relativ ähnlich sind. Gerade wenn man Therapien testen möchte, sind diese Verfahren aber oft zu langwierig. Zudem sind die entstehenden Tumore oft von unterschiedlicher Größe und in verschiedenen Stadien ihrer Entwicklung. Stattdessen ist es möglich, Zellen aus bereits bestehenden Tumoren

Als Campisi Mäusen eine Injektion von Tumorzellen zusammen mit seneszenten Zellen verabreichte, bildeten sich viel häufiger und schneller Tumore, als wenn allein die Tumorzellen eingebracht wurden [89]. Die Vermutung lag nah, dass die seneszenten Zellen Stoffe abgaben, die das Wachstum der Krebszellen unterstützten. Diese Stoffe zu identifizieren sollte sich Campisi in den kommenden Jahren zum Ziel setzen.

Dazu ließ Campisi seneszente Zellen einige Wochen in ihren Kulturschalen im Labor sitzen. Zellen in Kultur müssen ständig in Serum gehalten werden, auch im Körper sind sie ja mit dem Blutkreislauf verbunden, über den sie sowohl mit Nahrung wie Zucker und Aminosäuren als auch mit Wachstumsfaktoren versorgt werden, die aber nicht nur für das Wachstum, sondern auch für das Überleben der Zellen wichtig sind. Ohne Serum und Wachstumsfaktoren sterben selbst die seneszenten Zellen, so wie jede andere Zelle auch.

Nach einigen Wochen in Kultur entnahm Campisi dann das Serum, um zu untersuchen, ob die seneszenten Zellen von sich aus irgendwelche Stoffe abgesondert hatten [90]. Und in der Tat gaben die seneszenten Zellen sogenannte Cytokine ab, kleine Botenstoffe, von denen man wusste, dass sie Zellen zum Wachsen bringen können oder Alarmsignale an das Immunsystem übermitteln. Welche Konsequenz haben die Cytokine, die von seneszenten Zellen ausgeschüttet werden, auf den Körper? Sind seneszente Zellen Zombies, untote Zellen, die zum willenlosen Werkzeug von Krebszellen werden?

---

zu isolieren und sie in Mäuse einzuspritzen. Dies wird in der Regel nah unter der Haut vorgenommen. Anschließend kann das Wachstum der Tumorzellen leicht verfolgt werden. Im Fall einer Therapieerprobung ist der Erfolg am Abnehmen der Tumormasse leicht ablesbar.

Moleküle sind beschädigt, der Körper reagiert

Weshalb DNA-geschädigte Zellen Tumore füttern und wie das Immunsystem einen rabiaten Feldzug gegen sie führt, der oft in umfassender Zellvernichtung endet. Was dies für unseren Alterungsprozess und seine Therapierbarkeit bedeutet.

Krebszellen benötigen Wachstumsfaktoren. Wir kennen bereits die Zwergmäuse von Ames und Snell, denen das Wachstumshormon fehlt, oder Kopchicks Mäuse, die ohne den Rezeptor zur Wahrnehmung des Wachstumshormons aufwachsen, klein bleiben und denen ein langes Leben beschert ist. Auch die Laron-Syndrom-Patienten, die eine Mutation im Wachstumshormonrezeptor tragen, bleiben klein. Wir haben ein ganzes Bergdorf in Ecuador kennengelernt, in dem besonders viele Laron-Syndrom-Patienten wohnen. Sowohl die verschiedenen wachstumsbehinderten Mäuse als auch die kleinwüchsigen Laron-Patienten sind vor Krebs geschützt. Offenbar reichen die Mutationen in Krebszellen allein nicht aus, um einen Tumor am Wachsen zu halten. Denn auch Krebszellen sind darauf angewiesen, vom Körper mit Wachstumsfaktoren versorgt zu werden. Der junge Körper produziert diese zuhauf, Leukämiezellen wachsen deshalb rapide in Kindern. In alten Menschen hingegen entstehen zwar häufiger Krebszellen, das Wachstum der Tumore verläuft aber in der Regel langsamer. Es fehlen einfach die Wachstumsfaktoren, denn der alternde Körper fährt deren Produktion stark herunter.

Krebszellen selbst produzieren allerdings Cytokine, also kleine Botenstoffe, die das Wachstum und die Differenzierung, den Spezialisierungsvorgang von Zellen steuern, und zudem Stoffe, die zum Beispiel die Bildung von Blutgefäßen unterstützen.

Schließlich braucht ein Tumor eine stete Versorgung mit Sauerstoff und Nährstoffen.

Der Krebsbiologe Scott Lowe untersuchte in Cold Spring Harbor das natürliche Verhalten von Tumoren in Mäusen. Er nutzte eine Maus, bei der er das p53-Protein nach Belieben anschalten konnte. Wir erinnern uns: p53 ist in etwa der Hälfte aller Krebsarten im Menschen inaktiviert. Normalerweise reagiert p53 auf DNA-Schäden und treibt die Zellen in die Seneszenz, was jede weitere Zellteilung stoppt, oder in den programmierten Zelltod und verhindert so, dass beschädigte Zellen zu Krebszellen auswachsen. Fehlt aber p53, so erkranken Mäuse wie Menschen an Krebs.

Der britische Krebsforscher Gerard Evan hatte schon einige Jahre zuvor eine Maus entwickelt, bei der er das p53-Protein in Lymphomen, eine Form von Blutkrebs, einschalten konnte, die ihr natürliches p53-Gen verloren hatten. Das Anschalten von p53 in den Blutkrebszellen hatte in der Tat dramatische Folgen: Die Krebszellen begingen entweder Selbstmord, die Apoptose, oder stellten ihre Teilungsaktivität ein, indem sie seneszent wurden. Die Lymphome bildeten sich zurück, und während die Mäuse ohne p53 an ihren Tumoren verstarben, konnten die Mäuse mit p53 überleben, bis die verbliebenen Krebszellen Resistenzen gegen p53 ausbildeten und die Tumore wieder wuchsen [91].

Ein typischen Verhalten von Krebszellen: Aufgrund der Instabilität ihres Erbguts finden sie immer wieder einen Weg, neue Mutationen zu entwickeln. Diese Mutationen erlauben es den Krebszellen dann, sich so zu verändern, dass sie resistent werden gegen jedwede Angriffe, sei es durch Chemotherapie oder, wie in Evans Mäusen, mittels Aktivierung natürlicher Tumorabwehrmechanismen wie dem Einsatz von p53.

Dies geschieht durch natürliche Selektion. Darwinismus im Zeitraffer. Die meisten Mutationen haben in Krebszellen entweder gar keine Auswirkung, etwa wenn die mutierten Gene einfach nicht wichtig für die Krebszellen sind, oder sie haben negative Konsequenzen, etwa wenn Gene, die notwendig für die Zellen sind, aufgrund einer Mutation nicht mehr funktionieren. In seltenen Fällen aber kann eine Mutation auch eine positive Wirkung auf die Krebszellen haben. Etwa wenn ein Gen abgeschaltet wird, das notwendig ist, damit p53 die Zellen in den Selbstmord oder die Seneszenz treibt. Genau dies geschah schlussendlich in Evans Mäusen.

Kaum zwei Jahre später hatte Scott Lowe eine Maus mit einer etwas anderen Technik der p53-Aktivierung entwickelt [92]. Lowe reaktivierte p53 in Leberkrebszellen. Der Leberkrebs bildete sich dramatisch zurück. Allerdings gingen die Krebszellen diesmal nicht in den Zelltod. Stattdessen löste p53 vor allem die Seneszenz aus. Nun machte Lowe eine interessante Entdeckung: die nunmehr seneszenten Krebszellen gaben Cytokine ab, ganz genau wie Campisis seneszente Zellen in Kultur.

In den Lebern der Mäuse führten die Cytokine aber zur Aktivierung des angeborenen Immunsystems. Immunzellen nahmen die Jagd nach den Zellen auf, die die Cytokine abgaben und töteten dann solche Zellen ab. Die Krebszellen in Lowes Mäusen wurden somit effizient vom Immunsystem zerstört. Der Leberkrebs bildete sich komplett zurück. Die Immuntherapie, ausgeführt durch die Abgabe von Cytokinen infolge der p53-getriebenen Seneszenz, ist ein hocheffizienter natürlicher Tumorabwehrmechanismus des Körpers.

Lowes Untersuchungen machten klar, dass Krebszellen nicht isoliert betrachtet werden können. Sie leben, wachsen und sterben im Körper. Dabei interagieren sie mit anderen Zelltypen und

Geweben. Das Immunsystem überwacht eben nicht nur den Körper auf fremde Eindringlinge wie Viren, Bakterien oder Pilze, sondern auch auf gefährlich werdende eigene Zellen. Menschen, deren Immunsystem unterdrückt ist, haben ein erhöhtes Risiko, Krebs zu entwickeln.

Gerade dies ist zum Beispiel ein Problem für Menschen nach einer Organtransplantation. Peter Medawar, der uns ja ganz besonders wegen seiner Überlegungen zur Evolutionstheorie des Alterns interessiert, hatte schon in den Vierzigerjahren gezeigt, dass transplantierte Gewebe abgestoßen werden, wenn das Immunsystem die Zellen als nicht körpereigene erkennt. Deshalb werden Patienten nach der Transplantation von Organen mit Medikamenten wie Rapamycin – das wir in der kalorischen Restriktion schon kennengelernt haben – behandelt, weil sie das Immunsystem abschalten. Für die Patienten ist das Abschalten ihres Immunsystems nach einer Organtransplantation absolut notwendig, damit das Organ nicht abgestoßen wird. Das Abschalten hat aber auch negative Auswirkungen, wie etwa das erhöhte Krebsrisiko. Die Immunabwehr zur Bekämpfung von Krebs ist mittlerweile eine heiß verfolgte Strategie in der Krebstherapie. Diese Strategie hat schon heute beeindruckende Erfolge erzielt. In der Zukunft wird es von entscheidender Bedeutung sein, das Immunsystem so zu nutzen, dass schon die Verhinderung der Krebsentstehung erreicht werden kann.

Cytokine, die Immunzellen aktivieren, werden nicht nur von seneszenten Zellen, sondern bereits von Zellen ausgesendet, die Beschädigungen in ihrer DNA erfahren. Am deutlichsten wird dies in der Haut nach UV-Bestrahlung.

Wir alle kennen das: Einmal zu lange in der Sonne gebadet und schon wird die Haut knallrot. Das sind die Folgen des UV-

Anteils der Sonnenstrahlung. Wie wir bereits gesehen haben, verursacht vor allem der UVB-Anteil des Sonnenlichtes gefährliche Schäden in der DNA. Diese DNA-Schäden sind die Ursachen für die Entwicklung von Hautkrebs.

Es bleibt aber nicht bei den DNA-Schäden in den Hautzellen allein. Die beschädigten Zellen geben auch Cytokine an ihre Umgebung ab. Die Cytokine wiederum ziehen Immunzellen an. Dabei kommt es in der Haut zur Erweiterung der Gefäße, die eine Rötung der Haut zur Folge hat. Hitze entwickelt sich in Folge der erhöhten Durchblutung.

Die Immunabwehr trägt zur Vernichtung der beschädigten Hautzellen bei. Das angeborene Immunsystem löst dabei Entzündungsreaktionen aus. Zur Entzündung von Geweben kommt es durch Cytokinausstöße, die zur Zellvernichtung durch die Aktivierung von Immunzellen führen. Die Immunabwehr hat hierbei aber nicht allein vernichtende Funktionen. Sie unterstützt auch die Umbildung des Gewebes, damit neue Hautzellen die beschädigten ersetzen können.

Die Immunabwehr gegen körpereigene Zellen kann durchaus martialisch sein. Sie geht nämlich ziemlich ruppig in ihrem Feldzug gegen beschädigte Zellen vor. Es werden so oft eher zu viele als zu wenige Zellen von den Immunzellen zerstört.

Die umfassende Zerstörung von Zellen hat aber auch ihren Sinn. Wenn etwa körpereigene Zellen von Viren oder Bakterien befallen sind, geht es oft um Stunden, um den Infektionsherd zu beseitigen. Immunzellen und Krankheitserreger liefern sich einen unerbittlichen Wettlauf. Schnell springen Viren oder Bakterien zu neuen Zellen über und verbreiten sich so im Gewebe. Deshalb greift das Immunsystem auf breiter Front an. Im alternden Körper nehmen aber DNA-Schäden in den Körperzellen zu. Getrieben von verbleibenden DNA-Schäden und kritisch verkürzten Telomeren an den Enden der Chromosomen, nehmen die seneszenten Zellen zu. Es kommt zu erhöhter Ausschüttung von Cytokinen. Das Immunsystem greift immer wieder an. Es kommt zu gefährlichen Entzündungsreaktionen. Die Entzündung durch Immunantworten kann man auch in vorzeitig alternden Mäusen beobachten. Sie entstehen, wenn die DNA-Reparatur durch erbliche Gendefekte nicht funktioniert. Wie wir bereits bei den vorzeitig vergreisenden Kindern gelernt haben, führt die fehlende DNA-Reparatur zum Verbleib von DNA-Schäden. In den verschiedenen Mausmodellen, etwa in den Mäusen, die das Cockayne-Syndrom nachstellen, oder in Hutchinson-Gilford-Progerie-Mäusen, kommt es zu schweren Entzündungsreaktionen. Diese resultieren offenbar von der Ausschüttung von Cytokinen aus den Zellen, die DNA-Schäden in sich tragen.

Die Folgen der DNA-Schäden beschränken sich also nicht auf die beschädigten Zellen allein. Die Beschädigungen der Zellen haben Auswirkungen im gesamten Körper. Der Begriff von *systemischen* DNA-Schadensantworten beschreibt dieses erst seit Kurzem bekannte Phänomen. Die systemischen, also den ganzen Körper erfassenden, Konsequenzen von DNA-Schäden spielen vermutlich eine bislang unterschätzte Rolle sowohl in der vorzeitigen Vergreisung wie in der natürlichen, durch langsam anwachsende DNA-Schäden verursachten Alterung. Die Frage, die sich nun unweigerlich stellt, ist, ob die Entzündungsreaktionen die vorzeitige Vergreisung zumindest mit verursachen. Entzündungsreaktionen können nämlich in der Tat ganze Gewebestrukturen angreifen.

In unseren Untersuchungen der vorzeitig und ganz normal alternden Mäuse hatten wir in jedem Gewebe, das wir näher in Augenschein nahmen, Anzeichen für Aktivität der angeborenen Immunantwort gefunden. In alternden Geweben spricht man auch von einer *sterilen Infektion*, um zu beschreiben, dass es zur Immunreaktion kommt, ohne dass eine Infektion durch Keime vorliegen würde. Was passiert aber, wenn man die Aktivität der Immunabwehr unterbindet? Könnte man so den Angriff auf körpereigene Gewebe verhindern? Könnte das den Verlust der Gewebefunktion im Alter, ja das Altern selbst aufhalten?

Das Immunsystem nicht nur des Menschen ist äußerst komplex. Immunsysteme sind so alt wie das Leben selbst. Wie wir von Darwin gelernt haben, stehen Organismen in ständigem Wettbewerb und nur solche, die ihre Gene an Nachkommen weitergeben, haben evolutionären Erfolg. Viele Arten finden wir heute nur noch als Fossile. Man denke an Dinosaurier, deren körperliche Stärke ihnen schlussendlich auch nichts nutzte. Sie konnten sich an veränderte Umweltbedingung nicht anpassen. Gene müssen so zusammengestellt sein, dass sie den Organismus so programmieren, dass die Gene in die nächste Generation weitergegeben werden, denn nur darum geht es. Jeder Organismus benötigt Biomasse, die er nutzen kann, um seine eigene DNA, RNA und Proteine aufzubauen. Pflanzen können Biomasse aus Kohlenstoffdioxid und Wasser herstellen, weil sie Chloroplasten besitzen, die Energie aus dem Licht in die Photosynthese umwandeln können. Tiere haben keine Chloroplasten und können deshalb die Biomasse nicht aus anorganischen Stoffen herstellen. Auch die meisten Bakterien müssen sich anderer Organismen zum Akquirieren von Biomolekülen bedienen. Von Viren haben wir schon gelernt, dass sie sich überhaupt nur unter totaler Nutzung eines anderen Organismus vermehren können, seien die Wirte Bakterien oder eukaryontische Zellen wie im Menschen. Also wo bekommt ein Organismus Biomasse her? Natürlich von anderen Organismen. Fressen und gefressen werden ist das täglich Brot der Natur, einschließlich der Menschen. Der größte Teil der Biomasse, die wir mit unserer Nahrung aufnehmen, geht in unsere Energieherstellung (so brauchen wir als Warmblüter eine fein gesteuerte Körperwärme) oder wird wieder ausgeschieden. Nur ein geringer Anteil wird in unsere eigene Biomasse überführt zum Aufbau und Erhalt von Organen und Geweben. Schon die ersten Lebensformen mussten besonders gut darin sein, anderen Lebensformen Biomasse abzuverlangen. Ein Virus muss dabei in eine Zelle einfallen und sie zur Virenproduktionsanlage umfunktionieren. Dabei nutzt der Virus die Biomasse der Wirtszelle, um daraus Virenbiomasse zu machen. Die Nukleotide aus der Zelle werden zu Viren-DNA zusammengesetzt. Virenproteine werden aus Aminosäuren der Zelle aufgebaut. Bakterien verfolgen eine ähnliche Strategie. Im Vergleich zu den Zellen unseres Körpers sind Bakterien winzig klein. Allerdings beinhaltet unser Körper etwa zehnmal mehr Bakterien als eigene Zellen. Unsere eigenen Zellen sind also den Bakterien in unserem Körper zahlenmäßig hoffnungslos unterlegen. Bakterien sind für uns aber durchaus sehr nützlich. Sie helfen unserer Verdauung dabei, Nahrung für unsere Körperzellen verwertbar zu machen. So lebt in unserem Darm eine Vielzahl von Bakterien. Der Vorteil beruht dabei auf Gegenseitigkeit. Denn wir versorgen die Bakterien mit jedem Mahl mit Nahrung. Die Zusammensetzung unserer Darmflora ist von sehr großer Bedeutung für unsere Gesundheit. Ist unsere Darmflora gestört, so kann dies unsere Gesundheit beeinträchtigen. In groß angelegten Studien hat sich zudem gezeigt, dass Fettleibigkeit mit einer wenig vielseitigen Darmflora verbunden ist. Die Darmflora, fachlich *intestinale Mikrobiota* genannt, aber reagiert empfindlich auf die Art der Nahrung, die wir zu uns nehmen. Schließlich sind die Bakterien perfekt an bestimmte Nahrungsbestandteile angepasst. Einseitige

Nahrung kann daher die Mikrobiota im Darm nachhaltig verändern. Wie zum Beispiel die kalorische Restriktion unsere Mikrobiota beeinflussen könnte, ist eine hochinteressante Frage. Aber längst nicht alle Bakterien sind uns so wohlgesinnt und helfen uns bei der Nahrungsaufnahme.

Salmonellen etwa begnügen sich nicht mit der Nahrung in unserem Darm, sondern dringen in unsere Zellen selbst ein. Darauf reagiert dann unser Immunsystem und tötet die infizierten Zellen ab. Infolge des massiven Immunangriffs auf infizierte Zellen kommt es zu gefährlichen Durchfallerkrankungen. Magenschmerzen werden häufig von *Helicobacter pylori*, einem stabförmigen Bakterium, verursacht. Dabei kann es zu schwerer Gastritis kommen. *H. pylori* kann aber sogar Magenkrebs auslösen. Hier wurde eine interessante Verbindung zwischen Infektion und der Krebsentstehung offenbar. Denn *H. pylori* kann DNA-Schäden in Magenzellen auslösen [93]. Es wird daher vermutet, dass eine dauerhafte Infektion zu erhöhten Mutationsraten in Darmzellen und damit zu Magenkrebs führen kann. Ohne funktionierendes Immunsystem sind wir, wie alle Spezies, dem Verderben ausgesetzt. Seit vier Milliarden Jahren stehen verschiedene Lebensformen in ständigem Kampf um das Überleben. Der eigentliche Kampf ist im Endeffekt natürlich der, die Gene in die nächste Generation weiterzugeben.

In jeder Generation aber muss wieder ein ganzer Organismus entstehen. Dazu müssen Zellen gebildet werden. Zellen brauchen organische Stoffe, um ihre Strukturen auszubauen und erhalten zu können. Für einen jeden Organismus gilt es also, möglichst viel Biomasse von anderen Organismen in die eigene zu überführen.

Viren schaffen dies, indem sie Zellen überfallen, Bakterien, indem sie innerhalb oder außerhalb von anderen Zellen Nahrung einziehen. Pilze etwa befallen Oberflächen, sei es auf der Haut von Menschen oder auf Blättern und Früchten von Pflanzen.

Um in diesem Wettbewerb zu bestehen, muss man andere Organismen erfolgreich abwehren können. Deshalb haben sich schon mit den ersten Lebensformen Abwehrmechanismen ausgebildet. Immunabwehren können ganz einfacher Natur sein. Etwa ein Bakterium, das Sequenzen viraler DNA erkennt und diese zerschneidet und so unschädlich macht. Immunsysteme müssen sich immer neuen Angreifern anpassen. Das Wettrüsten der Lebensformen läuft permanent nun schon seit Milliarden von Jahren. Dabei können sich die Angreifer verändern und der Erkennung durch das Immunsystem entgehen. Dann muss sich das Immunsystem wiederum anpassen.

Der Mensch verfügt über zwei unterschiedliche Arten der Immunabwehr. Das angeborene Immunsystem kann im Prinzip gegen jedweden Angreifer losschlagen, sobald es Signale zum Angriff erhält. Dies sind etwa die Cytokine, die unter anderem von Zellen ausgesandt werden, deren DNA beschädigt ist oder die sich in der Seneszenz befinden. Das angeborene Immunsystem besteht aus Plasmaproteinen und Zelltypen, die verschiedene Aufgaben in der Erkennung von Fremdkörpern, der Aktivierung der Immunzellen und der Vernichtung potenzieller Krankheitserreger erfüllen.

Auch die physikalischen Barrieren des Körpers wie unsere Haut und die Schleimhäute sind wichtige Schutzmechanismen gegenüber Eindringlingen. Fast jeder kennt das, eine trockene Nase, ein trockener Hals reichen manchmal schon aus, sich eine Erkältung einzufangen. Influenzaviren haben dann nämlich ungehinderten Zugang zu unseren Zellen. Unsere Haut bietet eine riesige Fläche, die von innen vor Flüssigkeitsverlust und nach außen vor Agriffen von Krankheitserregern schützt.

Ein Sonnenbrand stellt eine ernsthafte Verletzung der Haut dar. Beschädigte Hautzellen sterben ab, doch bevor sich die Haut regenerieren kann, muss die Abwehr von äußeren Feinden gesichert werden. Die UV-geschädigten Zellen senden also Cytokine aus und ziehen so die angeborene Immunabwehr an. Es kommt zur Invasion von Makrophagen, den Fresszellen der Immunabwehr, die im beschädigten Gewebe Zellen förmlich auffressen.

Die Immunantwort muss aber kontrolliert werden, denn läuft sie aus dem Ruder, drohen weitere Beschädigungen der Haut. Auch dafür hat das Immunsystem Vorkehrungen getroffen. Regulierende T-Zellen strömen zur Stelle der Entzündung und bieten dem Wüten der angeborenen Abwehrzellen Einhalt. Die Balance zwischen einer schnellen und effektiven Immunabwehr und der Begrenzung der daraus resultierenden Entzündungen ist von grundlegender Bedeutung für das Funktionieren unseres Körpers. Überbordende Entzündungsreaktionen verursachen Allergien. Das geschieht, wenn das Immunsystem reagiert, obwohl gar keine Gefahr vorliegt. Das Immunsystem kann sich sogar gegen Strukturen im eigenen Körper wenden. Es kommt dann zu *Autoimmunkrankheiten*, die dem Körper erheblichen Schaden zufügen können.

Bei Multipler Sklerose wendet sich das angeborene Immunsystem gegen das Myelin. Myelin bildet eine Ummantelung um die Nervenfortsätze und schützt die Weiterleitung von Nervenimpulsen ganz so wie eine Isolierung elektrischer Kabel. Wird der Myelinmantel angegriffen, ist die Fortleitung der Nervensignale gestört.

Viel passgenauer als die angeborene Immunabwehr operiert die erworbene oder *adaptive* Immunantwort. Evolutionär gesehen, ist dies eine moderne und komplexere Art der Immunabwehr.

Rezeptoren spezialisierter weißer Blutkörperchen, die den Immunzellen als Augen und Ohren an ihrer Oberfläche dienen, erkennen die fremden Strukturen der Krankheitserreger. Sie erkennen auch die eigenen Zellen und lassen diese dann in Frieden. Sind die eigenen Zellen aber infiziert oder beschädigt, können sie vom Immunsystem erkannt und beseitigt werden.

Diese Eigenschaft der Immunabwehr ist auch wichtig, um angehende Krebszellen zu beseitigen. In der modernen Krebstherapie spielt die Immunabwehr eine herausragende Rolle und sorgt derzeit für große Fortschritte zur effektiven Behandlung von Krankheiten, die bis vor Kurzem kaum Heilungschancen versprachen. Die spezifische Erkennung von Gefahr durch die erworbene Immunantwort ist eine besondere Herausforderung. Die Rezeptoren müssen so gebaut werden, dass sie nur mit einem ganz speziellen Molekül des Angreifers interagieren. Diese Flexibilität im Bau der Rezeptoren wird durch Mutationen und Rekombinationen in den Genen für die B- und T-Zellrezeptoren erreicht.

Die Immunantwort ist nicht nur hochkomplex, sondern sie benötigt ein sehr feines Ausbalancieren zwischen der Zerstörung von Schädlingen und befallenen oder beschädigten Zellen und den »Kollateralschäden«, die etwa bei Entzündungsreaktionen erhebliche Ausmaße annehmen können.

Die Effizienz des Immunsystems lässt mit zunehmendem Alter nach. Man spricht deshalb auch von *Immunseneszenz*, um die mit dem Altern verbundene abnehmende Funktionstüchtigkeit der Immunabwehr zu beschreiben. Allerdings nehmen die schädlichen Auswirkungen der Entzündungsreaktionen zu. Es sind dies vermutlich auch Konsequenzen der zunehmenden DNA-Schäden, die sich im Erbgut der Körperzellen das ganze Leben lang angesammelt haben.

Wie viel Schuld aber trifft das angeborene Immunsystem hinsichtlich der Beschädigung des Körpergewebes bei der Alterung? Das angeborene Immunsystem kann ausgeschaltet werden. Allerdings hat ein Totalverlust der Immunabwehr dramatische Folgen für den Erhalt von Geweben. Wollte man ein solches Experiment in normal alternden Mäusen machen, würden diese wohl kaum das relevante Alter erreichen. Dennoch konnten vorzeitig alternde Mäuse hier aufschlussreiche Ergebnisse liefern.

Carlos López-Otín hatte im spanischen Oviedo schon seit einiger Zeit das vorzeitige Altern in Hutchinson-Gilford-Progeriemäusen studiert. Wir erinnern uns, die Hülle der Zellkerne dieser Mäuse ist instabil, genau wie die der Zellen der Hutchinson-Gilford-Progerie-Syndrom-Patienten. HGPS-Patienten bleiben, wie die äquivalenten Mäuse, im Wachstum ihrer Körper zurück und vergreisen frühzeitig. López-Otín konnte einen wichtigen Teil der angeborenen Immunantwort in diesen Mäusen ausschalten. Daraufhin lebten die Mäuse in der Tat länger, die Gewebe blieben länger intakt [94]. Das Aufheben der Immunantwort, mit der der Körper auf die Instabilität des Genoms in den HGPS-Mäusen reagierte, konnte also die vorzeitige Vergreisung der Tiere aufhalten. Zu ähnlichen Ergebnissen kamen im amerikanischen Pittsburgh Laura Niedernhofer und Paul Robbins in einem anderen Mausmodell vorzeitiger Alterung [95].

Ein Abstellen der Entzündungen in alternden Geweben könnte also einen wichtigen therapeutischen Ansatz bieten. Aber die Balance zwischen erfolgreicher Abwehr von Infektionen und der Beseitigung beschädigter Zellen einerseits und andererseits der Vermeidung von überbordenden Angriffen noch funktionierender Gewebe schließt ganz einfache Antworten an dieser Stelle aus.

In den Gehirnen von Alzheimer-Patienten greift auch das Immunsystem ein. Lange Zeit hat man gedacht, das Immunsystem würde durch die Blut-Hirn-Schranke aus dem zentralen Nervensystem komplett herausgehalten. Allerdings kommt die Immunantwort auch hier zum Einsatz. Das Verschlingen von beschädigten Zellstrukturen übernehmen im Gehirn sogenannte *Mikrogliazellen*. Stirbt etwa eine Nervenzelle, dann sammeln die Mikroglia die Zellreste auf. Mikroglia beseitigen auch die Aggregate, die Klumpen, aus Beta-Amyloiden, die sich in den Gehirnen von Alzheimer-Patienten bilden. Das Aktivieren von Mikroglia kann in Mausmodellen von Alzheimer durchaus positive Effekte erzielen. Allerdings hat die Immunantwort auch zerstörerische Folgen. Es ist möglich, dass der Abbau des Nervensystems, die Neurodegeneration, mit der Aktivierung der Selbstzerfleischung durch die Immunantwort zu tun hat. Die Immunabwehr hat viele Facetten. Einfaches An- und Ausschalten wird den vielfältigen Funktionen des Immunsystems beileibe nicht gerecht.

Schließlich ist die Funktion der Immunabwehr nicht allein auf das Bekämpfen von Infektionen und auf das Beseitigen beschädigter Zellen begrenzt. Erst in den letzten Jahren hat man erkannt, dass das Immunsystem auch die Reparatur und Erhaltung von Geweben unterstützt.

Erst kürzlich haben wir in unserem Forschungszentrum in Köln eine ganz neue Funktion des ursprünglichen Immunsystems in Fadenwürmern entdeckt. Der Fadenwurm hat keine speziellen Immunzellen, sondern allein einen Vorläufer unserer angeborenen Immunabwehr. Er erkennt feindliche Eindringlinge und beschießt sie dann mit *antimikrobiellen Peptiden*, kleinen Proteinen, die sich gegen die eindringenden Mikroorganismen richten. Zudem senden die Zellen des Fadenwurms Signalstoffe aus, so wie unsere Zellen Cytokine ausschütten.

Nun beobachteten wir, dass DNA-Schäden, speziell in der Keimbahn des Tieres, die Immunabwehr im ganzen Wurm in Gang setzten [96]. Als Reaktion auf die Immunreaktion wurden die Körpergewebe hochgradig widerstandsfähig gegen die verschiedensten Angriffe von außen, sei es durch Infektionen oder durch Angriffe auf die Proteinfaltung durch Hitze. Durch die erhöhte Widerstandskraft des Körpers war es dem Tier zudem möglich, die Zeugung von Nachkommen zu verlängern, es verlängert also seine *reproduktive* Lebensdauer, welche natürlich evolutionär viel entscheidender ist als die für uns menschliche Individuen so bedeutsame maximale Lebensdauer des Körpers.

Wir sehen nun eine äußerst clevere Reaktion auf Schäden in der Keimbahn. Schließlich stehen die Keimbahnzellen unter Arrest, solange ihre DNA beschädigt ist. Erst wenn die DNA in den Keimbahnzellen wieder repariert worden ist, können diese zur Produktion von Nachkommen genutzt werden. Also muss der Wurm länger leben, damit die DNA in den Keimbahnzellen repariert wird und danach wieder neue Würmer produziert werden können.

Das Immunsystem hat also schon bereits bei Fadenwürmern Funktionen weit über die Infektionsabwehr hinaus übernommen. Von einzelnen Zellen, in diesem Fall Keimbahnzellen, ausgehend, schwärmen die kleinen Botenstoffe des Immunsystems aus, um die Widerstandskraft der Körpergewebe zu stärken.

Auch in der Taufliege übernimmt die angeborene Immunantwort solche *systemischen* Funktionen, die sich auf den gesamten Körper der Tiere auswirken.

Am Buck-Institut im kalifornischen Novato widmet sich Heinrich Jasper der Erforschung des Alterns von Stammzellen in der Taufliege. Er beobachtete aber, dass die Fliegen ihr Körperwachstum einstellten, wenn die DNA in der Außenhaut beschädigt wurde [97]. Jasper bemerkte, dass Immunfaktoren von den beschädigten Zellen ausgesandt wurden, die wiederum zur Verminderung der Insulinaktivität in ganzen Insekten führten. Als Konsequenz war das gesamte Körperwachstum vermindert. Wir erinnern uns, dass der insulinähnliche Wachstumsfaktor (IGF-1) das Körperwachstum in Wurm, Fliege und Maus steuert.

Das Immunsystem hat auch eine wichtige Funktion in der Regeneration des Darms der Taufliegen, wie der amerikanische Fliegenforscher Bruce Edgar in Heidelberg zeigen konnte [98]. Ebenso spielen in der Regeneration des Darms und der Haut in Säugern Faktoren des angeborenen Immunsystems eine wichtige, wenngleich bislang noch wenig verstandene Rolle.

Eine bedeutende Erkenntnis, die aus den Studien der Immunantwort in einfachen Modellsystemen stammt, besteht darin, dass durch Botenstoffe wie Cytokine lokale Ereignisse systemische Konsequenzen im ganzen Körper haben. Im Menschen sind diese systemischen Effekte ungleich komplexer. Von Hormonen ist schon lange bekannt dass sie, lokal produziert, in fernen Geweben ihre Effekte ausüben. Aber auch das Immunsystem kann über lange Strecken Wirkungen entfalten. So führt beim Sonnenbrand die lokale Beschädigung der Haut zur Schwächung des angeborenen Immunsystems im gesamten Körper. Vermutlich soll diese Abschwächung verhindern, dass die Immunreaktion auf die UV-Schäden in der Haut zu viel Schaden im Gewebe verursacht. Interessant ist nun die Frage, wie Alterung systemisch, also körperweit gesteuert wird.

Altern und Reproduktion

Das folgende Kapitel widmet sich dem Methusalem-Effekt. In seiner Erforschung spielten Katzen und Mäuse sowie kastrierte Opernsänger und Anstaltsbewohner, Eunuchen, die koreanische Joseon-Dynastie und die Adelsfamilien Mok, Shin und Seo eine bedeutende Rolle.

Es ist hilfreich, einen Blick auf einfache Modellsysteme zu werfen, wenn man so komplexe Vorgänge wie das Altern verstehen will.

Schon als Klaas in den Achtzigerjahren seine ersten langlebigen Fadenwürmer vorstellte, wurde sofort gemutmaßt, sie seien nur langlebig, weil sie mehr Ressourcen in den Körper stecken würden als in die Reproduktion. Dieses Argument konnten Kenyon und Johnson Anfang der Neunzigerjahre entkräften. Dennoch ist die Logik klar. Wie der britische Evolutionsbiologe Thomas Kirkwood in seiner Alternstheorie zur Vergänglichkeit des Körpers darlegte, ist die Verteilung der Ressourcen auf den Erhalt der Körperfunktion einerseits und der Zeugung von Nachkommen andererseits von entscheidender Bedeutung für die Maximierung der Darwin'schen Fitness.

Was passiert nun, wenn gar keine Nachkommen gezeugt werden können? Wenn keine Ressourcen in die Reproduktion investiert werden?

Wiederum war es Cynthia Kenyon in San Francisco, die genau solche Fadenwürmer herstellte. Dabei zerstörte sie mit einem Laser zwei Zellen im frühesten Larvenstadium des Wurms. Aus diesen zwei Zellen bilden sich während der Larvenentwicklung die Keimbahnzellen. Fehlen sie, so bildet der Wurm keine Keimbahn aus. Solche keimbahnlosen Würmer erwiesen sich als außerordentlich widerstandfähig und langlebig [99].

Aber es war eben nicht das Fehlen der Keimbahn an sich, was die Ressourcen für ein langes Leben an die Körpergewebe freigab. Dies bewies Kenyon mit dem zweiten Experiment. Neben den zwei Zellen, die die Keimbahnzellen selbst bilden, liegen im jungen Wurm noch zwei weitere Zellen. Diese sind der Ursprung von Gewebe, das für die Ummantelung der Keimbahn sorgt. Als Cynthia Kenyon auch noch diese beiden Zellen wegschoss, verflüchtigte sich der positive Effekt der Keimbahnzerstörung auf die Lebensspanne und Widerstandfähigkeit des Fadenwurms.

Die Zerstörung der Keimbahn konnte demnach das Leben der Tiere nicht verlängern, wenn das sie direkt umgebende Körpergewebe nicht vorhanden war. Die entscheidende Erkenntnis aus diesen Untersuchungen bestand darin, dass es eben nicht die simple Ressourcenverteilung zwischen Fortpflanzung und Erhaltung der Körperfunktionen ist, sondern dass bereits im Fadenwurm Signale aus der Keimbahn die Lebensdauer des Körpers steuern.

Die Keimbahn übt auch in höheren Tieren, vielleicht gar im Menschen, einen wichtigen Einfluss auf die Lebensdauer aus. Sie ist offensichtlich ganz wichtig für die Fitness. Wie wir aus der Evolutionstheorie bereits wissen, dient der Körper lediglich der Unterstützung der Weitergabe des genetischen Materials durch die Keimbahn. Daraus folgt, dass die Lebensdauer des Körpers sich auf die Aktivität der Keimbahn einstellen muss. Das Zusammenwirken von Keimbahn und Soma (also allen Körpergeweben außer der Keimbahn) ist aber – wie fast alle wichtigen Prozesse in der Biologie – hochkomplex. Cynthia Kenyons Experimente mit zerstörten Keimbahnen im Fadenwurm waren gerade deshalb so wichtig, um zu erkennen, dass es aktive Signale aus der Keimbahn sind, die das Soma beeinflussen.

Auch in Säugetieren führt das Entfernen der Keimbahn zur Lebensverlängerung, aber nicht bei beiden Geschlechtern. Während männliche Mäuse, denen die Geschlechtsorgane entnommen wurden, länger lebten, blieb ein solcher Methusalem-Effekt bei den Weibchen aus. Auch bei Katzen, die als Haustiere häufig kastriert werden, profitieren allein die Männchen. Kastrierte Kater leben anstatt gut fünf mehr als acht Jahre und damit in etwa so lange wie ihre weiblichen Artgenossen.

Auch wenn bei Weibchen die Entfernung der Geschlechtsorgane nicht zur Lebensverlängerung führt, spielen die Sexualhormone dennoch eine wichtige Rolle für die Lebensdauer. Dies zeigt sich bei Experimenten, bei denen die Eierstöcke der Mäuse transplantiert wurden. Weibliche Mäuse, denen in mittlerem Alter die Eierstöcke von Jungtieren eingepflanzt wurden, lebten etwa um sechzig Prozent länger [100].

Gilt der Zusammenhang zwischen der Keimbahn und der Lebenserwartung auch beim Menschen?

Hier blicken wir in die Abgründe der Ungeheuerlichkeiten, die Menschen ihren Artgenossen antun. Denn immer wieder kam es in der Geschichte der Menschheit zu Kastrationen. Ob sie dem Erreichen einer hohen Sängerstimme dienten, wie bei den *castrati* an den europäischen Opernhäusern oder der Sterilisation geistig behinderter Menschen, die noch bis weit in das 20. Jahrhundert hinein vorgenommen wurde. In Deutschland wurde diese Art der Zwangssterilisation geistig Behinderter erst zu Beginn der Neunzigerjahre des letzten Jahrhunderts abgeschafft. Die chinesischen Kaiser, koreanischen Könige und osmanischen Sultane hielten sich über Jahrhunderte einen Stab von Eunuchen.

Die Kastraten lebten in der Regel genauso kurz oder lang wie ihre nicht entmannten Zeitgenossen. Allerdings lassen sich ihre

Lebensumstände nur schwerlich vergleichen, das Künstlerleben ist ja in der Regel nicht gerade für seine Gesundheitsorientierung bekannt, weder heute noch in früheren Zeiten. Eine systematische Analyse der Lebenserwartung von Kastraten wurde in Anstalten an geistig zurückgebliebenen Menschen gegen Ende der Sechzigerjahre des 20. Jahrhunderts unternommen [101]. Dabei stellte sich heraus, dass die kastrierten Anstaltsbewohner im Schnitt vierzehn Jahre länger lebten.

Am Hofe der Könige der Joseon-Dynastie, die vom Ende des 14. bis zum Beginn des 20. Jahrhunderts die koreanische Halbinsel beherrschte, wurden Eunuchen als Diener und Wachmannschaften gehalten. Die Jungen wurden kastriert, damit sie Zugang zum Hofe erlangten. Im Gegensatz zu ihren chinesischen Schicksalsgenossen durften die Eunuchen der Joseon-Dynastie Ehen führen und Kinder adoptieren, wobei die adoptierten Jungen ebenfalls Kastraten sein mussten.

Yoon-Muk Lee verfasste Anfang des 19. Jahrhunderts die Yan-Se-Gye-Bo, eine Genealogie von 385 Eunuchen, von denen bei 81 Geburts- und Sterbedaten genau bekannt sind [102]. Diese Eunuchen lebten durchschnittlich siebzig Jahre und zählten unter sich drei Hundertjährige. Selbst die koreanischen Könige starben bereits vor ihrem fünfzigsten Lebensjahr. Vor allem Hundertjährige sind auch in unserer Zeit noch immer äußerst selten. Selbst in der japanischen Bevölkerung, die derzeit Weltspitze im Lebensalter ist, kommt nur ein Hundertjähriger auf 3.500 Menschen. Drei Hundertjährige unter 81 Personen stellt eine besondere Häufung von extremer Langlebigkeit dar.

Nun ist aber die Antwort auf die Frage, ob der Verlust des männlichen Geschlechtsorgans den Eunuchen ein langes Leben beschert, davon abhängig, wie lange sie gelebt hätten, wären sie von der Kastration verschont gewesen. Ein koreanisches Forscherteam zog deshalb die Lebensdaten der Mok-, Shin- und Seo-Familien heran. Diese adligen Familien verkehrten in den gleichen Kreisen und pflegten einen ähnlichen Lebenswandel wie die höfischen Eunuchen. Der Vergleich fiel dramatisch aus: Die Eunuchen lebten vierzehn bis neunzehn Jahre länger als ihre unversehrten Zeitgenossen. Das Altern des Mannes wird also offenbar getrieben von seinen Sexualhormonen.

Dass die Fortpflanzung eng verknüpft ist mit der Lebensdauer leuchtet ein, sobald man das Leben im Zusammenhang mit Darwins Fitnessbegriff versteht. Schließlich ist der Körper dazu da, die Fortpflanzung zu sichern. Dies kann er nur, wenn die Erhaltung seiner Funktionen auf die Zeugung der Nachkommen optimal abgestimmt ist. Altert der Körper zu schnell, ist es unwahrscheinlich, genügend Nachkommen zu zeugen. Altert er zu langsam, müsste er wertvolle Ressourcen für den eigenen Erhalt verschwenden, anstatt sie der nächsten Generation zugutekommen zu lassen.

Bei komplexeren Tierarten, wie etwa den Säugetieren, ist die erfolgreiche Übertragung des genetischen Materials an die Nachkommenschaft aber weder beim Zeugungsakt noch bei der Geburt bereits ausreichend gesichert. Die Neugeborenen haben ja noch einiges durchzustehen, bis sie ihrerseits zeugungsfähig sind. Höhere Tiere sind auf ihre Eltern angewiesen, die sie beschützen und ihnen die Fertigkeiten zum Überleben vermitteln. Die Langlebigkeit der Elternteile ist aber unterschiedlich verteilt. Frauen leben länger als Männer. Nicht nur bei den Menschen, sondern auch bei den meisten Tierarten ist den Weibchen ein längeres Leben beschert.

Die weibliche Stärke: Frauen leben länger als Männer

Wie Bohnenkäfer aus Uppsala und finnische Kirchenbücher belegen, dass Frauen länger leben als Männer, und inwieweit Mitochondrien, X-Chromosomen und das Testosteron bei diesem Sachverhalt ihre Finger im Spiel haben.

Frauen leben bis zu fünf Jahren länger als Männer. Dieser Umstand wird bei jeder nachmittäglichen Straßenbahnfahrt offenbar. Auch in Altersheimen gibt es einen wahren Überschuss des weiblichen Geschlechts. Diese Ungleichheit ist alles andere als eine menschliche Eigenheit. Die meisten Tierarten zeigen eine ähnlich gelagerte Unausgeglichenheit der Lebensdauer.

Was steckt hinter der Langlebigkeit der Frauen? Es muss einen evolutionären Vorteil geben, sonst wäre das Altern so vieler Tierarten nicht so klar zugunsten der Weibchen in verteilt. Um diesen Unterschied zu untersuchen, führte der Evolutionsbiologe Alexej Maklakov an der Universität Uppsala ein Selektionsexperiment mit dem Bohnenkäfer *Callosobruchus maculatus* durch [103]. Er züchtete männliche und weibliche Bohnenkäfer, die eine besonders lange Lebensdauer erreichten. Während die so auf Langlebigkeit selektierten Weibchen eine höhere Fitness entwickelten, nahm die Fitness der langlebigen Männchen ab. Diese Ergebnisse legen nahe, dass im Idealfall Weibchen, um die Fitness zu maximieren, noch länger leben, und Männchen früher sterben sollten.

Ist die Langlebigkeit der Frauen vielleicht wirklich ein evolutionärer Vorteil? Sind die Gene der Frauen darauf selektiert, den weiblichen Körper länger am Leben zu halten?

Nun steht die Langlebigkeit der Frauen auf den ersten Blick im Widerspruch zur Evolutionstheorie. Denn Frauen tragen nach der Menopause nicht mehr aktiv zum Erhalt der Gattung bei. Warum sollte also die Selektionskraft nach Beendigung der Reproduktion ein weiteres Überleben des Körpers favorisieren?

Dieser Frage ging die finnische Zoologin Virpi Lummaa von der University of Sheffield nach. Mit ihren Studien erregt sie immer wieder ziemliches Aufsehen. Einmal untersuchte Virpi Lummaa Männer über 60 Jahre aus 189 Ländern und kam zu dem Schluss, dass die monogam lebenden älter würden. Ein anderes Mal untersuchte sie die Auswirkungen der Antibabypille auf die Partnerwahl der Frau: Ohne Pille würden Frauen an den besonders fruchtbaren Tagen Alphamänner attraktiv finden, weil diese gesunden Nachwuchs verheißen, ansonsten eher feminine Typen vorziehen. Durch die Antibabypille aber würden diese fruchtbaren Tage ausbleiben – mit dem Ergebnis, dass die Frauen immer die weicheren Typen bevorzugen, was gravierende Folgen für die Männerwelt haben könnte.

Hinsichtlich der Frage, warum die Selektionskraft noch nach Beendigung der Reproduktion bei Frauen ein weiteres Überleben des Körpers favorisieren könnte, sodass die Frauen länger leben als Männer, studierte Lummaa finnische Kirchenbücher. Die Kirche führte genau Buch darüber, in welcher Familie Nachwuchs zu begrüßen und wann ein Trauerfall zu beklagen war. Lummaa sammelte die Daten von zwei Jahrhunderten. Dabei analysierte sie, wie die Lebensspanne sich auf den Kinderreichtum über verschiedene Generationen hinweg auswirkte, also quasi, wie das Lebensalter mit der Fitness zusammenhängt. Dabei machte Lummaas Forscherteam eine höchst interessante Entdeckung [104]: Je älter die Großmutter wurde, desto mehr Enkel wurden gezeugt.

Dabei war aber nicht die Anzahl der eigenen Kinder das Entscheidende, sondern wie lange die Mutter nach Ende ihrer eigenen Gebärfähigkeit in der Nähe ihrer Kinder war. Für jedes Jahrzehnt nach dem fünfzigsten Lebensjahr wurden den Großmüttern zwei weitere Enkel beschert. Besonders hilfreich war die Großmutter zwischen dem zweiten und dem fünfzehnten Lebensjahr der Enkel.

Großväter hingegen hatten überhaupt keinen positiven Einfluss nach ihrem fünfzigsten Lebensjahr auf die Anzahl der Enkel. Obwohl Männer auch im Alter grundsätzlich noch zeugungsfähig sind, ist, zumindest in den historischen Aufzeichnungen aus Finnland, ihr Anteil an der Reproduktion nach fünfzig kaum spürbar. Dies mag zum Teil auch daran liegen, dass die finnische Gesellschaft des 18. und 19. Jahrhunderts sehr konservativ war und Scheidungen verbot. Allein Witwer heirateten erneut und wurden in hohem Alter nochmal Vater. Allerdings gingen solche Konstellationen sehr zulasten der erfolgreichen Familiengründung der Kinder aus erster Ehe. Folglich blieb auch hier ein positiver Effekt männlicher Langlebigkeit auf die Anzahl der Enkel aus.

Es ist viel spekuliert worden darüber, warum Männer kürzer leben. Ein valider Aspekt ist das Konkurrenzverhalten der Männchen, um ein Weibchen ergattern zu können. Während Männchen konkurrieren, haben Weibchen die Qual, die richtige Partnerwahl zu treffen. Schließlich ist die Investition in die Nachkommenschaft seitens der Mutter sehr viel größer. Dies beginnt bei der Größe der Eizellen im Vergleich zu Spermien. Während Männchen theoretisch sehr viele Weibchen befruchten können, müssen die Weibchen sehr genau aufpassen, mit wem sie sich paaren. Das männliche Geschlecht der meisten Tierarten wie auch des Menschen betreibt erheblichen Aufwand, um erfolgreich um die Gunst des weiblichen Geschlechts zu konkurrieren. Daher kann die volle Konzentration auf frühe Fitness durchaus von Vorteil sein.

Es gibt aber auch einige molekulare Unterschiede in den Zellen der Geschlechter. So werden die Mitochondrien – die Kraftwerke der Zellen – allein von der Mutter vererbt. Die väterlichen Mitochondrien der Spermien dringen während der Befruchtung nicht in die Eizelle ein. Folglich wirkt allein die Selektion in der Mutter auf die Gene der Mitochondrien. Es ist also möglich, dass die Mitochondrien dem weiblichen Geschlecht besser angepasst sind als dem männlichen.

Als weiterer Grund des männlichen Überlebensnachteils wird angeführt, dass jede Zelle der Frau zwei X-Chromosomen mit sich führt, während Männer lediglich das X-Chromosom der Mutter in sich tragen. In jeder weiblichen Zelle werden nur die Gene eines der beiden X-Chromosomen genutzt, das andere ist inaktiviert. Dabei ist in einigen Zellen das väterliche und in anderen das mütterliche aktiv. Damit könnte der weibliche Körper Mutationen in einem X-Chromosom besser ausgleichen und einen Vorteil erlangen. Die Hämophilie oder Bluterkrankheit wird durch einen Gendefekt auf dem X-Chromosom ausgelöst und betrifft deshalb fast ausnahmslos Männer.

Zudem wird angeführt, dass Testosteron, das männliche Sexualhormon, einen schlechten Einfluss auf die Immunabwehr habe. Mit Sicherheit lässt sich aber nur feststellen, dass Männer für ein kürzeres Leben selektiert sind. Die männlichen Sexualhormone spielen offenbar eine entscheidende Rolle in der Limitierung der männlichen Lebensspanne. Ein besseres Verständnis der Einflüsse von Hormonen und der Botenstoffe des Immunsystems ist von ganz herausragender Bedeutung für das Verständnis des menschlichen Alterungsprozesses und für die Entwicklung von Therapien, um den alterungsbedingten Erkrankungen entgegenwirken zu können.

V. Die Umwelt des Alterns

Lebensumstände und Lebenserwartung

Lernen Sie in diesem Kapitel mit der Umweltverschmutzung den Erben der Infektionskrankheiten kennen und erfahren Sie mehr über die modernen, unnatürlichen Feinde der Spezies Mensch; Alkohol, Sonnenbrand, Tabak und die eigene Natur.

In unserer modernen Gesellschaft ist die Lebenserwartung so hoch wie nie zuvor und steigt kontinuierlich an. Unsere Kinder werden im Durchschnitt ein höheres Alter erreichen als wir. Da sich unsere Gene aber in den vergangenen zwei Jahrhunderten nicht sonderlich verändert haben, ist davon auszugehen, dass es andere, äußere Faktoren gibt, die das Altern beeinflussen. Welche äußeren Einflüsse entscheiden über ein langes oder kurzes Leben?

Noch bis in das 20. Jahrhundert hinein waren Infektionskrankheiten die Geißel der Menschheit und entschieden über Leben und Tod. Die Vorbeugung durch Impfungen und die Behandlung mit Antibiotika haben diese Todesursachen weitgehend zurückgedrängt. Dennoch stellen in anderen Teilen der Welt Infektionskrankheiten wie HIV/AIDS, Malaria, Tuberkulose weiterhin Haupttodesursachen dar. Auch ist nicht ausgeschlossen, dass im Zuge der weltweiten Klimaveränderung die Stechmücken auch in Europa wieder das Malaria auslösende Plasmodium übertragen. Ganz unbekannt ist diese Krankheit in

Europa nicht. In der Antike, als noch wärmere Temperaturen herrschten, fürchtete man im alten Rom diese auch Sumpf- oder Wechselfieber genannte Erkrankung.

Aber nicht nur übertragbare Krankheiten, sondern Gesundheitsrisiken, die wir uns selbst aufbürden, üben einen dramatischen Einfluss auf unsere Lebenserwartung aus. Dauerhaft übermäßiger Alkoholkonsum verursacht Leberzirrhose, Sonnenbaden führt zu Hautkrebs und beschleunigt die Hautalterung. Eine weite Spannbreite giftiger Substanzen löst, häufig durch Beschädigungen der Erbsubstanz, gefährliche Krankheiten aus. Abgasausstöße in Großstädten begünstigen Atemwegserkrankungen wie Asthma.

Die dramatischen Auswirkungen der Luft- und Wasserverschmutzung werden z. B. im industriell expandierenden China derzeit immer offensichtlicher. So wird schon von »Krebsdörfern« berichtet, deren Einwohner Opfer einer rücksichtslosen industriellen Schadstoffemission werden. Ein kurzer Besuch in Peking reicht aus, um das Ausmaß der beißenden Luftverschmutzung zu spüren und sich die gesundheitlichen Folgen auszumalen, wenn dichter Smog die Weiten des Tian'anmen-Platzes nur erahnen lässt und die Verbotene Stadt wie durch einen Schleier sichtbar ist.

Bei den selbst zugefügten Gesundheitsschäden steht das Rauchen an erster Stelle. Sowohl aktive als auch passive Raucher atmen Substanzen ein, die dem Erbgut Beschädigungen zufügen. Durch das Rauchen steigt nicht nur das Risiko, an Lungenkrebs zu erkranken, sondern es macht auch für andere Krebsarten anfälliger. Außerdem beschleunigen die erbgutschädigenden Substanzen im Zigarettenrauch die Alterung vieler Gewebe. Man sollte sich von der gern zitierten Geschichte des »neunzigjährigen kettenrauchenden Großvaters« nicht beirren lassen: Die genetische

Konstitution, die den Körper auf die schädlichen Substanzen reagieren lässt, ist sehr unterschiedlich und bisher nicht voraussagbar. Rauchen ist zweifellos eine Suchtkrankheit, die gefährliche Auswirkungen auf das Krebsrisiko und das Altern hat.

Ernährung und Altern

Weniger ist mehr – im Folgenden noch etwas über die Gefahren des Überflusses und die Vorzüge des Mangels. Warum unsere Gesellschaft hohes Alter zugleich ermöglicht und verhindert.

Kann eine gesunde Ernährung oder etwa eine bestimmte Diät das Leben verlängern? Generell herrscht die Meinung vor, dass »gesundes« Essen sowie eine gute körperliche Konstitution vor Krankheiten schützen und für ein langes Leben sorgen. So werden Vitaminpräparate mit Gesundheitsversprechen angepriesen. Aber gibt es für diese Verheißungen eine wissenschaftliche Evidenz? Weiß man denn eigentlich genau, was gesund ist? Und ist für jeden Menschen das Gleiche gesund?

In Wahrheit ist die Frage nach der richtigen Ernährung viel komplizierter. Wir haben bereits die kalorische Restriktion kennengelernt. Das erste Mal wurde es in den Dreißigerjahren bei Ratten beobachtet, und heute gibt es kaum eine Spezies, bei der limitierter Kaloriengehalt der Nahrung keine positiven Effekte zeitigt. Ob Bäckerhefen, Fadenwürmer, Fruchtfliegen, Mäuse oder Ratten, sie alle leben länger, wenn ihre Nahrungsaufnahme, teilweise sogar dramatisch reduziert wird.

Interessant ist die Verbindung zwischen den Langlebigkeitsgenen und der Physiologie des Hungerns. Das langlebige Dauerstadium des Fadenwurms wird als Hungerlarvenstadium gebildet. Dabei kontrollieren die gleichen Gene die Hungerperiode, die auch die Langlebigkeit des erwachsenen Tieres festlegen. Das Dauerstadium erlaubt der Fadenwurmlarve, die Hungerperiode für lange Zeit zu überdauern, bis Nahrung wieder erhältlich ist. Der Nahrungsentzug führt auch bei erwachsenen Würmern zur Lebensverlängerung.

Bei Mäusen und Ratten genügt die Reduzierung des Proteinanteils (also der Eiweiße) in der Nahrung, um die Lebensdauer zu verlängern. Aber schon bei Mäusen ist der Automatismus, nach dem geringere Kalorien ein längeres Leben bewirken, nicht mehr klar zu erkennen. So reagieren verschiedene Mausstämme höchst unterschiedlich auf die kalorische Restriktion.

Noch komplizierter ist die Lage bei Primaten. Die Studien bei Rhesusaffen sind über Zeiträume von dreißig Jahren angelegt und mit erheblichem Aufwand verbunden. Es werden derzeit zwei solcher Studien in den USA, eine in Wisconsin, die zweite in Maryland, durchgeführt. Während die Wisconsin-Studie zu dem Schluss gelangte, kalorische Restriktion könne alternsbedingten Erkrankungen vorbeugen und die gesunde Lebensspanne verlängern [66], fand die Studie am National Institute on Aging kaum Anzeichen für positive Effekte der kalorischen Restriktion [67]. Die Autoren machen dafür die unterschiedliche Zusammensetzung der Nahrung in den beiden Studien verantwortlich. Dies allein zeigt, dass eine Übertragung auf den Menschen nicht einfach sein wird. Zudem wird davor gewarnt, dass kalorische Restriktion die Immunabwehr schwächen könnte.

Man sollte sich bei der Betrachtung der kalorischen Restriktion drei Aspekte vergegenwärtigen, bevor man beginnt, an sich selbst zu experimentieren, wie dies bereits einige Gruppen vor allem in den USA mit strikter Nahrungskontrolle betreiben. Zunächst ist die Nahrung, die wir aufnehmen, sehr komplex zusammengesetzt. Wir nehmen unsere Nahrung nicht direkt auf, sondern lassen sie durch unsere Mikrobiota im Darm prozessieren. Im Darm des Menschen leben etwa 100 Billionen Bakterien – das sind zehnmal mehr Zellen, als der menschliche Körper besitzt. Diese Bakterien halten das Immunsystem auf Trab, das zwischen den guten und den schädlichen Bakterien unterscheiden muss. Nun korreliert bei älteren Menschen eine vielfältige Mikrobiota mit besserer Gesundheit. Bis zu eintausend verschiedene Bakterienarten können den menschlichen Darm bewohnen. Eine diverse Mikrobiota benötigt eine vielseitige Ernährung. Die Komplexität der intestinalen Mikrobiota, der Darmflora, ist bisher nur in Ansätzen verstanden. Die spielt aber eine wichtige Rolle, wenn wir unsere Gesundheit über die Nahrung beeinflussen wollen.

Der zweite Aspekt ist die Angepasstheit jeder Spezies an die Nahrungsquellen, die seit Jahrmillionen genutzt werden. Der Mensch hat seinen Speiseplan stark ausgeweitet. Bis zur Einführung des Ackerbaus im mesopotamischen Zweistromland, dem heutigen Irak und dem Nordosten des heutigen Syrien, vor über zehntausend Jahren, war der Mensch auf das Sammeln von Beeren und das Jagen von Wild angewiesen. Der Ackerbau bekam dem Menschen gesundheitlich offenbar nicht ganz so gut. Aus Skelettfunden schließt man, dass etwa die Körpergröße infolge der Umstellung der Nahrungsgewohnheiten abgenommen hat. Heute erleben wir einen paradoxen Trend zu einseitiger Ernährung. Dieser Trend wird gesteuert von einer Industrie, die auf der Wirtschaftlichkeit von Monokulturen aufbaut. Ein hoher Fettgehalt und viel Salz sollen zudem die Geschmacksnerven reizen. Der Geschmack industrieller Nahrung wird durch Zusätze wie Glutamat verstärkt. Unsere Geschmacksnerven passen sich dem mit der Zeit an. Wir mögen die Nahrung, die wir gewohnt sind. Eine Umstellung der Nahrung zu ausgewogener und gesunder Kost fällt nicht leicht.

Zum Dritten werden die Versuchsstudien im Schutze von Labors durchgeführt. Mäuse aus experimenteller Zucht leben in einer reinen Umwelt. Ihr Leben ist durch keinerlei Infektionen bedroht. Ob ihr Immunsystem den Anforderungen natürlicher Bedingungen gewachsen wäre, lässt sich nur schwerlich vorhersagen. Schwächt die kalorische Restriktion etwa das Immunsystem, hätte das im Labor kaum eine Auswirkung, in der freien Wildbahn könnte das aber tödlich sein.

So ist jede Tierart wie auch der Mensch an eine besondere, natürliche Nahrungszusammensetzung angepasst. Diese sieht bei Nagern ganz anders aus als bei Affen oder gar Menschen. Es bleibt also Vorsicht geboten, solch komplexe Vorgänge wie die Auswirkungen von Nahrung auf den Stoffwechsel einfach von wenigen Tierarten auf den Menschen zu übertragen. Klar aber ist, dass die fortschreitende Verfettung unserer Bevölkerung mit so vielen Übergewichtigen wie noch nie zuvor in der Geschichte der Menschheit erhebliche Gesundheitsrisiken mit sich bringt. Eine Reduzierung der Nahrungsaufnahme wird also gerade bei Übergewichtigen selbstverständlich gesundheitsfördernd sein.

Es ist schon eine Ironie des Schicksals, dass der moderne Mensch mit dem reichhaltigen Nahrungsangebot der heutigen Zeit so schlecht umgeht. Noch bis in das 19. Jahrhundert plagten die Europäer Hungerkatastrophen. Fleisch war für viele Menschen ein seltener Luxus. Die moderne Landwirtschaft ist in der Lage, Nahrung in großem Überfluss zu produzieren. Der Überfluss mag nicht gleichbedeutend mit Qualität sein. Aber es steht jedem Menschen in Europa und Amerika ein ausreichendes und vielfältiges Nahrungsangebot offen. Gerade in Deutschland sind die Lebensmittelpreise sehr gering. Man versuche einmal, sich in einem amerikanischen Supermarkt einen gesunden Einkaufskorb zusammenzustellen. Wenn das gelingt, dann nur zu Preisen, die im Vergleich zu billigen Fertigwaren horrend sind. Auch in unseren Breiten erfordert die gesunde Ernährungsweise Mühe. Teilweise sind die Restaurantpreise – man gehe mal in Studentenviertel deutscher Universitätsstädte – so niedrig, dass die Versuchung groß ist einzukehren, statt selbst einzukaufen und Frisches zu kochen. Gesunde Ernährung erfordert ein gewisses Engagement sowohl bei der Zutatenauswahl als auch bei der Zubereitung.

Aber es ist nicht die Nahrung allein, auf die es ankommt. Während unsere Vorfahren noch täglich lange Strecken zurücklegen mussten, um etwas zu essen zu finden, oder es großer körperlicher Anstrengung bedurfte, Wild zu erlegen, verbringen wir häufig den größten Teil des Tages im Sitzen. Der *Homo sapiens* hat 199.900 Jahre seiner 200.000-jährigen Geschichte einen körperlich aktiven Lebensstil geführt. Der Drang zur physischen Inaktivität, der uns in unsere Fernsehsessel und bequemen Autositze sinken lässt, ist wohl den notwendigen Ruhephasen des aufgeregten Lebenswandels unserer Vorfahren geschuldet. Physische Aktivität wird viel gepredigt, aber nur wenige Menschen schaffen es, einen konsequent ausgewogenen Lebensstil zu führen.

Wir müssen uns bewusst sein, dass physische Aktivität Überwindung kostet. Unsere Bedürfnisse, ob es das Verlangen nach Essen oder Trinken, Ruhe oder Bewegung, Rastlosigkeit oder Faulheit, Sex oder Alkohol ist, werden allesamt von unserem Gehirn gesteuert. Auch wenn wir noch so überzeugt davon sind, dass unser Verhalten unserem freien Willen entspringt, zeigt die Gehirnforschung, wie abhängig wir sind von der Aktivität unserer Nervenzellen. Obwohl wir noch wenig verstehen, was menschliches Bewusstsein ist und wie Willensentscheidungen im Gehirn zustandekommen, so erkennen wir schon jetzt, dass unsere tiefsten Instinkte noch immer unser Verhalten bestimmen können. Das Umsetzen von Vernunftentscheidungen nach genauem Abwägen von Vor- und Nachteilen fällt uns schwer, es liegt eben nicht in unserer Natur.

Oft tun sich Menschen leichter damit, Autoritäten zu folgen, denn das liegt den Instinkten des Menschen näher. Dies ist bei sozialen Tieren eine höchst erfolgreiche Überlebensstrategie. Natürlich kann sie geradewegs ins Verderben führen. Wie Lemminge, die in die Schluchten stürzen, folgen auch Menschen immer wieder einem Anführer in den massenhaften Tod. Aber die soziale Ordnung von Führung und Gefolgschaft war in der Menschheitsgeschichte auch immer wieder von großen Erfolgen gekrönt. Es war gerade die soziale Organisationskraft, die entstand, als Ackerbau und Viehzucht anstelle von Sammeln und Jagen traten, die trotz verschlechterter Nahrung der Zivilisation ihren Weg bahnte. Arbeit konnte effizient verteilt werden, und Angriffe auf rivalisierende Gruppen ließen sich sehr viel besser organisieren als zuvor.

Der wissenschaftliche Fortschritt hat inzwischen zwar eine epochale Vergrößerung des Wissens über uns selbst und die Folgen unseres Handelns bewirkt. Dennoch sind wir *auch* Tiere geblieben. Entscheidungen der Vernunft fallen uns schwer. Wir wissen um den Klimawandel, streiten aber darum, wer ihn verursacht hat. Als wenn eine Flutwelle herannaht und wir darüber nachsinnen, wer diese wohl verursacht haben mag, anstelle einen Damm zu bauen.

Gleiches gilt für unser Verhalten uns selbst gegenüber. Das lässt sich besonders gut an unseren Essgewohnheiten und unserem Bewegungsmangel ablesen. Auch dem modernen Menschen fällt es äußerst schwer, seine Gewohnheiten zu ändern. Er vertraut daher auf bequeme Wege, sich gesünder zu ernähren. Was läge also näher, als der industriellen Nahrung gesunde Zusatzstoffe zuzufügen? Die Industrie spricht dabei immer wieder bestimmten Nahrungszusätzen eine Anti-Aging-Qualität zu. Vor allem Antioxidantien werden gepriesen, also Stoffe, die – bildlich gesprochen – unsere Moleküle vor dem Verrosten schützen sollen. Antioxidantien werden in vielen Nahrungsmitteln seit Jahrzehnten eingesetzt, um sie haltbar zu machen. Antioxidantien bewahren zum Beispiel die Butter davor, an den Rändern gelb zu werden. So wirkt sie länger frisch.

Die Wirksamkeit von Antioxidantien fügt sich ganz wunderbar in Harmans Theorie ein, dass reaktiver Sauerstoff die Zerstörung von Zellen verursache. Allerdings ist die wissenschaftliche Evidenz für die Rolle oxidativer Schäden in der Alterung alles andere als eindeutig, wie wir bereits gesehen haben – aber es sollte sogar noch besser kommen. Als der Stoffwechselforscher Michael Ristow die extrem langlebigen Fadenwürmer, die eine *daf-2*-Mutation in sich trugen, mit einem Antioxidanten fütterte, verflüchtigte sich plötzlich der Methusalem-Effekt. Die *daf-2*-Mutanten produzieren als junge Erwachsene sogar einen Stoß reaktiven Sauerstoffs und diese vorübergehende Entstehung reaktiven Sauerstoffs ist unbedingt notwendig, damit die *daf-2*-Würmer ein langes Leben erreichen können. Ristows Experimente zeigten, dass reaktiver Sauerstoff, bis dahin bekannt für sein schädliches Wirken auf alles, was ihm in die Quere kommt, eben auch einen positiven Effekt auf die Lebensspanne haben kann.

Bereits in der Achtzigerjahren des 19. Jahrhunderts postulierten Hugo Schulz und Rudolf Arendt, basierend auf ihren Experimenten mit Hefen die Arndt-Schulz-Regel, die besagte, dass kleine Mengen von Giften positive Folgen haben können, während das gleiche Gift in hohen Mengen zum Tod führt [105]. Dieses Phänomen nennt man *Hormese* – sie hat in der Alternsforschung der vergangenen zwei Jahrzehnte eine Renaissance erfahren.

Wenn Gift uns Gutes tut: die Hormese

»Was mich nicht umbringt, macht mich stärker.« Wie wir Nietzsches Weisheit auf unseren Körper und seinen Alterungsprozess anwenden können!

Die *Hormese* (von griechisch »schnelle Bewegung«) lässt sich in Nietzsches viel zitiertem Ausspruch »Was mich nicht umbringt, macht mich stärker« *(Götzen-Dämmerung, Sprüche und Pfeile)* zusammenfassen. Der Begriff Hormese wurde in den Vierzigerjahren des 20. Jahrhunderts von Chester Southam und John Ehrlich geprägt, als sie feststellten, dass geringe Mengen eines Giftstoffes aus einem Wurmextrakt das Wachstum von Pilzen stimulierten, während die gleiche Substanz in höheren Mengen das Wachstum bremste [106].

Schon bald nach dieser Entdeckung geriet die Hormese aber in den langen Schatten der Homöopathie, die auf so extremen Verdünnungen von Substanzen basiert, dass sie kaum mehr vorhanden sind. Zusätzlich leidet die Hormese an den Limitationen der klinischen Anwendung. So lässt sich die richtige Konzentration für die Anwendung beim Menschen nur schwer abschätzen.

Die Wirkmechanismen der Hormese waren lange unbekannt, bis die Alternsforschung der letzten Jahre ihnen eine feste Grundlage verschaffte. Edward Caprese durchkämmt seit etwa zwanzig

Jahren akribisch die wissenschaftliche Literatur nach hormetischen Effekten und schreibt fast allen Giftstoffen bei ausreichend geringer Konzentration eine positive Wirkung zu [107]. Fadenwürmer, die einem vorübergehenden Hitzeschock ausgesetzt sind, leben ebenso länger wie solche, die Hungerperioden durchlebt haben. Der Hitzestress wie das Hungern lösen ein Signal in den Nervenzellen aus, die daraufhin den gesamten Körper des Tieres in einen widerstandsfähigen Zustand versetzen. Dabei kommt es zur Produktion von Chaperonen, die den Proteinen bei ihrer Entfaltung helfen, und zur Aktivierung der Autophagie, mit der Teile der Zelle aufgefressen und in notwendigere Proteine recycelt werden können. Infolgedessen falten sich Proteine besser und widerstehen der Verklumpung; Ressourcen der Zellen können besser genutzt werden.

Die *Stressresistenz*, also die Widerstandskraft gegenüber schädlichen Einflüssen, ist eine universelle Eigenschaft von Mutanten, deren Lebensdauer verlängert ist. Das gilt für die extrem stressresistenten *daf-2*-Mutanten wie für die Fadenwürmer, deren Keimbahn zerstört wurde. Langlebige Mäuse, die verminderte Mengen des zum DAF-2-Rezeptor äquivalenten IGF-1-Rezeptors herstellen, zeigen ebenfalls eine erhöhte Widerstandskraft gegenüber oxidativen Beschädigungen.

Kann Stress die Widerstandfähigkeit und Langlebigkeit von Geweben erhöhen? Jay Mitchell und Ron de Bruin nutzten am Erasmus Medical Center im niederländischen Rotterdam Mäuse als experimentelles System für chirurgische Eingriffe.

Während der Transplantation von Nieren muss die Blutzufuhr abgeklemmt werden. Dabei kommt es zu Sauerstoffmangel. Wird die Blutzufuhr wieder geöffnet, dann kommt es bei dieser *Reperfusion* – der Wiederdurchströmung des Organs nach vorübergehender Unterbrechung der Blutzufuhr – kurzfristig zu einem starken

Anstieg von Sauerstoff und infolgedessen zu oxidativen Beschädigungen. Die Reperfusion verursacht so im Patienten wie im experimentellen Maussystem Gewebeschäden.

Erstaunlicherweise beobachteten Mitchell und de Bruin, dass Mäuse, die am Cockayne-Syndrom leiden, die Reperfusion sehr viel besser überleben [108]. Wir erinnern uns, das Cockayne-Syndrom wird verursacht durch Fehlfunktionen in der DNA-Reparatur und führt zu Wachstumsstörungen und vorzeitiger Alterung. Diese Mäuse zeigen aber auch reduzierte Mengen des Insulin-ähnlichen Botenstoffs IGF-1, ganz so wie die langlebigen Zwergmäuse. Der Organismus antwortet also offenbar auf die DNA-Schäden mit der Aktivierung seines Langlebigkeitsprogramms und der damit verbundenen Stressresistenz.

Es lag dann auf der Hand, zu testen, ob kalorische Restriktion die Mäuse auch unempfindlich gegenüber den oxidativen Schäden nach dem Wiederdurchbluten machen würde. Bereits nach einigen Tagen reduzierter Nahrungsaufnahme, unmittelbar vor dem chirurgischen Eingriff, überlebten Mitchells und de Bruins hungernde Mäuse die Reperfusion sehr viel besser.

Derzeit werden klinische Studien unternommen, um zu testen, ob sich Patienten rascher von einer Nierentransplantation erholen, wenn zuvor ihre Kalorienaufnahme begrenzt wurde. Bei Erfolg wäre dies ein sehr einfaches vorbeugendes Verfahren mit einer breiten Anwendung im klinischen Alltag. Darüber hinaus wird akribisch nach therapeutischen Substanzen gesucht, die den gleichen schützenden Effekt wie die kalorische Restriktion ausüben könnten. Hormese ist ganz offenbar in der Natur weitverbreitet. Sei es in einzelligen Bäckerhefen, einfachsten Vielzellern wie Fadenwürmern, Insekten wie Taufliegen oder Mäusen, hormetischer Stress hat positive Auswirkungen auf die Widerstandsfähigkeit der Zellen und die Langlebigkeit des Organismus. Kann geringfügiger Stress auch beim Menschen die Gesundheit fördern? Wann immer wir Sport treiben, tun wir ja nichts anderes, als unseren Körper zu »stressen«.

Um zu testen, ob Hormese eine Rolle in den gesundheitsfördernden Auswirkungen körperlichen Trainings spielt, untersuchte Michael Ristow, wie sich sportliche Aktivität auf zwei unterschiedliche Gruppen von Probanden auswirkte: eine Gruppe von gut trainierten Sportstudenten und eine eher unsportliche Gruppe, bei der Sport ganz besonders zur Verbesserung der Gesundheit führen sollte [109]. Letztere rekrutierte sich aus Medizinstudenten.

Wenn Muskeln aktiv sind, atmen ihre Kraftwerke, die Mitochondrien. Die Zahl der Mitochondrien in den Muskelzellen steigt bei regelmäßigem Training kontinuierlich an. Die mitochondriale Aktivität führt aber auch zur Freisetzung reaktiven Sauerstoffs. Als Ristow den Sport- und Medizinstudenten eine Kombination aus den Antioxidantien Vitamin C und Vitamin E während ihrer Trainingseinheiten gab, blieben die positiven Auswirkungen des Trainings aber aus.

Als unmittelbarer Erfolg des sportlichen Trainings gilt hierbei eine erhöhte Insulinsensitivität. Insulin wird von den Inselzellen der Bauchspeicheldrüse ausgeschüttet, um in Geweben wie etwa Muskeln, Leber und Fettgeweben den Insulinrezeptor zu aktivieren. Dieser sitzt an der Oberfläche der Zellen in den verschiedenen Körpergeweben, also auch auf den Muskel-, Leber- und Fettzellen, und sendet an diese Zellen ein Signal, sobald der Botenstoff Insulin an ihn andockt. Der Insulinrezeptor stimuliert dann die Aufnahme des Zuckers aus dem Blut und versorgt so die Zellen mit Energie.

Je empfindlicher der Körper auf Insulin reagiert, desto besser wird der Zucker aus dem Blut aufgenommen und die Zellen mit dem »Brennstoff« Zucker versorgt. Mit zunehmendem Alter nimmt die Insulinempfindlichkeit ab. Vor allem übergewichtige Menschen tragen ein hohes Risiko, insulinresistent zu werden, und leiden dann an Typ-2-*Diabetes mellitus*. Dann wird der Insulinrezeptor nicht mehr effektiv aktiviert und infolgedessen kann auch der Zucker nicht mehr aus dem Blut in die Zellen aufgenommen werden. Sportliche Betätigung wirkt nicht nur dem Übergewicht entgegen, sondern vermindert zudem das Diabetesrisiko. Während des Trainings zeigten die Probanden, die keine Antioxidantien bekamen, eine erhöhte Insulinempfindlichkeit, was darauf hindeutet, dass durch die sportliche Aktivität ihr Risiko, Diabetes zu entwickeln, in der Tat gesenkt wurde. Bei den Probanden, denen die Vitamine C und E verabreicht wurden, blieb die erhöhte Insulinempfindlichkeit hingegen aus. Offenbar ist die Produktion reaktiven Sauerstoffs notwendig, damit der Stress die positiven Effekte der Hormese hervorrufen kann.

Was wir aus den einfachen Modellen gelernt haben, gilt also auch für den Menschen: Ein geringes Maß an Stress hat positive Auswirkungen auf die Gesundheit. Das Anwerfen der Hormese kann die Widerstandsfähigkeit des Körpers verbessern.

Das Beispiel der Vitaminbehandlung lehrt uns eine weitere wichtige Lektion: Vitamine sind unbestreitbar wichtige Teile unserer Ernährung, auf die in gar keinem Fall verzichtet werden sollte. Die Annahme, dass Vitamine uneingeschränkt positive Wirkungen haben, ist aber irreführend. Selbst viel beworbene Vitamine wie Vitamin C können eben auch negative Folgen haben. Nahrungszusatzmittel wie Vitaminpräparate sollten nicht kritiklos eingenommen werden. Auch wenn eine ganze Industrie Vitaminprodukte bewirbt und diese frei verkäuflich sind, bedeutet dies noch lange nicht, dass sie gesund sind.

Es bedarf kontrollierter wissenschaftlicher Studien, um die Auswirkungen von Nahrungszusätzen zu untersuchen. Antioxidantien werden heftig beworben, doch gerade ihre langfristigen Auswirkungen auf unseren Körper sind noch viel zu wenig verstanden. Die Theorie des reaktiven Sauerstoffs, der Moleküle in der Zelle beschädigt, ist zwar leicht verständlich und erklärt in einfacher Form Ursachen von Alterung – aber das bedeutet eben noch lange nicht, dass sie auch wahr ist.

Oberflächliche Therapien gegen oberflächliche Alterung: die Anti-Aging-Kosmetik

Nicht nur Gift kann Gutes tun – Gutes kann auch vergiften! Was Seife, Sonne, Kosmetik und die Jugendindustrie mit Silvio Berlusconi, Nicolas Cage und Jürgen Klopp gemeinsam haben.

Das Label Anti-Aging ziert heute reihenweise Kosmetika. Ob »Q10«, »DNAge«, »DNA protect«, alle versprechen die Verjüngung unseres Erscheinungsbildes, denn wir spüren unser Alter ja vor allem an Äußerlichkeiten.

Das Alter unseres Herzens wird uns meist erst nach einem Infarkt bewusst, das unserer Leber erst, wenn deren Werte uns schockieren, das unseres Gehirns, wenn Bekannte und Verwandte erstaunt auf erste Anzeichen von Vergesslichkeit reagieren, und das unserer Knochen, wenn schon ein kleiner Sturz zu schweren Brüchen führt. Aber Männer wissen, wann ihr Haar schütter wird, Frauen, wann die ersten grauen Strähnen nach der perfekten Tönung rufen. Falten durchziehen zunehmend unsere Gesichtszüge, *Lentigines seniles*, die Altersflecken aus Lipofuszin, ein Pigment, das sich schon in alternden Fadenwürmern ansammelt, bedecken die Haut.

Jugendliches Aussehen ist ein besonderer Wert. Unsere tiefsten Instinkte reagieren auf das äußere Erscheinungsbild eines Artgenossen. Wir suchen unsere Partner zu einem gewichtigen Teil nach ihrem Aussehen aus. Denn der optische Eindruck ist die am leichtesten zu gewinnende Information über unser Gegenüber. Nicht nur die Werbebranche macht sich unsere visuellen Instinkte schamlos zunutze. Wir sind manipulierbar durch die Reize der äußeren Jugendlichkeit. Also versuchen wir so lange wie möglich den Eindruck der Jugendlichkeit aufrechtzuerhalten.

Hautcremes sind dabei noch das harmloseste Mittel. Sie sind ja keine Medikamente. Würden sie mit Molekülen innerhalb der Zellen wechselwirken und dadurch Wirkungen entfalten, müssten sie als Medikamente getestet und zugelassen werden. Primär wirken Hautcremes dadurch, dass sie die Haut fetten und sie vor dem Austrockenen schützen. Damit erfüllen Hautcremes eine sehr wichtige Funktion. Unsere Haut ist nicht darauf ausgerichtet, täglich mit Seife gewaschen zu werden. Seife ist zwar eine fantastische hygienische Erfindung, die Keime effizient entfernt. Aber sie trocknet die Haut auch aus, macht sie spröde und durch den Feuchtigkeitsverlust wiederum anfällig für Keime und Verletzungen. Deshalb ist die Anwendung von Hautcremes zu empfehlen. Wer das Geld in teure Anti-Aging-Hautcremes investieren will, verursacht keinen Schaden, preisgünstigere fettende Hautcremes helfen unserer Haut aber ebenso sehr, den täglichen Waschstress durchzustehen.

Wichtig für die Haut ist ein rigoroser Sonnenschutz. Der ultraviolette Anteil des Sonnenlichtes schädigt die DNA und führt zu Hautkrebs wie zu Hautalterung. Trotz der komplexen DNA-Reparatursysteme des Menschen verbleibt vor allem eine ganz bestimmte und besonders heimtückische Art von DNA-Schäden in unseren Hautzellen. Die UV-induzierten *Cyclobutan-Pyrimidindimere*, kurz CPDs, bleiben oft unerkannt und können zu Mutationen führen, die die Erbinformation verändern. CPDs sind chemische Verbindungen zweier Thyminbasen, die die Struktur der DNA stören. Bis Minderjährigen 2009 endlich der Zugang zu Sonnenstudios gesetzlich verboten wurde, haben sich Teenager in Deutschland gefährlicher UV-Bestrahlung genüsslich ausgesetzt. Unmittelbar von der Bräune beeindruckt, haben sie vollkommen verdrängt, in welche Gefahr für Leib und Leben sie sich langfristig gebracht haben. Denn erst Jahrzehnte später erwächst aus den Auswirkungen der CPDs der Hautkrebs heran. Die Konsequenzen der Sonnenstudiobesuche der Neunzigerjahre sehen wir heute.

Die UV-Reparatursysteme des Menschen haben sich in einer Zeit entwickelt, in der unsere felligen Vorfahren noch sehr viel besser vor UV-Strahlung geschützt waren. Aber es gibt auch Lebewesen, die schon seit Hunderten von Millionen Jahren starker UV-Strahlung ausgesetzt waren. Algen und Pflanzen benötigen das Sonnenlicht, um dessen Energie in der Photosynthese in die Biomassegewinnung umzuwandeln. Auch die uns plazentalen Säugern nah verwandten Beutelsäuger, wie etwa Kängurus, sind als Jungtiere der Sonnenstrahlung ausgesetzt. Diese Organismen müssen CPDs schnell und effizient reparieren. Dazu bedienen sie sich einer ganz einfachen enzymatischen Methode. Die *CPD-Photolyase* ist ein ganz spezialisiertes Protein, das nur dazu geformt ist, CPDs zu erkennen und zu reparieren. Im Gegensatz zu den ansonsten hochkomplexen Reparatursystemen der DNA, ist die CPD-Photolyase ein einziges Enzym. Mäuse, die eine CPD-Photolyase aus Beutelsäugern in sich tragen, sind vor UV-induziertem Hautkrebs erstaunlich gut geschützt [110].

Ein anderes Enzym, welches CPDs besonders gut reparieren kann, ist die T4-Endonuklease 5. Dieses Enzym stammt von T4-Bakteriophagen, also Viren, die Bakterien befallen. Mittlerweile sind auch Sonnenschutz- und Hautcremes erhältlich, die CPD-Photolyase oder T4-Enonuklease 5 in Liposomen tragen. Liposomen sind Fetttröpfchen, die in die Zellen der Haut eindringen können und so die Photolyase zum Ort der DNA-Schäden bringen können. Diese Methode vermag die CPD-Schäden nicht vollkommen zu reparieren, dazu ist das Einbringen von Proteinen mittels Liposomen noch nicht effizient genug, aber es kann zu einer Reduktion der Schäden führen.

Noch wichtiger als die Reparatur ist aber nach wie vor der konsequente Schutz vor UV-Strahlung. Leichtsinniges Sonnenbaden, selbst im sonnenentwöhnten Deutschland, ist unverantwortbar. Auch kostengünstige Sonnenschutzcremes bieten einen gewissen Schutz. Dennoch ist die Vermeidung direkter Sonnenstrahlung auf der Haut unerlässlich. Auch wenn die Wärme der Sonne gerade uns Nordeuropäern so wohltut, sind die UV-Schäden in unserer DNA eine tickende Zeitbombe für unsere Gesundheit.

Die Verjüngung des äußeren Erscheinungsbildes hat mittlerweile eine profitable Industrie hervorgebracht. Jugendlichkeit gilt als so erstrebenswert, dass nicht nur Hollywoodschauspieler ihre Gesichtsmuskeln mit dem Botoxspritzen lähmen lassen. Ob Nicolas Cage, Silvio Berlusconi oder Jürgen Klopp, Haartransplantationen kaschieren das männliche Alter immer perfekter. Der erblich bedingte Haarausfall lässt sich mittlerweile auch medikamentös durch Hemmung der Steroid-5α-Reduktase verzögern. Dadurch wird die Umwandlung des männlichen Sexualhormons Testosteron in Dihydrotestosteron verhindert, woraufhin die Wachstumsaktivität der Haarfollikel erhöht wird. Doch das jugendliche Aussehen täuscht über das wahre Alter der Körpers natürlich nur hinweg. Ob die äußerliche Verjugendlichung einer alternden Gesellschaft gut zu Gesicht steht, darf allerdings bezweifelt werden. Der Drang nach jugendlichem Aussehen negiert geradezu das Altern. Wir sind schon mitten in einer wahren Apartheid gegen das Altern, vor der wir uns selbst bewahren müssen.

VI. Ist Altern therapierbar?

Rasante Fortschritte in der modernen Medizin

Sprechen wir nun über die Unmöglichkeit der Unsterblichkeit, über die Rückkehr der unbezähmbaren Geißel der Menschheit und darüber, dass die unvernünftige menschliche Natur eine Krankheit ist, gegen die man nie ein Mittel finden wird.

Die letzten zwanzig Jahre haben eine Explosion des Wissens um das Altern gebracht. Nie zuvor haben Menschen mehr über sich selbst gewusst. Noch nie konnten Krankheiten in dem Umfang behandelt werden wie heute. Wir haben verschiedene biologische Modellsysteme kennengelernt, deren Lebensspanne in Experimenten verlängert, deren Jugendlichkeit länger bewahrt werden kann. Wie wendet man diese Erkenntnisse zum Wohle der menschlichen Gesundheit an? Im folgenden Kapitel werden neue medizinische Entwicklungen auf dem Therapiesektor vorgestellt. Jetzt geht es nicht um kosmetische Anti-Aging-Produkte, sondern um potenzielle Therapien zur Bekämpfung alternsbedingter Erkrankungen.

Führt man sich den enormen Wissenszuwachs vor Augen, den die moderne Alternsforschung erreicht hat, so fragt man sich unweigerlich, ob es schon bald Medikamente »gegen das Altern« geben wird. Eines sollte in den vorangegangenen Kapiteln mehr als deutlich geworden sein: Altern ist komplex! Verschiedenste Zellarten, Gewebe und Organe müssen in jedem Bruchteil einer

Sekunde funktionieren, und zwar über die gesamte Lebensspanne. Jeder, der mal im Ultraschall das schnelle Öffnen und Schließen der Herzklappen bestaunen konnte, fragt sich unwillkürlich, wie das ein ganzes Leben lang funktionieren mag. Unser genetischer Bauplan ist nicht geeignet, unseren Körper langfristig nach Erreichen der reproduktiven Phase zu erhalten. Kurzum, unser Körper ist nicht auf Ewigkeit ausgelegt. Unsterblichkeit wird nicht erreichbar sein. Aber wir können die Lebensspanne verlängern – und die Lebensqualität.

Das führt uns zu der Art und Weise, wie wir altern. Waren vor hundert Jahren noch Infektionserkrankungen eine Haupttodesursache, so stirbt heutzutage etwa die Hälfte der Menschen in Deutschland an Herz-Kreislauf-Erkrankungen, erliegt also einem Schlaganfall oder einem Herzinfarkt, zweithäufigste Todesursache ist Krebs. Infektionskrankheiten sind seit der Entwicklung von Impfstoffen, zurückgehend auf die Arbeit des englischen Landarztes Edward Jennings, und der Entdeckung des Penicillins durch Alexander Fleming kontinuierlich zurückgegangen. Den Sieg der Menschheit über einige der schlimmsten Infekte kann als die wohl größte Erfolgsgeschichte der Medizin angesehen werden.

Sicherlich ist es noch ein weiter Weg zur gänzlichen Ausrottung vieler dieser Erkrankungen. Sogar Polio, deren völliges Verschwinden man schon mehrere Male angekündigt hatte, flammt immer wieder auf. Dabei wird jedem das Ausmaß unverantwortlichen Verhaltens von Menschen bewusst. Pakistanische Taliban, die Impfhelfer vertreiben, Gerüchte über schlimme Folgen von Impfungen in Nigeria oder radikale Christen in den Niederlanden, die ihren Kindern die moderne Medizin verweigern. Auch wüten weiterhin übertragbare fatale Erkrankungen wie HIV und Tuberkulose. Gerade HIV ist eine fast vollkommen zu verhindernde Krankheit. Aber menschliches Verhalten durchschlagend zu ändern, vermag selbst dieser tödliche Virus nicht. Zumindest ist es gelungen, AIDS durch verbesserte Therapien in eine behandelbare chronische Krankheit zu verwandeln. Die Tuberkulose – zwischenzeitlich schon fast aus unseren Breiten verschwunden – erlebt hingegen derzeit eine Rückkehr.

Besonders bedenklich sind resistente Stämme, die auf Behandlungen nicht mehr ansprechen. Grippeinfektionen durchziehen die Welt mit saisonaler Regelmäßigkeit. Die Spanische Grippe forderte in nur einem Jahr mehr Todesopfer als der damals tobende Erste Weltkrieg. Die Vogelgrippe schwebt wie ein Damoklesschwert über uns, denn niemand kann vorhersagen, wie schwer sie wohl beim nächsten Mal wüten wird. Grippe wird durch Influenzaviren übertragen. Diese können ihre genetische Zusammensetzung schnell verändern und so der Erkennung durch unser Immunsystem ausweichen.

Infektionskrankheiten werden immer wieder gefährliche Angriffe auf die Menschheit unternehmen. Es ist leichtfertig, dass der Infektionsforschung schon seit langer Zeit nicht mehr die Bedeutung zugeordnet wird, die sie verdient. Auch die Ebola-Epidemie führt uns vor Augen, dass wir die Forschung an Impfstoffen nicht vernachlässigen dürfen. In Zeiten, in denen selbst die Malaria in das südliche Europa wieder zurückkehren könnte, überlässt man die entsprechende Forschung lieber amerikanischen Philanthropen wie Bill Gate, anstatt unsere eigenen gesellschaftlichen Verpflichtungen zur Ausrottung von Infektionskrankheiten wahrzunehmen. Es steht außer Zweifel, dass es noch vieler medizinische (und politisch-gesellschaftliche) Anstrengungen erfordert, diese Geißeln der Menschheit zu bändigen. Dennoch ist unbestreitbar, dass der wissenschaftlich-medizinische Fortschritt das Leben fast aller Menschen – ganz deutlich in der westlichen, aber wohl auch in der gesamten Welt – fundamental verbessert und verlängert hat.

Krankheitsvorbeugung und Therapien

Altern ist keine Krankheit und daher schwer zu therapieren, insbesondere da der Mensch ein bequemlichkeits- und nicht vernunftgesteuertes Wesen ist, das gerne mit einem Dieselmotor im Restaurant sitzt. Aber auch weil der Andrang auf die Spitzenplätze der Liste mit den häufigsten Todesursachen noch immer sehr groß ist.

Bei der Vielzahl der Erkrankungen, an denen Menschen im Alter leiden, liegt es nah, die Entwicklung vorbeugender Therapien anzustreben.

    Da unser Körper nicht daran angepasst ist, ein so hohes Alter zu erreichen, wie es für uns mittlerweile zur Normalität geworden ist, lassen die Zellen und Gewebe uns mit zunehmendem Alter im Stich. Auch unser Immunsystem vermag uns selbst vor einfachen Infektionen nur noch mangelhaft zu schützen. Unzureichend funktionierende Gewebe können unsere Körperfunktionen nicht mehr aufrechterhalten, da sie von alternden Stammzellen nicht mehr hinreichend erneuert werden. Wunden heilen schlechter. Eine Krankheit kommt im Alter selten allein. Zu viele Organe werden in Mitleidenschaft gezogen. So sensationell etwa ein totaler Sieg über Krebs wäre, die durchschnittliche Lebenserwartung der Bevölkerung würde nur geringfügig erhöht werden. Denn andere – auch alternsbedingte – Krankheiten lauern schon darauf, auf der Liste der Todesursachen nach oben vorzurücken.

An die Stelle der Krankheitsbehandlungen sollte daher die Vorbeugung treten. Hautkrebs ist dafür ein schlagendes Beispiel: Ihn zu behandeln ist schwierig, die Haut aber mit Kleidung und Sonnenschutzcremes zu bedecken vergleichsweise einfach. Bei anderen Krebsarten ist das schwieriger, und selbst Hautkrebs kann auch ganz unabhängig von Sonnenstrahlung auftreten.

Der Entstehung von Krankheiten vorzubeugen ist natürlich die beste aller Strategien. Impfungen sind deshalb ein solcher Segen, weil es gar nicht erst zur Infektionserkrankung kommt. Schon ein gesunder Lebensstil beugt Krankheiten wie Typ-2-Diabetes vor, und das Risiko, an Lungenkrebs zu erkranken, lässt sich dramatisch senken, wenn man auf das Rauchen verzichtet.

Da das Altern der mit Abstand größte Risikofaktor für Krebs, Demenz und körperlichen Verfall ist, muss eine umfassende, vorbeugende Therapie beim Altern selbst ansetzen. Das Altern lässt sich mittlerweile in einfachen Organismen verzögern. Die Entwicklung effektiver Anti-Aging-Therapien ist aber schon allein deshalb kompliziert, weil das Altern an sich keine Krankheit ist. Wie ein Medikament entwickeln, wenn es keine Krankheit zu behandeln gibt? Wie würde man feststellen, dass eine Behandlung erfolgreich die Entwicklung von Alzheimer verhindert hat? Epidemiologische Studien könnten einen solchen Effekt zeigen, aber sie sind langwierig und benötigen riesige Gruppen von Probanden. Ein Grund, warum die Entwicklung aussagekräftiger Biomarker zur Bestimmung des biologischen Alters so wichtig ist. Anhand solcher Biomarker ließe sich zumindest ein Erfolg einer Anti-Aging-Therapie ablesen.

Eine Intervention, die in vielen Organismen, etwa Mäusen, eindrucksvolle Effekte nicht nur auf die Verlängerung der Lebensspanne, sondern auch in der Prävention altersbedingter Erkrankungen erbracht hat, ist die kalorische Restriktion. Ob sie bei Primaten oder gar bei Menschen der Gesundheit förderlich ist und zur Lebensverlängerung führen kann, bleibt noch abschließend zu untersuchen. In den USA haben sich Anhänger der kalorischen Restriktion in der *Calorie Restriction Society* zusammengefunden. Die Mitglieder behaupten, der positive Effekt der kalorischen Restriktion sei bewiesen. Sie haben recht, was die Lebensverlängerung einfacher Tiere angeht, nicht aber bezüglich des Menschen. Wie bereits diskutiert, sind die Ergebnisse bei Primaten alles andere als eindeutig, und selbst verschiedene Mausstämme reagieren ganz unterschiedlich auf das Absenken der Kalorienzufuhr. Vor radikalen Selbstexperimenten sollte abgeraten werden.

Übergewicht hingegen gilt es selbstverständlich zu bekämpfen. Fettleibigkeit birgt ein enormes Gesundheitsrisiko. Gerade unter Kindern und Jugendlichen, auch in Deutschland, hat sich das Übergewicht sehr stark ausgebreitet. Hier zeichnet sich ein massives Gesundheitsproblem der Zukunft ab. Eine ausgewogene Ernährung ist nicht selbstverständlich. Es bedarf eines gewissen Aufwandes, sich mit seiner eigenen Ernährung auseinanderzusetzen.

Wie vieles im modernen Lebensstil ist auch der Trend, auswärts zu essen, aus den USA zu uns übergeschwappt. Restaurantbesuche und *Take away* sind heute Teil unserer Alltagsernährung. Die Dönerbude gibt es längst nicht mehr nur in Berlin und den Großstädten, sondern an jeder Ecke und fast in jedem Dorf. Pizza und Pasta, mit billigem Käse und fettigen Soßen, sättigen schon für den gleichen Preis. Der Deutschen liebste Currywurst verbindet Zucker, Fleisch und Gewürz. Kombiniert mit fetttriefenden Pommes macht sie für viele eine ganze Mahlzeit aus. Anstelle von Wasser und Säften spülen wir das oft zu salzige Schnellessen mit Cola und anderen übersüßten Kombinationen von Zucker und Säuren herunter. All das bekommt man, ohne suchen zu müssen, in Städten an fast jeder Ecke, es ist billig und schnell und stimuliert das Verlangen, es bei dem nächsten Hungergefühl wieder zu tun.

Es bedarf enormer Anstrengungen, diese modernen Essgewohnheiten tief greifend zu verändern. Da genügen keine kosmetischen Veränderungen wie ein Alibi-Salat im Schnellrestaurant, der dann doch wieder mit einer fettigen Soße serviert wird, weil es so einfach besser schmeckt und das Verlangen nach mehr stimuliert. Sogar in Restaurants, deren Küche reichhaltige Kost serviert, sind die Portionen oft größer als nötig. Selbst zu kochen kostet Zeit und Überwindung. Frische Zutaten einzukaufen ist umständlicher, als zu fertigen Gerichten zu greifen. Dennoch ist eine bewusste Ernährung unumgänglich, wollen wir unseren Körper dauerhaft gesund halten. Angewohnheiten setzen sich leicht durch. Der Drang zur Bequemlichkeit ist nur allzu menschlich. Es kostet Überwindung, Einsichten der Vernunft auch entsprechende Taten folgen zu lassen.

Ein gesunder Ernährungsplan muss auch in den Kantinen konsequent umgesetzt werden, in denen ein großer Teil der Bevölkerung täglich isst. Selbst in der Kantine unserer Uniklinik in Köln ist die Schlange immer am längsten, wenn es Currywurst gibt. Die Schulkantinen spielen bei der Sozialisation der Jüngeren eine ganz besondere Rolle. Zwischen ökonomischen Zwängen eines begrenzten öffentlichen Budgets, den Ansprüchen gesunder Ernährung und der Akzeptanz seitens der Schüler gilt es, innovative Ernährungskonzepte zu entwickeln. Die Verantwortung darf aber nicht auf Behörden allein abgewälzt werden. Die Verantwortung für die eigene Ernährung trägt zunächst jeder selbst. Die Gesellschaft sollte aber ein gemeinsames Interesse daran haben, dass sich die Menschen gesund ernähren.

Der ehemalige New Yorker Bürgermeister Michael Bloomberg versuchte vergebens, eine Beschränkung des Verpackungsinhalts von Erfrischungsgetränken auf einen halben Liter durchzusetzen. In amerikanischen Kinos etwa werden nicht nur Cola und Fanta förmlich in Eimern angeboten, die nur minimal mehr kosten als kleine Mengen (ein halber Liter ist Minimalmenge), sondern man kann sich seinen Cola-Eimer auch noch beliebig oft nachfüllen lassen. Auch in unseren Supermärkten sind die Preise riesiger Colaflaschen kaum höher als die für kleine Mengen. Bei manchen Dingen ist auf die Vernunft der Menschen leider so wenig Verlass, dass es staatlicher Eingriffe bedarf. Ähnlich verhält es sich bei dem hiesigen Rauchverbot. Mitnichten greift ein Rauchverbot in die Privatsphäre ein. Schließlich ist ja auch niemandem erlaubt, seinen Dieselmotor in eine Gaststätte zu bringen und die anderen Gäste zu vergiften. Zu Hause ist jedem Einzelnen sein unvernünftiges Verhalten nach wie vor freigestellt.

Genauso wichtig wie die Ernährung an sich ist der Umgang unseres Körpers mit der Nahrung. Unser Stoffwechsel verändert sich bereits früh in unserem Leben. Schließlich geht es in der Frühphase des Lebens vor allem darum, viel Biomasse aufzunehmen, damit der eigene Körper wachsen kann. Danach muss der Körper erhalten und die Gewebe müssen erneuert werden. Biomasse wird somit unterschiedlich umgesetzt. Das können wir auch an uns selbst beobachten. Während wir als Kinder Speiseeis und Süßigkeiten in rauen Mengen essen konnten, ohne dabei dick zu werden, entwickeln wir als Erwachsene leicht Fettpolster. Männer wahlweise einn »Rettungsring« oder Bierbauch, Frauen trifft es häufig an den Oberschenkeln und Hüften. Der junge Körper geht mit Fett anders um als der erwachsene. Junge Menschen können Fett effizient umsetzen, während schon in mittlerem Alter das Fett ansetzt.

Der Unterschied zwischen dem Verbrennen von Fett und der Einlagerung liegt an der unterschiedlichen Komposition des

Fettgewebes. Der jugendliche Körper verfügt über ausreichend braune Fettzellen, die darauf spezialisiert sind, Fettsäuren in die Gewinnung von Wärme umzusetzen. Für lange Zeit ging man davon aus, der erwachsene Körper verfüge über gar kein braunes Fettgewebe mehr. In der Tat nimmt das braune Fettgewebe mit zunehmendem Alter kontinuierlich ab. Im erwachsenen Körper überwiegen die weißen Fettzellen, deren Aufgabe vor allem die Einlagerung von Fett ist. Das Eingreifen in die Steuerung der Ausbildung brauner und weißer Fettzellen könnte es ermöglichen, unsere Körper vor der Verfettung zu schützen.

Ernährung ist aber nur ein Teil eines gesunden Lebensstils. Die körperliche Aktivität ist vielleicht sogar noch entscheidender. Der größte Teil unserer zweihunderttausendjährigen Geschichte als *Homo sapiens* war von täglichen körperlichen Anstrengungen geprägt. Auch bis zu unserer Wandlung zum »einsichtigen Menschen« waren das ausdauernde Laufen, das Erklettern von Bäumen und die körperliche Auseinandersetzung mit Gegnern der eigenen und anderer Spezies hauptsächliche Beschäftigungen.

Das achtstündige Sitzen ist eine moderne Verhaltensweise, auf die unser Körper überhaupt nicht ausgelegt ist. Deshalb ist es heute notwendig, körperlich aktiv zu sein. Zu Fuß zu gehen ist die einfachste und natürlichste Art, den Körper in Bewegung zu halten. Oft ist es uns aber zu zeitraubend. Regelmäßige sportliche Aktivität kann das Risiko von Herz-Kreislauf-Erkrankungen deutlich vermindern.

Noch immer sind Schlaganfälle und Infarkte Haupttodesursachen. Jeder Einzelne von uns braucht eine klare Präventionsstrategie, die vor allem aus regelmäßigem Sport bestehen muss. Man darf sich nicht der eigenen Faulheit hingeben. Denn ein Schlaganfall kann dramatische Folgen haben. Das Leben, wie wir es bis dahin kannten, wird dadurch meist völlig umgekrempelt. In schlimmen Fällen werden Teile des Gehirns in Mitleidenschaft gezogen, Lähmungen fesseln womöglich den Betroffenen an Bett und Rollstuhl.

Die ersten Minuten, bis bei einem Herzinfarkt ärztliche Hilfe geleistet wird, sind entscheidend. Herzmassagen und Wiederbeatmung können lebensrettend sein und von jedem Menschen geleistet werden. Wir sollten alle auf die richtige Hilfestellung vorbereitet sein, um einem Opfer schnell und effizient beistehen zu können.

Für uns selbst ist es unabdingbar, durch einen gesunden, körperlich aktiven Lebensstil das Risiko von Herz-Kreislauf-Erkrankungen zu senken. Darüber hinaus können oft schon frühzeitig Risiken erkannt und wenn nötig cholesterinsenkende Medikamente eingesetzt werden.

Krebstherapie: von einem Todesurteil zu einer chronischen Krankheit

Erfahren Sie nun, weshalb ein Luftangriff auf einen italienischen Hafen bis heute Tausende von Leben rettet. Verfolgen Sie außerdem die Suche nach der genetischen Achillesferse von Krebszellen und finden Sie heraus, wie und warum in unserem Körper Eindringlinge anhand ihrer Ausweise erkannt und vertrieben werden.

Das Risiko, an Krebs zu erkranken, steigt mit zunehmendem Alter dramatisch an. Krebs ist eine hochkomplexe Krankheit und schlimmer noch. Es ist eine Krankheit unserer eigenen Zellen. Der Körper hat effiziente Abwehrmechanismen gegen die Entstehung von Krebszellen, aber auch hier gilt, dass unser Körper eine Abwehr entwickelt hat, die in jungen Jahren sehr gut funktioniert, jedoch eben nicht im Alter.

Obwohl der »Krieg gegen Krebs«, wie ihn US-Präsident Richard Nixon in den Siebzigerjahren ausrief, noch lange nicht gewonnen ist, gibt es große Fortschritte in der Bekämpfung dieser Krankheit. Vor allem die Erkenntnis, dass DNA-Schäden Krebs verursachen können, haben vorbeugende Maßnahmen zur Vermeidung von Krebs ermöglicht.

So lassen sich die meisten Formen von Hautkrebs durch konsequenten UV-Schutz verhindern. Es ist mehr ein psychologisches Problem sonnenentwöhnter Nordeuropäer, dass sie ihren Urlaub mit unverantwortlichem Sonnenbaden verbringen möchten.

Das Gleiche gilt für das ungeheure Krebsrisiko durch Zigarettenrauch. Hier ist die verursachende Rolle der giftigen Stoffe im Tabak nicht nur für Lungenkrebs, sondern auch für eine Vielzahl von anderen Krebsarten und Erkrankungen unwiderlegbar bewiesen. Mit der Vermeidung des Rauchens lassen sich tödliche Krankheiten verhindern. Trotzdem raucht fast ein Drittel der Erwachsenen in Deutschland und setzt sich damit einem unfassbaren Gesundheitsrisiko aus. Der Ruf nach verbesserter medizinischer Versorgung unter Inkaufnahme eines solch hohen persönlichen Risikos ist schwer verständlich.

Denn wirklich jedem ist mittlerweile bekannt, wie abträglich das Rauchen für die Gesundheit ist. Aber dennoch reden sich die Betroffenen ihren schädlichen Nikotinkonsum schön, wollen nicht erkennen, dass sie sich selbst betrügen. Schließlich ist Rauchen eine Suchtkrankheit. Zigaretten sind kein Genuss-, sondern ein Suchtmittel. Nur spielt das nikotinsüchtige Gehirn dem Bewusstsein vor, es sei eine freie Entscheidung, sich eine Zigarette anzustecken. Dabei ist das Bewusstsein manipuliert von der

Sucht der Nikotinrezeptoren nach mehr Liganden. Gerade deshalb bedarf es auch einer gesellschaftlichen Unterstützung. Rauchen ist keine freie Willensentscheidung, mit dem Rauchen aufzuhören, bedeutet einen Entzugsprozess. Noch wichtiger ist es, konsequent den Einstieg in das Rauchen zu verhindern. Die meisten Menschen entwickeln ihre Nikotinabhängigkeit als Teenager. Trotz aller Bekundungen der Tabakindustrie zielen sowohl ihre Werbung als auch ihr Produkt auf dieses Publikum. Dem Tabak werden Stoffe zugesetzt, die den Hustenreiz unterdrücken oder die Geschmacksnerven der Jugendlichen treffen. Es wird ein Image verkauft, das Jugendliche anspricht. Teil der Gruppe zu sein bedeutet oft, Raucher zu sein.

Hier ist gesellschaftliches Handeln notwendig. Rauchverbote haben in vielen Ländern nicht zuletzt die Arbeitsplätze in der Gastronomie bedeutend gesünder gemacht. Auch die weitgehende Verbannung der Zigaretten aus Hollywoodfilmen mag einen Beitrag zum Rückgang des Rauchens in den USA geleistet haben. Dort ist mittlerweile das Rauchen als antisozial verschrien, und Raucher werden fast aus der Öffentlichkeit verbannt. Immerhin hat sich die amerikanische Gesellschaft gegen eine mächtige Tabakindustrie durchgesetzt.

Therapien gegen alternsbedingte Erkrankungen zu verlangen ist geradezu lächerlich, solange man nicht bereit ist, den eigenen Körper besser zu behandeln.

Weiterhin müssen krebsverursachende Stoffe aus unserer Umwelt getilgt werden. Als in den Achtzigerjahren der Katalysator in Kraftwagen in Deutschland eingeführt wurde, gab es eine Debatte über Kosten und die Nachteile für unsere Automobilindustrie. Es stellte sich schnell heraus, dass die Kosten durch alternative Rohstoffe im Katalysator gesenkt werden konnten.

Zieht im heutigen Straßenverkehr noch ein altes bleiernes Gefährt an uns vorbei, ist es für uns kaum vorstellbar, wie Menschen vor dreißig Jahren in den verpesteten Städten überhaupt leben konnten.

Rußpartikelfilter in Dieselfahrzeugen setzten die gleichen Reflexe seitens der Industrie in Gang. Das Vertrauen in das Verantwortungsbewusstsein der Industrie ist mit solchen Beispielen nicht nur für die Automobilindustrie weitgehend verspielt. Elektroautos könnten die Luftqualität in Großstädten deutlich verbessern. Aber hier wird eine Umweltbilanz zu ziehen sein, die die Produktion der Energie genauso mit einrechnet wie die Entsorgung des Batterieschrotts.

Oft sind es kurzfristige wirtschaftliche Eigeninteressen, die echten Fortschritt verhindern. Es ist ein Drama, dass in China Millionen Menschen ihre Gesundheit ruinieren müssen, weil nicht einmal einfachste Schutzmaßnahmen und Umweltauflagen die wirtschaftliche Entwicklung und die Profitgier behindern sollen. Der langfristig zu zahlende Preis für die dadurch vielfach erkrankenden Menschen, aber auch für die Gesellschaft wird unermesslich hoch sein. Langfristiges Denken gehört leider nicht zu den Instinkten des Menschen.

Die Vorbeugung von Krebs ist äußerst wichtig, und es gibt wie geschildert klare, teilweise sogar verblüffend einfache Maßnahmen, das eigene Krebsrisiko zu vermindern. Jedoch wird es noch immer zur Tumorbildung kommen. Denn es genügt schon, dass auch nur eine einzige Krebszelle allen Checkpoints und allen Anstrengungen des Immunsystems zum Trotz durchkommt und zu einem Tumor wächst. Hat sich ein Tumor gebildet, so ist die Früherkennung die erste Station, um Schlimmeres zu verhindern.

Gerade Hautkrebs lässt sich vom geschulten Auge des Dermatologen frühzeitig erkennen und oft noch in einem harmlosen

Stadium entfernen. Es liegt aber bei jedem selbst, regelmäßig den Hautarzt aufzusuchen. Andere Krebsarten brauchen mehr oder weniger invasive, also »eindringende« Techniken, um im Frühstadium erkannt zu werden. Die Brustkrebsvorsorge kann schon beim Abtasten wichtige Hinweise geben. Die Mammographie ist invasiv, denn für die Bildgebung des Brustgewebes wird Strahlung eingesetzt, die selbst auch die DNA schädigen kann. Wann eine Mammographie ratsam ist, bedarf daher einer individuellen ärztlichen Beratung. Magen-Darm-Krebs kann mittels Endoskopie früh erkannt werden. Bei Männern kann eine Prostatakrebsvorsorge wegen der Häufigkeit dieser Krebsart ratsam sein, die Tests hierzu bedürfen aber noch Verbesserungen, um unnötige Operationen zu vermeiden.

Wie wir bereits im Kapitel über DNA-Schäden in der Krebsentstehung gesehen haben, spielen sowohl Umwelteinflüsse als auch genetische Faktoren für das Krebsrisiko eine wichtige Rolle. Genetische Faktoren sind besonders dann bedeutsam, wenn in der Familie bestimmte Krebsarten vorkommen. Dann gilt es ganz besonders auf regelmäßige Vorsorge zu setzen. Für bestimmte Risikomutationen gibt es spezielle Tests, so etwa zur Feststellung von Mutationen in den Brust- und Eierstockkrebsgenen *BRCA1* und *BRCA2*. Es ist zu hoffen, dass in der Zukunft solche Gentests zu günstigeren Preisen angeboten werden. Denn mittlerweile kann die Sequenz, also die Abfolge der Nukleotide, des ganzen Genoms für weniger als tausend Euro bestimmt werden.

Die viel größere Herausforderung als das Bestimmen der Sequenz des individuellen Genoms eines Menschen selbst ist allerdings die richtige Interpretation der Daten. Aus einer Genomsequenz das Risiko abzulesen, eine bestimmte Krebsart oder Demenzerkrankung zu entwickeln, ist alles andere als einfach. Schließlich ist noch weitgehend unbekannt, wie die verschiedenen Variationen der Gene miteinander interagieren. Monogene, also durch die Fehlfunktion nur eines einzelnen Gens hervorgerufene Erkrankungen sind leicht zu diagnostizieren. Trägt jemand eine Mutation in den *BRCA*-Genen, lässt sich das Krebsrisiko relativ gut einschätzen. Allerdings trägt jeder Mensch verschiedene Variationen der ca. 25.000 menschlichen Gene in sich. Eine Genvariante mag sich dabei anders auswirken, wenn sie von unterschiedlichen Varianten anderer Gene umgeben ist. Deshalb steckt die Gendiagnostik noch in ihren Kinderschuhen. Mit der rasanten Entwicklung in der Humangenetik sollte die Diagnostik anhand der Sequenzierung des individuellen Genoms aber schon in naher Zukunft zu einem wichtigen Instrument in der Vorhersage der persönlichen Krankheitsrisiken werden.

Derzeit aber ist trotz verbesserter Früherkennung Krebs noch eine der häufigsten tödlichen Krankheiten. In der Krebstherapie sind aber in den letzten Jahren deutliche Fortschritte erzielt worden. So liegt die Heilungsrate bei Kinderleukämie dank Strahlentherapie mittlerweile bei siebzig Prozent. Wie vieles in der Wissenschaft, entsprang auch die moderne Krebstherapie purem Zufall.

Im Dezember 1943 wurde das amerikanische Handelsschiff *S.S. John Harvey* im italienischen Hafen Bari während eines deutschen Luftangriffs bombardiert. An Bord der *John Harvey* befand sich eine ebenso geheime wie tödliche Ladung: Senfgas, ein chemisches Kampfgas, das eigentlich, da es so verheerende Grausamkeiten im vorherigen Weltkrieg verursachte, aus der Kriegsführung verbannt worden war. Die Ladung an Senfgasderivaten der Stickstoff-Lost-Gruppe verseuchte nach dem Bombardement die umliegenden Gebiete. Wenig später stellten Ärzte bei Autopsien eine verminderte Anzahl weißer Blutkörperchen fest. Die aufmerksamen Mediziner zogen den richtigen Schluss: Wenn das Gift die Anzahl weißer Blutkörperchen senkte, könnte es doch auch Blutkrebs bekämpfen. Damit war der Grundstein der Chemotherapie gelegt.

Chemische Substanzen, die DNA-Schäden induzieren, lösen in den Krebszellen die DNA-Schadenscheckpoints aus und setzen so das Selbsttötungsprogramm namens Apoptose in Gang. Obwohl die Erkenntnisse über diese Wirkweise via DNA-Schäden, Checkpoints und Apoptose erst Jahrzehnte später gewonnen werden konnten, setzte sich die Chemotherapie, ergänzt durch Strahlentherapie, die ionisierende Strahlung nutzt, die auch wiederum DNA-Schäden verursacht, weltweit in der Behandlung von Krebs durch. Sie bildet zusammen mit dem chirurgischen Entfernen von Krebsgeschwüren noch heute den Standard in der Behandlung.

Nun beschädigen sowohl die chemischen Wirkstoffe als auch die Bestrahlung natürlich nicht nur die Krebszellen. Vor allem schnell wachsende Zelltypen fallen dem gleichen Schicksal anheim wie die Krebszellen, denn gerade während der Zellteilungsaktivität ist die DNA-Schadensüberwachung besonders aktiv. Deshalb sterben auch Zellen in den Haarwurzeln, die *Haarfollikelzellen*, und solche in der Darmschleimhaut, die *Darmepithelzellen*, beides Gewebe, die sich permanent erneuern. Es folgen Haarausfall und Verdauungsstörungen. Die Nebenwirkungen der Chemo- und Radiotherapie können zu schweren körperlichen und seelischen Belastungen für die Patienten werden.

Modernere Therapien versuchen die Krebszellen gezielter anzugreifen. In der »personalisierten« Therapie wird nach der genetischen Achillesferse der Krebszellen gesucht.

Tragen Krebszellen zum Beispiel eine Mutation in *BRCA1*, so haben sie eine Fehlfunktion bei der Reparatur von Doppelstrangbrüchen in der DNA mittels der Rekombinationsreparatur. Wir erinnern uns an diese sehr präzise Art, Doppelstrangbrüche zu reparieren, indem unbeschadete DNA als Grundlage der Wiederherstellung des gebrochenen Stranges herangezogen wird. Die Doppelstrangbrüche müssen deshalb in Zellen, denen funktionierendes *BRCA1* fehlt, mittels des Endenverbindens repariert werden. Inaktiviert man aber diesen alternativen Reparaturmechanismus mit speziellen Wirkstoffen, so ist die Zelle den Doppelstrangbrüchen hilflos ausgeliefert. Ein solcher Wirkstoff funktioniert eben nur bei Krebszellen, die eine Mutation im *BRCA1*-Gen tragen, aber hier umso effizienter und deshalb relativ nebenwirkungsarm.

Allerdings unterliegt auch diese maßgeschneiderte Therapie der Wandlungsfähigkeit von Krebszellen. Krebszellen tolerieren die Instabilität ihres eigenen Erbgutes gut und können deshalb Mutationen anhäufen. Infolgedessen entwickeln Krebszellen Resistenzen gegen Therapien. Auch wenn es nur einige wenige Zellen sind, die nach einer zunächst erfolgreichen Therapie überleben, dann aber durch neue Mutationen nicht mehr auf die Therapie ansprechen, sich wieder teilen und zu einem therapieresistenten Tumor anwachsen.

Eine vielversprechende Neuerung in der gezielten Therapie sind die Antikörpertherapien. Dabei nutzt man wiederum die genetischen Veränderungen der Krebszellen aus. Jede Zelle im Körper präsentiert sich gegenüber dem Immunsystem, indem sie Teile ihrer eigenen Proteine auf ihrer Zelloberfläche präsentiert. Das Immunsystem erkennt diese »Ausweise« seiner eigenen Bewohner. Liegt in einer Zelle eine Mutation vor, führt dies eventuell zu einer Veränderung in der Aminosäuresequenz von Proteinen. So etwas kann vom Immunsystem erkannt werden. Die Zelle ist dann nicht mehr eine eigene Zelle, sondern ein Eindringling und wird als solcher angegriffen.

Die Antikörpertherapie setzt Immunmoleküle ein, die ungewöhnliche Moleküle an der Oberfläche von Krebszellen erkennen und dann das Immunsystem auf diese Zellen aufmerksam machen. Dabei wird also unsere ganz normale Immunabwehr eingesetzt, um Krebszellen zu zerstören, ohne dass – wie in der Chemo- und Radiotherapie – auch normale Zellen in Mitleidenschaft gezogen werden. Gerade die Immuntherapie bietet eine große Chance, eine Krebserkrankung in eine chronische Krankheit umzuwandeln, mit der man bei Beibehaltung der Therapie ein normales Leben führen kann.

Eine totale Ausrottung von Krebszellen erscheint eher unrealistisch, da das Überleben einzelner Krebszellen bereits ausreicht, um zu einem späteren Zeitpunkt erneut ein gefährliches Krebsgeschwür zu bilden. Noch sind wir aber nicht an dem Ziel angelangt, das tödliche Risiko von Krebs zu eliminieren. Gerade weil Krebs eine Erkrankung unserer eigenen Zellen ist, weil so viele verschiedene Mutationen zu Krebs führen und weil aufgrund der Instabilität des Genoms jede Krebszelle genetisch unterschiedlich sein kann, bleibt die Krebstherapie eine der größten medizinischen Herausforderungen.

Die Voraussetzungen für Anti-Aging-Therapien

Lieber jung, schön und tot oder alt, aber lebendig? Warum wir altern, um zu überleben!

Gerade Krebserkrankungen werden in zukünftigen Anti-Aging-Therapien eine maßgebliche Herausforderung darstellen. Die hormonellen Verschiebungen während des Alterns führen zu einer Verminderung des Zellwachstums. Mithin leidet die Regeneration von Geweben infolge verminderter Stammzellaktivität.

Die verminderte Aktivität des Signalweges, der vom Botenstoff IGF-1 ausgeht, verlängert das Leben von Fadenwürmern, Taufliegen und Mäusen. Dabei kontrolliert dieser Signalweg auch das Wachstum des Körpers, weshalb die langlebigen Snell- und Ames-Mäuse zwergenhaft bleiben. Denn der IGF-1-Signalweg stimuliert die Zellteilung und damit das Wachstum. Reduzierte Aktivität des IGF-1-Signalweges kann aber nicht nur das Wachstum normaler Zellen, sondern auch das Wachstum von Krebszellen aufhalten. Die durch das Altern bedingten hormonellen Verschiebungen, weg vom Körperwachstum hin zum Erhalt der Gewebe, sind der Versuch des Körpers, trotz gestiegener DNA-Schäden zu überleben. Exemplarisch dafür ist die verminderte Aktivität von Wachstumshormone und IGF-1 als Antwort auf verbleibende DNA-Schäden. Man kann also sagen: Wir altern, um zu überleben! Hormonelle Therapien könnten, wie wir noch sehen werden, zur Verjüngung von Geweben eingesetzt werden. Sie bergen aber immer das Risiko, auch das Wachstum von Krebszellen zu fördern. Gerade deshalb wird der Erfolg zukünftiger Anti-Aging-Therapien von einer effizienten Bekämpfung von Krebs abhängen.

Die Haupttodesursachen in unserer Bevölkerung können also mit klaren Präventionsstrategien, aber auch mit verbesserten

Therapien schon heute vermindert werden. Dennoch werden sich diese Krankheiten, selbst bei gesundem Lebensstil, nicht ganz vermeiden lassen. Vorbeugende Maßnahmen wie gesunde Ernährung und regelmäßiger Sport können das Risiko von Herz-Kreislauf-Erkrankungen und Typ-2-Diabetes wirksam senken. Es gibt vermeidbare Risikofaktoren, aber eben auch andere Faktoren, die wir weniger leicht beeinflussen können.

Krebs ist eine der komplexesten Krankheiten überhaupt und auch nach größten wissenschaftlichen Anstrengungen weder vollkommen verstanden noch hinreichend therapierbar. Allerdings gibt es schon heute eindrucksvolle Erfolge in der Behandlung selbst komplizierter Krebserkrankungen. Inzwischen ist die Krebstherapie in der Lage, die Lebenserwartung vieler Patienten signifikant zu erhöhen. Mit der weiteren Etablierung individuell zugeschnittener Therapien könnten auch bislang widerstandsfähige Krebszellen angegriffen werden und da zu Therapieerfolgen führen, wo bislang kaum Hoffnung bestand. In solchen Fällen könnte der Krebs zu einer chronischen, aber tolerierbaren Erkrankung werden.

Therapieansätze für Altersdemenz

Nun zu Aubrey de Grey, dem Ingenieur des alternden Gehirns, der menschliche Ersatzteile auf Friedhöfen suchte und dabei die Mikroben fand. Außerdem ein paar Worte zur Therapie von Alzheimer und der damit verbundenen Gefahr, bei lebendigem Leibe zu verwesen.

Große Unklarheit herrscht derzeit noch immer sowohl über Ursachen als auch über die Therapierbarkeit der Altersdemenz. Fast jeder zweite Mensch erkrankt nach dem fünfundachtzigsten Lebensjahr an Alzheimer. Dennoch gibt es bislang keine wirksame Therapie, mit der sich Alzheimer nachhaltig bekämpfen oder wirksam verhindern ließe. Die schleichende Abnahme der Gehirnfunktion ist einer der Gründe dafür, dass ein hohes Alter nach wie vor unweigerlich als mit schwerwiegender Krankheit verbunden erscheint.

Die wissenschaftliche Forschung auf dem Gebiet der Altersdemenzen hat immerhin zu einem sehr viel besseren Verständnis der Ursachen und Abläufe von Alzheimer und Parkinson geführt. Parkinson-Patienten leiden besonders unter dem Verlust von Nervenzellen, die den Botenstoff Dopamin produzieren. Der therapeutische Einsatz von Dopamin oder die Tiefe Hirnstimulation kann diesen Verlust kompensieren und den Patienten so helfen, die Kontrolle über ihre Muskeln wiederzuerlangen.

Sehr viel erstrebenswerter als die medikamentöse Zugabe von Dopamin oder die elektrische Signalverstärkung durch Elektroden wäre natürlich eine Wiederherstellung der Nervenzellen, die das Dopamin produzieren. Ein solches Therapiekonzept basiert darauf, dass man diese Art der Nervenzellen in das Gehirn der Parkinson-Patienten einbringt, damit diese dann die abgestorbenen Zellen ersetzen und die Dopaminproduktion übernehmen können. Derzeit wird das Ziel verfolgt, aus Stammzellen neue Nervenzellen entstehen zu lassen, die dann die Produktion von Dopamin in Parkinsonpatienten wieder übernehmen können.

Die Alzheimertherapie stellt die medizinische Forschung vor noch größere Herausforderungen. Es ist noch nicht einmal vollkommen klar, was die ausschlaggebenden Faktoren dieser Krankheit sind. Den Plaques, die in den Patienten aus den Beta-Amyloid-Peptiden gebildet werden, sagt man auch schützende Funktionen nach. Offenbar sind es nicht die großen Klumpen in den Plaques, sondern vielmehr die Oligomere, also die Ansammlung nur einiger weniger Beta-Amyloid-Moleküle, die zur Krankheit führen.

Der Abbau von Beta-Amyloid ist ein wichtiges Therapiekonzept. Der mehr aus den Medien als aus der Fachliteratur bekannte Alternsforscher Aubrey de Grey hat hierzu einen durch seine Einfachheit bestechenden Vorschlag erdacht. De Grey ist ein gelernter Informatiker, der Probleme mit dem Ansatz des Ingenieurs angeht. De Grey leitet die durch private Geldgeber gestützte »SENS Foundation« und verspricht radikale Lebensverlängerung, schon bald werde der Mensch zehntausend Jahre alt werden. Schließlich gelte es, wie bei einem alten Auto, die Teile des Körpers immer wieder zu reparieren. De Grey hat sich also auf die Suche gemacht, wo Stoffe zu finden seien, die Beta-Amyloid-Plaques zerlegen könnten. Und wo werden am Ende aller Tage die Plaques der Patienten komplett zerlegt? Sie ahnen es, de Grey machte sich auf zum Friedhof, um die Mikroben ausfindig zu machen, die den menschlichen Körper in seiner Verwesung verdauen. De Grey wurde fündig und schlug damit ein simples Therapiekonzept für Alzheimer vor. Nicht so ganz ausgereift ist dabei, wie man die bakteriellen Verdauungsenzyme so einsetzt, dass sie allein Beta-Amyloid zersetzen und den Patienten nicht bei lebendigem Leib verwesen.

Realistischere Ansätze stammen aus der Erkenntnis der natürlichen Proteinabbaumechanismen. Hier wird gerade viel Hoffnung auf die Autophagie als dem natürlichen Verdaumechanismus größerer Proteinverklumpungen gesetzt.

Die ersten Substanzen stehen schon bereit, um die Autophagie anzukurbeln. Polyamine wie Spermidin – ein Protein, das trotz seines Namens nicht nur in Spermien, sondern in Tieren, Pflanzen und Pilzen vorkommt – werden derzeit zur Stimulierung der Autophagie getestet. Der Grazer Forscher Frank Madeo verabreichte zunächst Taufliegen, dann auch Fadenwürmern und Mäusen Spermidin und konnte so die Lebensdauer in allen diesen Spezies verlängern [111]. Gemeinsam mit Stephan Sigrist von der FU Berlin konnte Madeo sogar die altersbedingte Vergesslichkeit von Taufliegen durch Spermidin verzögern [112].

Auch Rapamycin und kalorische Restriktion stimulieren die Autophagie und könnten Therapieerfolge bei Alzheimer bringen. Allerdings sind Patienten, bei denen die Alzheimererkrankung bereits fortgeschritten ist, eher von Mangelernährung gefährdet, denn sie benötigen für regelmäßige Mahlzeiten zunehmend Hilfestellungen. Eine sorgfältige klinische Erprobung ist auch bei vielversprechenden Ergebnissen aus Tiermodellen imperativ. Gerade weil die kalorische Restriktion so einfach zum Selbstversuch verleitet, bedarf es klarer klinischer Daten, die beweisen, dass die Vorteile die Nebenwirkungen aufwiegen. Konzeptionell versucht man derzeit, Wirkstoffe zu identifizieren, die den Körper in den Zustand der kalorischen Restriktion versetzen, ohne dass die Nahrung reduziert wird. Eine solche Eigenschaft wird Rapamycin nachgesagt, weil es den TOR-Komplex hemmt. Wie wir aber bereits gelernt haben, ist nicht erwiesen, dass kalorische Restriktion in Primaten die Lebensspanne verlängert. Zudem führt Rapamycin zur Immunsuppression, also zur Einschränkung der Immunabwehr. Eine Behandlung könnte also unseren Körper wehrlos gegenüber Angriffen durch Krankheitserreger machen.

Wir wissen bereits, dass die Verminderung der IGF-1-Aktivität zur Lebensverlängerung in einfachen Fadenwürmern, Taufliegen und Mäusen führen kann, wenn auch die Situation bereits in Mäusen etwas komplizierter ist. Das vollkommene Fehlen des IGF-1-Rezeptors verhindert sogar das Embryonalwachstum. Kein Mensch würde mit einem Laron-Syndrom-Patienten tauschen wollen, dessen Wachstumshormonrezeptor nicht funktioniert.

Könnte aber ein gezieltes Ausschalten der IGF-1-Aktivität bei Erwachsenen erfolgreich sein? Hemmstoffe gegen die IGF-1-Aktivität wurden bereits von zahlreichen Pharmaunternehmen entwickelt. Ihnen ging es dabei gar nicht um den Einsatz gegen das Altern. Das Wachstum von Krebszellen wird häufig auch von IGF-1 gesteuert. Um das Krebswachstum zu verhindern, wurden IGF-1-Hemmstoffe klinisch erprobt, doch lässt bisher der durchschlagende Erfolg noch auf sich warten.

Aber es gibt noch eine weitere interessante Beobachtung in Mäusen, die nur geringe Mengen des IGF-1-Rezeptors bilden. Andrew Dillin in Kalifornien und Markus Schubert in Köln untersuchten solche Mäuse in einem Alzheimer-Modell [113], [114]. Nervenzellen, denen das Gen für den IGF-1-Rezeptor fehlte, waren geschützt vor der Verklumpung der Beta-Amyloid-Peptide. Trotz einer Alzheimer-Mutation im Vorläuferprotein von Amyloid, dem APP, blieben die Nervenzellen durch die Inaktivierung des IGF-1-Rezeptors vor Alzheimer bewahrt. Es ist also denkbar, dass eine spezifische Hemmung der IGF-1-Aktivität selbst bei Alzheimer eine positive Wirkung entfaltet.

Eine generelle Inaktivierung von IGF-1-Aktivität könnte hingegen die Regenerationsfähigkeit des Körpers kompromittieren. Denn IGF-1 ist für die Stimulierung des Zellwachstums, eben auch das der Stammzellen, wichtig. Eine IGF-1-basierte Therapie sollte also auf spezifische Zelltypen wie etwa Nervenzellen, die sich niemals teilen müssen, ausgerichtet sein. Ansonsten könnte es zu schweren Nebenwirkungen in anderen Geweben wie etwa dem Blutsystem oder dem Darm kommen, da diese Gewebe von ihrer hohen Regenerationsaktivität abhängen.

Stammzellen und regenerative Medizin

In diesem Kapitel erhalten Sie ein Rezept zum Erschaffen von Stammzellen (können Spuren von Krebs enthalten), eine Nähanleitung für Mäuse und ein paar Fakten über einen Frosch, der das Dogma der Zelldifferenzierung bewies.

Eine erfolgreiche Anti-Aging-Therapie muss nicht nur bestehende Gewebe bewahren, wie es bei Nervenzellen entscheidend ist, die, einmal gebildet, nie wieder ersetzt werden, sondern auch eine dauerhafte Regeneration alten Gewebes bewirken. Einige Gewebe regenerieren sich fortwährend wie zum Beispiel die Haut und der Darm. Beide wachsen permanent nach, da gerade die äußeren Zellschichten sehr starken Beschädigungen ausgesetzt sind. Für die Regeneration dieser Schichten sind Stammzellen verantwortlich. Diese können durch Teilung neue Zellen hervorbringen, die sich dann zu spezialisierten Haut- oder Darmzellen weiterentwickeln. Die Zahl dieser Stammzellen ist begrenzt, und zudem nimmt ihre Funktion mit dem Alter ab. Das ist besonders im Knochenmark beobachtet worden, wo beim erwachsenen Menschen die Blutzellen gebildet werden. Die roten Blutkörperchen, die unsere Zellen mit Sauerstoff versorgen, leben nur bis zu maximal 120 Tage, einige weiße Blutkörperchen sogar nur wenige Tage. Unsere Blutzellen müssen also dauernd erneuert werden. Man war davon ausgegangen, dass die Anzahl der Stammzellen mit dem Alter abnehmen würde.

Gerald de Haan und Gary Van Zant verfolgten die Fähigkeit alternder Stammzellen, Blutzellen zu bilden, bei Mäusen. Zu ihrem Erstaunen stellten sie fest, dass alte Mäuse keineswegs weniger Stammzellen in ihrem Knochenmark hatten [115]. Jedoch konnten die alten Stammzellen nicht mehr im gleichen Umfang die verschiedenen Zellarten des Blutes bilden wie junge Stammzellen. Also nicht die Zahl der Stammzellen im Knochenmark nimmt mit dem Alter ab, sondern ihre Fähigkeit, bestimmte Blutzellen zu bilden. Durch die Transplantation junger Stammzellen kann aber wieder ein junges Blutbild hergestellt werden.

Stammzelltherapie kommt bereits in der Krebsbehandlung zum Einsatz. Leukämiepatienten müssen mit hohen Dosen ionisierender Bestrahlung oder Chemotherapeutika behandelt werden – was das Erbgut der Zellen beschädigt und bei den sich schnell teilenden Krebszellen zum Zelltod führt. Dabei werden auch normale Blutzellen vernichtet. Besonders die Stammzellen im Knochenmark leiden stark unter dieser Behandlung. Findet man aber einen geeigneten Spender, so kann durch Transplantation gesunden Knochenmarks das Blutsystem des Krebspatienten wieder hergestellt werden.

Es ist also durchaus vorstellbar, dass Stammzelltherapien alterndes Gewebe erneuern könnten. Besonders interessante

Beobachtungen dazu hat der Zellbiologe und Mediziner Thomas Rando an der Stanford-Universität in den letzten Jahren gemacht. Rando interessiert sich vor allem für Muskelregeneration. Wenn Muskeln verletzt sind, kommt es zur Beschädigung von Muskelzellen, die ersetzt werden müssen. Bei der Reparatur von Muskeln werden Stammzellen aktiviert, die das Muskelgewebe erneuern.

Die Regenerationsfähigkeit der Muskeln nimmt mit dem Alter ab. Welche Faktoren für die Abnahme der Regenerationsfähigkeit der Muskeln verantwortlich sind, ist nicht genau bekannt. Stammzellen benötigen aber Wachstumsfaktoren, damit ihre Zellteilung aktiviert wird und sie neue Zellen bilden können.

Aus der Teilung einer Stammzelle entstehen zum einen wiederum eine Stammzelle und zum anderen eine Vorläuferzelle, aus der im weiteren Verlauf spezialisierte Zellen wie Muskel- oder Darmzellen gebildet werden. Stammzellen teilen sich weit weniger häufig als Vorläuferzellen. Die Vorläuferzellen werden so bestmöglich zum Aufbau und Erhalt der Gewebe genutzt. Die Stammzellen hingegen werden geschützt. Denn jede Zellteilung birgt Risiken für die Unversehrtheit des Genoms der Zelle.

Während der Replikation, also der Erstellung der Kopie des Genoms vor der Teilung, kann es zu Fehlern und damit zu Mutationen kommen. Bei der Zellteilung kommt es möglicherweise zu einer ungleichen Verteilung der Chromosomen, der Aneuploidie. Also schützt der Körper seine Stammzellen, indem er die Hauptaufgabe der Zellteilung an die Vorläuferzellen abgibt.

Stammzellen selbst können sich gleichartig, symmetrisch, oder ungleichartig, asymmetrisch, teilen. Bei symmetrischer Teilung entstehen zwei Zellen, die sowohl Stamm- als auch Vorläuferzelle werden können. Es hängt dann von äußeren Signalen ab, welche Zelle welches Schicksal ereilt. Verlässt eine der Zellen die Stammzellnische, so verliert sie die Stammzelleigenschaften und wird zur Vorläuferzelle. Bei asymmetrischer Teilung bleibt eine Zelle Stammzelle, während die Schwesterzelle zu einer Vorläuferzelle wird.

Stammzellen entscheiden aber nicht von selbst, sich zu teilen. Ihre Teilung wird von Wachstumsfaktoren instruiert, die mit dem Alter des Körpers abnehmen. Wachstumsfaktoren können zentral produziert werden wie etwa das Wachstumshormon, das in der Hirnanhangsdrüse gebildet wird. Andere Wachstumsfaktoren, wie etwa IGF-1 werden in verschiedenen Körperteilen wie etwa der Leber hergestellt. Wachstumsfaktoren können lokal auf die umliegenden Zellen wirken oder aber über die Blutbahn transportiert werden und ihre Wirkung dann in ganz anderen Geweben entfalten.

Um die Bedeutung der in der Blutbahn zirkulierenden Wachstumsfaktoren zu untersuchen, hatte Rando eine ebenso einfache wie geniale Idee. Er nähte junge und alte Mäuse aneinander und verband so ihre Blutzirkulation. Das Ergebnis war verblüffend: Plötzlich konnten sich die Muskeln der alten Mäuse wieder regenerieren, als wären sie junge Muskeln. Rando hatte es geschafft, durch Anschluss eines alten Tieres an eine junge Blutzirkulation die Muskeln zu verjüngen [116].

Amy Wagers verfolgte, auf Randos Ergebnissen aufbauend, die Suche nach den Wachstumsfaktoren, die ausschlaggebend für die Verjüngungseffekte waren. Wagers identifizierte den Wachstumsfaktor GDF11, der in alternden Mäusen abnimmt und ihnen durch die Blutzirkulation der Jungtiere wieder zugeführt werden konnte. Als Wagers das GDF11-Protein alten Mäusen direkt injizierte, verjüngte sich das Muskelgewebe [117]. Diese Parabiose genannten Experimente eröffnen ganz neue Möglichkeiten der Stammzelltherapie. So ist es denkbar, dass sich mittels eines gezielten Einsatzes von Wachstumsfaktoren wie etwa Wagers' GDF11 die Wiederherstellung alternder Gewebe erreichen ließe.

Stammzelltherapien könnten in der Tat schon in naher Zukunft bei Erkrankungen wie Muskelschwund anwendbar sein. Die regenerative Medizin wird in der Verhinderung altersbedingter Erkrankungen eine zentrale Rolle spielen. Noch sind dabei große Schwierigkeiten zu überwinden. Kommt es zum Einsatz von Wachstumsfaktoren wie in Wagers Experimenten, so muss das damit verbundene Krebsrisiko kontrolliert werden.

Die Stammzellen des Blutes können schon seit Jahrzehnten isoliert und mittels einer Knochenmarkstransplantation Empfängern zugeführt werden, deren eigene Blutstammzellen, die sogenannten *hematopoietischen Stammzellen*, durch Strahlentherapie zur Krebsbekämpfung abgetötet wurden. Stammzellen können anhand von charakteristischen Markern an ihrer Oberfläche erkannt und angereichert werden. Die Gewinnung von Stammzellen aus Knochenmark funktioniert vergleichsweise einfach. Andere Stammzellen sind sehr viel schwerer zugänglich.

Die Stammzelltherapie der Zukunft wird entscheidend davon abhängen, ob benötigte Stammzellen gewonnen und dann dem Patienten, dessen eigene Stammzellen nicht mehr ausreichen oder nicht mehr funktional sind, zugeführt werden können. Obwohl die verschiedenen Zelltypen unseres Körpers, seien es Nervenzellen, Leberzellen, die verschiedenen Arten von Blutzellen, Knochen- und Knorpelzellen usw. in ihrer Funktion und ihrem Aussehen sich zum Teil sogar stark unterscheiden, tragen sie doch alle die gleiche Kopie unseres Genoms in sich (genau genommen zwei Kopien und ganz genau genommen unterscheidet sich jede Kopie des Genoms ganz geringfügig, weil während des Kopierens der DNA und Zellteilung Mutationen entstehen können).

Eine Stammzelle hat zwar ganz andere Eigenschaften als eine spezialisierte oder fachsprachlich ausgedrückt *differenzierte* Zelle, also etwa die Muskelzelle, dennoch bergen beide Zellarten das gleiche Genom in ihrem Kern. Normalerweise differenziert sich eine Stammzelle auch nur in eine Richtung. Wie Cricks zentrales Dogma der Molekularbiologie, DNA macht RNA macht Protein, so lautet das entsprechende Dogma der Zelldifferenzierung: Stammzelle macht Vorläuferzelle macht differenzierte Zelle.

Wo Dogmen herrschen, gibt es immer auch Frevler. Eine durchschlagende Entdeckung machte der englische Entwicklungsbiologe John Gurdon bereits in den Fünfzigerjahren des 20. Jahrhunderts. Gurdon entnahm den Zellkern samt des in ihm enthaltenen Genoms aus Körperzellen eines Frosches, verpflanzte ihn in eine entkernte Eizelle, aus der dann ein ganzer Frosch erwuchs [118]. Gurdon erbrachte damit den Beweis, dass das Genom einer Körperzelle umprogrammiert werden und jeden anderen Zelltypen, sogar ein ganzes Tier, herstellen kann.

Einer der größten Durchbrüche der Stammzellforschung gelang den Japanern Kazutoshi Takahashi und Shinya Yamanaka, als sie Transkriptionsfaktoren (Proteine, die die Nutzung von Genen festlegen) entdeckten, die differenzierte Zelltypen, also zum Beispiel Hautzellen, in Stammzellen umprogrammieren können [119], [120]. Diese Stammzellen nennt man *induzierte pluripotente Stammzellen*, kurz iPSC. Pluripotent beschreibt dabei die Eigenschaft, dass diese Zellen viele andere Zelltypen ausbilden können. Wurde beim Klonschaf Dolly noch der Kern einer Körperzelle in eine Eizelle eingepflanzt, um aus dem Genom des Spenders ein neues Tier entstehen zu lassen, so brauchten Takahashi und Yamanaka nur die vier Gene, *Oct3/4*, *Sox2*, *Klf4* und *Myc* in eine Körperzelle einzubringen, um sie in eine Stammzelle umzuwandeln. Damit steht der Stammzelltherapie eine theoretisch unbegrenzte Zahl von Stammzellen zur Verfügung, die vom Patienten selbst generiert werden können.

Allerdings wird dem aufmerksamen Leser nicht entgangen sein, dass MYC auch ein Onkogen ist, also ein Gen, das Krebswachstum anheizt. Die Aktivität von MYC kann zur Krebsentstehung führen. Überdies ist das Einbringen der Gene nicht ganz trivial. Und schließlich müssen die Stammzellfaktoren auch wieder abgeschaltet werden, um die Stammzellen wiederum in die gewünschten Zelltypen differenzieren zu lassen. Deshalb ist der Reprogrammierungscocktail der vier Gene auch mittlerweile so verbessert worden, dass die Gene nur kurzfristig aktiv sind und nach erfolgreicher Reprogrammierung der differenzierten Zellen zu Stammzellen wieder abgeschaltet werden.

Sind einmal Stammzellen gewonnen worden, können sie durch Zugabe spezieller Zusammensetzungen von Wachstumsfaktoren und Hormonen auch in verschiedene Zelltypen differenziert werden. So lassen sich theoretisch sämtliche Zelltypen gewinnen. Besonders interessant ist die Stammzelltherapie bei genetischen Erkrankungen, also wenn ein bestimmtes Gen im Patienten mutiert ist. Denn in den Stammzellen kann ein Gendefekt behoben werden, und die dann gesunden Zellen können im Patienten eingesetzt werden. Es ist denkbar, dass die Stammzelltherapie schon bald durchschlagende Erfolge in der Wiederherstellung von Stammzellgewebe bringen wird und so alternde Gewebe reparieren und verjüngen wird.

Aber es sind nicht allein die Stammzellen, die festlegen, ob ein Gewebe regeneriert werden kann. Auch die endokrine Umgebung, also die im Blut zirkulierenden Wachstumsfaktoren spielen eine entscheidende Rolle. Dies haben Thomas Randos Parabioseexperimente genauso gezeigt wie die Untersuchungen an vorzeitig alternden Mäusen, denen das Gen für *Sirt6* fehlt oder deren Telomere verkürzt sind und die deshalb die Blutbildung durch hematopoietische, also Blutzellen bildende, Stammzellen nicht unterstützen können. Eine erfolgreiche Stammzelltherapie wird also in eine endokrine Verjüngung, etwa durch gezielten Einsatz von Wachstumsfaktoren, eingebettet sein müssen.

Die magische Pille

Im Rotweinvollrausch in das lange Leben oder was wir von der vermeintlich ersten Pille für die ewige Jugend lernen können. Vom segensreichen Wirken des Enzyms Sirtuin 1.

Die bisher diskutierten Anti-Aging-Strategien tragen der Komplexität des Alterungsprozesses im Menschen Rechnung, indem sie verschiedene Ansätze kombinieren. Vor allem die Verschiedenheit der Körpergewebe legt nahe, dass eine von Alzheimer bedrohte Nervenzelle eine andere Behandlung benötigt als eine sich regenerierende Stammzelle. In der Krebstherapie geht die individualisierte Behandlung sogar noch einen Schritt weiter, indem sie eine auf jeden Krebs maßgeschneiderte Therapie verfolgt.

Mit zunehmendem Alter erkranken wir immer häufiger und schwerer. Das Immunsystem zeigt Schwächen in der Abwehr von Infektionen, die Knochen brechen schon bei geringen Stürzen, das Risiko, an Krebs zu erkranken, steigt dramatisch an. Das Altern erscheint also als gemeinsame Ursache verschiedenster Krankheiten, sei es Demenz, die meisten Krebsarten oder Herz-Kreislauf-Erkrankungen. Die Funktion aller unserer Gewebe nimmt mit dem Alter ab, sei es die Funktion der Lungen, Nieren, Leber, Muskeln oder Knochen.

Die Erklärung für die Abnahme der Körperfunktion und Zunahme des Krankheitsrisikos hat uns bereits die Evolutionsbiologie gegeben. Unsere eigene Evolutionsgeschichte hat unsere Gene so selektiert, dass unser Körper optimal funktioniert, bis die Gene an die nachfolgende Generation vererbt wurden. Sobald für Nachwuchs gesorgt ist, ist ein weiteres Überleben der Eltern nicht mehr notwendig für den evolutionären Erfolg der Spezies. Dem Menschen wird dabei noch eine postreproduktive Gnadenfrist eingeräumt, weil Kinder überlebenswichtiges Wissen von den Eltern erlernen müssen und weil auch Großeltern – zumindest Großmütter – den reproduktiven Erfolg ihrer Kinder erhöhen und damit die weitere Vererbung der Gene positiv beeinflussen.

Kann es aber eine »magische Pille« geben, die den Alterungsprozess als Ganzes aufhalten kann? Einige Alternsforscher sind überzeugt, dass schon bald die Anti-Aging-Pille die Medizin revolutionieren wird. Anstatt einzelne alternsbedingte Erkrankungen zu behandeln, soll das Problem an der Wurzel gepackt werden. Das Aufhalten des Alterungsprozesses soll, so die Vorstellung, dann die vielen schweren Erkrankungen gar nicht erst entstehen lassen.

Stehen wir kurz davor, den lang ersehnten Jungbrunnen auf Rezept zu bekommen, oder sind das überzogene Erwartungen oder gar Luftschlösser? Die Ergebnisse in den einfachen Modellorganismen legen ja genau eine solche allumfassende Therapie nahe. Eine einzige Mutation im *daf-2*-Gen reicht schließlich aus, um die Lebensspanne des Fadenwurms zu verdoppeln. Dabei bleibt das Tier viel länger agil und gesund. Rapamycin, die Substanz, die den TOR-Komplex inaktiviert, konnte in einer groß angelegten Studie selbst dann noch das Leben vom Mäusen verlängern, wenn die Behandlung erst im Alter von zweihundertsiebzig Tagen, also längst im Erwachsenenalter der Mäuse, begonnen wurde [69]. Mittlerweile wird versucht, noch spezifischere Hemmstoffe zu entwickeln, die einen ähnlichen Effekt wie Rapamycin ausüben, aber nicht die negativen Auswirkungen einer Unterdrückung der Immunabwehr haben, aufgrund derer Rapamycin selbst als Anti-Aging-Therapie beim Menschen ausscheidet. Ob das gelingen kann, bleibt abzuwarten.

Der an der Harvard-Universität forschende Australier David Sinclair, wohl einer der vehementesten Verfechter der Anti-Aging-Pille, setzt ganz auf Sirtuin als Therapieziel. Basierend auf ihren Studien zur Alterung der Bäckerhefen, haben Guarente und Sinclair Sirtuin als Anti-Aging-Waffe weiterentwickelt. Sirtuin kann das Altern der Hefezellen aufhalten, indem es die Formation zirkulärer DNA-Abschnitte verhindert, die giftig für die Hefen sind und daher ihre Lebensspanne limitieren [9]. Obwohl diese DNA-Strukturen in anderen Arten nicht vorkommen, wurde wenig später auch bei Fadenwürmern und Taufliegen ein lebensverlängernder Effekt der Sirtuinaktivität gefunden [121], [122]. Mäuse wie Menschen besitzen sieben Sirtuingene, die in verschiedenen Zellkompartimenten wirken. Ihnen werden auch positive Wirkungen etwa auf den Stoffwechsel der Zellen und auf die Stabilität des Genoms zugeschrieben. Auch hilft das Enzym Sirtuin, die innere Uhr im Gang zu halten, die dafür sorgt, dass die Prozesse unseres Körpers im Einklang mit dem natürlichen Tag-und-Nacht-Rhythmus ablaufen.

Kurz nach der Jahrtausendwende stieß Konrad Howitz auf Resveratrol, ein pflanzliches Polyphenol, das Sirtuin aktiviert. Sodann fütterte Sinclair die Bäckerhefen mit dem Sirtuin-Aktivator, und in der Tat, die Zellen lebten länger [123]. Sinclair ging davon aus, dass Resveratrol die Zellen in den Status der kalorischen Restriktion versetzt und somit lebensverlängernde Effekte erzielt. Resveratrol konnte zwar nicht die Lebensdauer von Mäusen verlängern, aber stark übergewichtige Mäuse, denen Sinclair hohe Mengen Resveratrol fütterte, ging es sehr viel besser. Sie überlebten länger als die verfettete Kontrollgruppe [124].

Resveratrol ist ein pflanzlicher Stoff, der in Himbeeren, Pflaumen, Erdnüssen und in unterschiedlichen Mengen auch im Rotwein (Weintrauben) vorkommt. Auf diese Verbindung sprangen die Medien naturgemäß besonders an. Plötzlich hatte man eine wissenschaftlich fundierte Rechtfertigung, Rotwein zu trinken. Und zwar in rauen Mengen, denn um eine auch nur annähernd relevante Menge an Resveratrol zu sich zu nehmen, müsste man sich täglich in den Rotweinvollrausch trinken.

Darüber hinaus verweilt Resveratrol nur sehr kurzzeitig im Blut, denn es wird alsbald in der Leber entsorgt. Also mussten bessere, d. h. spezifischere und stabilere Sirtuin-Agonisten her. Agonisten (von griechisch *agonistis* »der Handelnde«) nennt man Stoffe, die die Aktivität eines Moleküls erhöhen, in diesem Fall also eine Substanz, die die Wirkkraft von Sirtuin erhöhen würde. Und aus Molekülen mussten Medikamente gemacht werden. Dazu gründete Sinclair gemeinsam mit Christoph Westphal die Firma Sirtris.

Da das Altern an sich aber keine Krankheit ist, sollten Sirtuin-Agonisten zunächst gegen Herz-Kreislauf-Erkrankungen und Krebs eingesetzt werden. Alsbald, so der Plan, würden schon genügend Menschen dauerhaft ihre Sirtuine aktivieren, um sich vor Typ-2-Diabetes und Krebs als typische altersassoziierte Krankheit zu schützen. Dann würde man sehen, ob Sirtris' Medikamente auch vor Alzheimer schützen oder sogar das Altern hinauszögern könnten.

Der Pharmariese GlaxoSmithKline wurde auf das Potenzial von Sirtuin-Agonisten aufmerksam und kaufte für 720 Millionen

Dollar Sinclairs und Westphals Firma. Aber bald schon kamen Zweifel an der Wirksamkeit von Resveratrol und den anderen von Sirtris entwickelten Sirtuin-Agonisten auf. Die konkurrierenden Pharmaunternehmen Amgen und Pfizer stellten Sirtris' Experimente nach und fanden keinerlei nachweisbare Wirkung, weder von Resveratrol noch von anderen Sirtuin-Agonisten [125], [126].

Eine Erklärung der unterschiedlichen Ergebnisse liegt vermutlich in den verschiedenen Versionen des Sirtuin-Proteins, die benutzt wurden. Während bei Sirtris eine Version von Sirtuin zum Einsatz kam, die mit einem Farbstoff verbunden war, verwendete die Konkurrenz das Sirtuin-Protein so, wie es in der Zelle natürlich vorkommt. In der Zwischenzeit ist auch die lebensverlängernde Wirkung von Sirtuin selbst in mehreren Organismen in Zweifel gezogen worden. So konnten David Gems in London keinen Effekt erhöhter Sirtuin-Mengen in Fadenwürmern und Taufliegen nachweisen [127]. Auch hierzu sind im Nachgang wiederum Daten veröffentlicht worden, die eine signifikante, wenn auch verhältnismäßig geringe Verlängerung der Lebensdauer bei erhöhtem Sirtuin-Gehalt offenbaren.

Sirtuine sind zweifelsohne wichtige Proteine, die in verschiedenen biologischen Prozessen eine Rolle spielen.* Sie helfen der Zelle beim Messen des Energiestatus, sie fördern die Stabilität des Genoms und den Stoffwechsel der Mitochondrien.** Welche

---

* Sirtuine verändern Proteine, indem sie eine *Acetylgruppe* entfernen. Ähnlich der Phosphorylierung kann die Aktivität von Proteinen auch durch die Acetylierung reguliert werden. Die Deacetylierung, also das Entfernen von Acetylgruppen von anderen Proteinen durch Sirtuine, hängt vom metabolischen Status der Zelle ab, weil die Sirtuine dabei den »Energiechip« NAD benutzen.

** Genau wie andere Arten der Modifikationen, sei es Phosphorylierung, Methylierung, Sumoylierung oder Ubiquitinylierung, die über das Anhängen von Phosphat-, Methyl-, Sumo- oder Ubiquitingruppen die Eigenschaften von Proteinen verändern, wird auch die von Sirtuin kontrollierte Acetylierung zur Regulation von Proteinen eingesetzt.

Rolle die Steigerung der Sirtuin-Aktivität durch den Einsatz spezifischer Agonisten in der Anti-Aging-Medizin einnehmen wird, bleibt noch herauszufinden.

Es gibt durchaus interessante Ansätze, die Ursachen alternsbedingter Erkrankungen an ihrer Wurzel, nämlich der Alterung selbst zu packen. Es bedarf aber langfristiger Studien, die anhand von Biomarkern des Alterns kontrolliert werden, um herauszuarbeiten, ob eine Therapie wirklich das Altern aufhalten und alternsbedingte Erkrankungen verhindern kann.

Ausblick:
Wege aus der alternden Gesellschaft

Selbst wenn bahnbrechende medizinische Entwicklungen in der Therapie von Krebs oder Altersdemenz ausbleiben, selbst ohne die »magische Anti-Aging-Pille«, werden wir immer älter. Alle sieben Jahre gewinnen wir ein zusätzliches Lebensjahr dazu. Das heute Neugeborene hat gute Aussichten, einmal hundert Jahre alt zu werden. Die gestiegene Lebenserwartung ist zunächst einmal eine grandiose zivilisatorische Leistung.

Ein Leben in unserer heutigen Zeit, zumindest im reichen Westen, würde wohl jedem unserer Vorfahren wie ein Leben im Paradies anmuten. Bis Mitte dreißig, also der durchschnittlichen Lebenserwartung der Menschen im Mittelalter, leben die meisten von uns frei von schweren Krankheiten und Leiden. Selbst die Ärmsten unserer Bevölkerung leiden weder Hunger, noch reicht ihr Elend auch nur im Entferntesten an jene Zustände heran, die bis vor wenigen Jahrhunderten das Leben großer Teile der Bevölkerung bestimmten. Auch wenn uns die alternde Gesellschaft vor so große Herausforderungen stellt, sollten wir dabei nie vergessen, in welch glückliche Zeiten wir hineingeboren wurden. Noch nie hatten wir Infektionskrankheiten so unter Kontrolle, noch nie wussten wir mehr von der Welt und was sie im Innersten zusammenhält, noch nie hatten wir die Möglichkeiten freien Denkens und Handelns, die uns heute fast selbstverständlich erscheinen.

Aber unser Leben ist nicht die grenzenlose Jugendlichkeit, die uns täglich in Werbung und Fernsehsendungen entgegenschallt.

Unser aller Leben wird früher oder später durch das Altern geprägt sein. Schon immer mussten die Jüngeren für die Älteren sorgen. Lange war dies vor allem eine Familienangelegenheit. Kinderreichtum bedeutete nicht nur familiäres Glück, sondern auch Versorgung und Sicherheit, wenn man selbst nicht mehr für das Auskommen Sorge tragen konnte.

Seit der industriellen Revolution hat sich das traditionelle Modell der Familienversorgung weitgehend überlebt. Staatliche Strukturen mussten geschaffen werden, um die Versorgung der Kranken und Alten zu übernehmen. In Deutschland gilt deren Betreuung als gesamtgesellschaftliche Aufgabe. Selbst in liberaleren Gesellschaften wie den USA, die traditionell die Freiheit des Einzelnen über die Macht des Staates stellen und jeglichem Kollektivismus skeptisch gegenüberstehen, wird zunehmend erkannt, dass auch die Gesellschaft als Ganzes den Armen und Schwachen gegenüber eine Verantwortung hat. Dabei entstammten auch in Deutschland die Sozialleistungen keineswegs der Nächstenliebe. Bismarck erkannte vielmehr scharfsinnig, dass kranke Arbeiter schlechte Arbeiter sind und dass sie Erholungsphasen und medizinische Versorgung brauchen, damit sie wieder produktiv sein können.

Das System funktioniert gut, solange genügend Menschen für die Versorgung der Alten und Kranken arbeiten. In den Fünfzigerjahren lebten die Menschen nach Eintritt in den Ruhestand noch durchschnittlich neun Jahre. Mittlerweile hat sich die Zeitspanne des durchschnittlichen Rentengenusses aber verdoppelt. Die Lebensarbeitszeit hat sich aber nur wenig verändert. Wir sind schon mitten im demographischen Wandel begriffen. Waren 1970 nur zwanzig Prozent der Bevölkerung über sechzig Jahre alt, sind es heute schon dreißig Prozent. Zusätzlich steigt die Lebenserwartung kontinuierlich an. Für das Jahr 2060 wird mit einer durchschnittlichen Lebenserwartung der Männer von 85 Jahren, und der Frauen von fast 90 Jahren gerechnet. Schon in wenigen Jahren werden zwei Erwerbstätige einen Rentner versorgen müssen. Ab 2020 tritt die Generation der Babyboomer in den Ruhestand. Ihnen kommen nur noch geburtenschwächere Jahrgänge nach. Bei einer Geburtenrate von derzeit 1,4 Kindern pro Frau nimmt die Bevölkerung in Deutschland unausweichlich ab. Schon jetzt kann man in Ostdeutschland beobachten, wie sich dörfliche Strukturen auflösen, weil nur noch wenige Junge vielen Alten gegenüberstehen.

Ist das der Vorgeschmack auf die Zukunft unserer Gesellschaft?

Die Zahlen der Demographen sind eindeutig und dürfen nicht ignoriert werden. Unser Rentensystem stirbt einen langsamen Tod. Schon heute sinkt das Rentenniveau. Private Zusatzrenten, seien es Betriebsrente, Riester- oder Rürup-Rente, sollen die sinkende Altersversorgung aufstocken. Betrachtet man die Demographie, so wird jedem klar, dass die derzeitige Altersversorgung radikaler Reformen bedarf. Die demographische Entwicklung ist wie ein Tsunami, der auf uns zukommt.

Aber der bequemste Umgang mit zu groß und ungewiss erscheinenden Herausforderungen ist und bleibt Ignoranz bzw. Verdrängung. Es gehört zu unseren Grundinstinkten, an Gewohntem festzuhalten. Die Angst, etwas vom eigenen Besitz einzubüßen, ist größer als die Hoffnung auf neue Errungenschaften. Wollen Politiker erfolgreich sein, müssen sie sich zu Komplizen der Mehrheit machen. Denn es sind immer nur wenige, die bereit sind, zu neuen Ufern aufzubrechen. Volksparteien würden ihre Identität gefährden, fingen sie an, für radikale Veränderungen zu kämpfen, so notwendig diese auch sein mögen. So anachronistisch ein Beibehalten des Renteneintrittsalters – nicht zu erwähnen ein Absenken – bei Betrachten der Faktenlage ist, so populär ist es doch. Und es spricht unser Gefühl für Verteilungsgerechtigkeit direkt an.

Obwohl wir dazu neigen, möglichst überzeugend den Status quo zu verteidigen, sollten wir der Nachhaltigkeit des Stillstandes doch mit gesundem Misstrauen begegnen. Wohlstand und Besitz sind nicht ein Kuchen, den es zu verteilen gilt. Produktivität ist dynamisch. Der Wert eines Industrieproduktes ist nicht die Masse der in ihm verbauten Rohstoffe, sondern die durch die besondere Ingenieursleistung kreierte Wertschöpfung.

Wir brauchen immer neue, kreative Ideen und ein gesellschaftliches Umfeld, das bereit ist, Ideen in Innovation umzusetzen. Viele bahnbrechende Erfindungen, denken wir nur an Carl Benz' Erfindung des Automobils, sind in kleinen Werkstätten oder sogar nur durch puren Zufall entstanden, wie etwa Alexander Flemings Penicillin. Wissenschaft und Innovation leben von unvorhergesehenen Einfällen und Beobachtungen. Erfindungen können aber nur zu Innovationen führen, wenn sie auf fruchtbaren Boden fallen. Invention und Innovation gedeihen nur in einer dynamischen Umgebung. Der Stillstand ist ihr ärgster Feind.

Die Schlachten um Wohlstand und Prosperität werden nicht mit Bevölkerungszahlen geschlagen. Selbst wenn die Geburtenraten wie von Wunderhand steigen sollten, würde es massiver Investitionen in Kindertagesstätten, Schulen, Berufs- und Hochschulen sowie Universitäten bedürfen, damit dreißig Jahre später eine größere Zahl arbeitender Menschen das Heer der Rentner versorgen könnte.

Die Familienpolitik setzt in Deutschland auf Transferleistungen wie Kindergeld und Entlastung durch Steuerfreibeträge. Das Ziel der Familienpolitik ist in Wahrheit Bevölkerungspolitik, d. h. sie zielt darauf ab, die Geburtenrate zu erhöhen. Damit ist sie allerdings grandios gescheitert. Vielleicht hatte die primär finanziell ausgerichtete Art der Familienpolitik langfristig sogar negative Auswirkungen, wurden die Ängste potenzieller Eltern vor dem finanziellen Risiko der Familiengründung durch die einseitige Diskussion eher verstärkt.

Erst spät wurde in Deutschland die Bedeutung von Kindertagesstätten zur Vereinbarkeit privater und beruflicher Wünsche von Eltern erkannt. Es ist an der Zeit, eine kinderfreundlichere Gesellschaft zu werden. Gerade Akademiker verzichten aus vielerlei Gründen häufig bis weit in ihre Dreißigerjahre hinein auf die Familiengründung. Es könnte hilfreich sein, schon in Universitäten Angebote zur Vereinbarkeit von Studium, Karriere und Familie zu machen. Die USA machen es seit Jahrzehnten vor, dass frühe Familiengründung und Karriere vereinbar sind. Hohe Summen bezahlen dort junge Eltern für die Versorgung ihrer Kinder. Da bleibt oft kaum Geld für den eigenen Konsum übrig, aber die Familie ist es ihnen wert.

Wir sollten aufhören, bei der Familienpolitik eine Erwartungshaltung zu schüren, dass der Staat die Kinder zu versorgen hätte. Die Familienplanung ist besser bei Eltern aufgehoben, denen der Staat gemeinsam mit dem Arbeitgeber, der von der Berufstätigkeit der Eltern profitiert, eine funktionierende Infrastruktur stellt.

Die Wirkung von jahrzehntelang niedrigen Geburtenraten sind nicht umkehrbar. Daher scheidet Familien- oder Bevölkerungspolitik als Lösung zur Unterstützung der alternden Gesellschaft aus. Eine Alternative, eine produktive Bevölkerungsmehrheit beizubehalten, ist die Zuwanderung.

Um unsere Bevölkerungszahl in Deutschland bei gut 80 Millionen halten zu können, werden wir alsbald etwa ein Viertel Zuwanderer benötigen. In der Schweiz ist dieser Zustand bereits eingetreten. Der Wohlstand unseres Nachbarlandes beruht heute zu einem Großteil auf Zuwanderung. Gerade bei der Versorgung der alten Menschen kann die Schweiz gar nicht auf Ausländer verzichten. Aber auch in der Forschung ist die Schweiz zu einem erheblichen Teil auf ausländische Wissenschaftler angewiesen.

Der Schweiz ist es aber nicht gelungen, weite Teile ihrer eigenen Bevölkerung von den positiven Aspekten der Zuwanderung zu überzeugen. Auch in Deutschland scheint man mit den Ansprüchen der Zuwanderungspolitik überfordert zu sein. Zwischen den Extremen von Multikulti auf der einen Seite und der Verweigerung des Faktums Zuwanderung auf der anderen, blieb lange nur wenig Platz für eine rationale Diskussion. Halbherzige Maßnahmen etwa zur Anziehung indischer IT-Experten waren gegenüber den Verlockungen der Gehälter im Silicon Valley geradezu lächerlich.

Traditionelle Zuwanderungsgesellschaften, wie die US-amerikanische oder die kanadische, geben uns Beispiele, wie Zuwanderung erfolgreich gesteuert werden kann. Natürlich kennen auch solche Gesellschaften Überfremdungsängste, etwa angesichts hoher Zahlen lateinamerikanischer Zuwanderer in den USA. Doch mindert das nicht den Zugewinn, den eine kluge Einwanderungspolitik diesen Ländern verschafft hat. Wir müssen unser Interesse an Zuwanderung besser definieren, um auch den Überfremdungsängsten argumentativ begegnen zu können.

Die Niederlande galten lange Zeit als liberale Gesellschaft mit einer toleranten Einwanderungspolitik. Allerdings hatte man den Zündstoff unterschätzt, der entsteht, wenn Toleranz zur Gleichgültigkeit wird und weite Teile der Zuwanderer nicht in die eigene Gesellschaft integriert werden. Wir brauchen eine aktive Zuwanderungspolitik, die zur Integration motiviert. Es muss eine positive Identifikation mit unserer Gesellschaft erreicht werden, die die mit dem Herkunftsland verbundene Identität zunehmend ersetzen kann. Zuwanderungspolitik beginnt im Herkunftsland und setzt sich hier fort. Sie darf nicht von Überfremdungsängsten geleitet sein, muss diese aber ernst nehmen. Schließlich müssen wir erkennen, dass Zuwanderung unabdingbar ist, wollen wir unseren Wohlstand und unseren hohen Lebensstandard wahren.

Die Diskussion um die alternde Gesellschaft sollte sich nicht allein mit dem Sozialsystem und den Transferleistungen befassen. Das wird dem Ausmaß des Wandels unserer Gesellschaft in keiner Weise gerecht. Die Frage, wie die immer länger werdende Lebenserwartung unsere Gesellschaft verändern wird, bedarf einer sehr viel umfassenderen Diskussion.

Zum einen stellt sich die Frage, wie die Gesellschaft mit den immer langlebigeren Alten umgeht. Schon heute entfällt die Hälfte aller Gesundheitskosten auf die über Fünfundsechzigjährigen. Alzheimerpatienten können noch viele Jahre leben, benötigen aber intensive Pflege. Die Pflege der an Krankheit, körperlicher oder geistiger Schwäche Leidenden ist schon heute eine schwierige Herausforderung. Auf der einen Seite stehen Pflegekräfte mit niedrigen Gehältern und schweren Aufgaben, auf der anderen Seite die zunehmende Zahl Pflegebedürftiger, die sich die notwendige Rundumpflege nicht leisten können. Familien reiben sich auf zwischen der Pflege und dem eigenen Job. Wie finanziert man eine 24-Stunden-Versorgung, die dermaßen arbeitsintensiv ist?

Die Japaner sind derzeit die Rekordhalter bei der Lebenserwartung. Japan ist auch Spitzenreiter in der Forschung und Entwicklung von Robotern, die eines Tages den alten Menschen bei der Bewältigung des täglichen Lebens beistehen sollen. Haushaltsroboter könnten in der Zukunft die Ausdünnung des arbeitenden Teils der Gesellschaft kompensieren.

Der Ressourcenbedarf der Alten ist enorm. Bereits in der gegenwärtigen Rentendiskussion gilt es, die Last der Jüngeren mit den Ansprüchen der Rentner aufzurechnen. Jede Rentenerhöhung, jeder zusätzliche Rentner, jedes dazugewonnene Lebensjahr im Alter belastet das Einkommen der Jüngeren. Die Politik wird sich nach der Wählermehrheit richten, und da bleiben die Jüngeren unweigerlich auf der Strecke. Deshalb darf unsere Gesellschaft nicht nur passives Opfer des demographischen Wandels werden, sondern muss sich grundlegend wandeln, will sie sich nicht im Kampf der Generationen selbst zerfleischen. Es wird sich ein neues Gesellschaftsmodell etablieren müssen, in dem nicht Alt gegen Jung ausgespielt werden, sondern in dem es eine Gemeinschaft jenseits der Altersgrenzen gibt.

Dieser Wandel kann nur gelingen, wenn ein besseres Verständnis und Bewusstsein des Alterns uns als Individuen wie als Gesellschaft in die Lage versetzen kann, unsere Zukunft in die Hand zu nehmen und notwendige Veränderungen zu bewerkstelligen.

Eine Verlängerung der Lebensspanne ohne eine damit einhergehende Verlängerung der »Gesundheitsspanne« droht geradezu in eine Horrorvision der morbiden Gesellschaft zu führen.

Die Gesundheitsspanne ist die Zeit des Lebens, die wir in Gesundheit verbringen. Die Gesundheitsspanne wird dann verlängert, wenn alternsbedingte Erkrankungen später oder gar nicht einsetzen. Wir wissen nicht, ob es uns gelingen wird, alternsbedingten Erkrankungen auf breiter Front vorzubeugen, aber wir dürfen nichts unversucht lassen. Denn nur so können wir die Voraussetzung dafür schaffen, dass die alternde Gesellschaft nicht zur alterskranken Gesellschaft mit unabsehbaren Folgen wird.

Hier sind große Investitionen in die biologische Alternsforschung und in die Entwicklung vorbeugender Therapien notwendig. Denn nur eine Gesellschaft, die überwiegend aus agilen, fähigen und leistungsstarken Mitgliedern besteht, wird die Lebensqualität junger wie alter Menschen dauerhaft erhalten können.

Um den gesellschaftlichen Wohlstand zu wahren, wird eine der wichtigsten Transformationen auf dem Feld der Arbeitswelt stattfinden müssen. Es ist undenkbar, dass, wenn eine durchschnittliche Lebenserwartung von weit über neunzig Jahren erreicht wird, das Arbeitsleben schon mehr als drei Jahrzehnte vorher beendet wird.

Es wird nach der industriellen Revolution des 19. Jahrhunderts eine neue Revolution der Arbeitsteilung geben müssen. Die Aufgaben werden weiter individualisiert und sich der jeweiligen Lebensphase anpassen müssen. Weiterbildung wird einen ganz anderen Stellenwert erhalten und normaler Teil des Arbeitsalltags werden. Körperliche Arbeit wird mit dem Alter sicher abnehmen müssen, aber geistige Potenziale und Fähigkeiten in dieser Lebensperiode müssen genutzt werden.

Hierzu bedarf es einer Bildungs- und Ausbildungskultur, die das menschliche Potenzial von der Jugend bis ins Alter zur Entfaltung bringt. Starre Altersgrenzen wie das Renteneintrittsalter werden der Vergangenheit angehören. Durchaus kann man heute schon Anzeichen dafür sehen. Wir erleben Menschen, die auch in hohem Alter noch besondere Leistungen erbringen. Wirtschaftsführer, die nach wie vor Entscheidungen treffen. Politiker, die ihren Erfahrungsschatz auch lange nach dem üblichen Rentenalter zu nutzen wissen. Wissenschaftler, die viele Jahre nach der Emeritierung noch neue Erkenntnisse gewinnen. Die Produktivität kann nicht mehr länger allein von Jüngeren abhängen, sondern muss von Jung und Alt gemeinsam erbracht werden. Was wiederum voraussetzt, dass sich ein Teil unserer Gesellschaft seine Agilität bis in das hohe Alter bewahrt.

Das Erreichen der Rente sollte nicht das Ziel eines Arbeitslebens sein. Das plötzliche Ausscheiden aus dem Arbeitsleben kann sowohl fatale soziale wie auch gesundheitliche Folgen nach sich ziehen. Das starre Ausscheiden, sei es mit 63, 65, 67 oder 70 Jahren, ist oftmals auch ein soziales Ausscheiden. Aus dem hektischen Arbeitsleben heraus betrachtet, mutet die unendliche Freizeit des Rentners verlockend an, aber sie enthält doch auch ein Moment des Abgeschoben-worden-Seins. Man wird nicht mehr gebraucht. Die Diskriminierung der Alten fängt aber schon früher an. Obwohl die geistige Leistung zwischen einem Dreißigjährigen und einem Siebzigjährigen nicht nennenswert differiert, traut man den Alten kaum noch zu, Neues zu lernen und Wichtiges zu leisten.

Die Altersapartheid aber ist Gift für eine gesunde alternde Gesellschaft. Aber dieses Gift trägt auch der Einzelne in sich. So erklären junge Leute, sie möchten gar nicht ewig leben, sondern nach siebzig oder achtzig Jahren »einschlafen«, während kaum ein Achtzigjähriger morgen sterben will. Man sollte sich in seinem eigenen Überlebensinstinkt nicht täuschen. Der Mensch ist wie alle Lebewesen auf das Überleben, nicht auf das Sterben programmiert. Aber Altern heißt heute eben häufig auch, an schweren Krankheiten zu leiden. Je positiver Menschen dem Altern gegenüber eingestellt sind, desto höher ist auch ihre Lebenserwartung. Unsere alternde Gesellschaft kann aber nur eine Zukunft haben, wenn alternsbedingten Erkrankungen wirkungsvoll vorgebeugt werden kann. Es ist deshalb von zentraler Bedeutung für unsere Gesellschaft, Alterung zu verstehen und präventive Therapien zu entwickeln. Hieran wird sich die Zukunft unserer Gesellschaft wie die Zukunft jedes alternden Menschen entscheiden.

Aber die erfolgreiche Entwicklung solcher präventiven Therapien ist keine Selbstverständlichkeit. Wissenschaftlicher Fortschritt ist nicht planbar, nicht vorhersehbar. Die industrielle Revolution hätte schon zweitausend Jahre früher stattfinden können, als der griechische Mathematiker und Ingenieur Heron von Alexandria Wärmemaschinen erfand. Jedoch stieß seine Erfindung auf keinerlei praktische Resonanz in der antiken Gesellschaft.

War das Europa des 18. und 19. Jahrhunderts noch *der* Innovationsmotor, befinden wir uns heute in einer Phase der Konsolidierung [128]. Ein zur Mitte des neunzehnten Jahrhunderts Geborener hatte in seiner Lebenszeit wahre technologische Revolutionen zu bestaunen. Ob die Erfindung der Glühbirne, des Telefons, des bewegten Films, des Automobils, es waren epochale Neuerungen. Heute fühlen wir uns beim Surfen im Internet mit dem Smartphone unglaublich fortschrittlich, obwohl wir kaum was Besseres mit unseren Gadgets anzufangen wissen, als ganz konventionell soziale Verbindungen zu bestätigen.

Auch die chinesische und indische Gesellschaft streben nicht auf der Basis von Erfindungen und Innovationen wirtschaftlich empor. Bahnbrechende Innovationen sind selten geworden. Und in der Medizin geht die Pharmaindustrie lieber den Weg der Weiterentwicklung bereits vorhandener Arzneien, des sogenannten »Evergreenings«. Ein neuer Patentschutz – und damit eine weiter sprudelnde Einnahmequelle – ist ja schon erreicht, wenn ein Wirkstoff auch nur minimal verbessert worden ist. Ein ganz neues Medikament zu entwickeln ist risikoreich und kostspielig. Sicherlich kann mit einem »Blockbuster«-Medikament ein Vermögen verdient werden. Aber Medikamente, die über eine Milliarde Dollar Umsatz erzielen und dann den Adelstitel »Blockbuster« tragen dürfen, sind selten.

Die Entwicklung neuer Therapien stellt eine massive Investition dar. Dem Vermarkten bereits patentierter und zugelassener Medikamente gilt deshalb viel mehr Bedeutung seitens gewinnorientierter Pharmaunternehmen. Innovationen werden mittlerweile häufig durch Zukauf kleiner Biotechnologiefirmen herangezogen. Die Pharmabranche hat sich in den letzten Jahrzehnten schon weitgehend konsolidiert, wie viele andere Industrien auch.

Große Einheiten, wie die Pharmariesen, sind aber nie annähernd so innovativ wie kleine, von Entrepreneurgeist getriebene Unternehmen. Zur Entwicklung eines Medikamentes gehören nicht nur das Finden des Wirkstoffes und präklinische Erprobung, sondern klinische Studien mit dem Ziel der Markteinführung. Das US-amerikanische National Institute of Health entwickelt mittlerweile im Regierungsauftrag neue Medikamente und Therapien und übernimmt dabei Teile der klassischen Forschung der Pharmaindustrie. Bei abnehmender Innovationsfähigkeit der Pharmaunternehmen stellt sich durchaus die Frage, ob die Entwicklung neuer Therapien dann zur gesellschaftlichen Aufgabe werden muss. Fortschritt benötigt maximale Innovationsfähigkeit. Dabei ist eine Überprüfung von regulatorischen Hindernissen der Therapieentwicklung angebracht.

Neue Medikamente müssen in jedem Fall sicher sein und eine verbesserte Therapiewirkung bringen. Zudem sind neue, exklusiv vermarktete Medikamente oft extrem teuer und belasten das öffentliche Gesundheitswesen. Pharmaunternehmen sollen die Kosten der Entwicklung, Erprobung und Markteinführung wieder erwirtschaften und müssen zudem Gewinne ausweisen. Es bedarf in der Tat großer Investitionen, soll ein neues Medikament klinisch erprobt werden.

Zunächst muss die Verträglichkeit und Sicherheit des Medikamentes in der sogenannten Phase I festgestellt werden, bevor dann in der Phase II die richtige Dosierung etabliert wird. In der Phase III muss der Therapieerfolg an meist Tausenden Patienten erwiesen werden, um dann die Marktzulassung zu erwirken. Anschließend folgt in der Phase IV der Vergleich mit bereits auf dem Markt erhältlichen Therapien.

Alle diese Schritte sind notwendig, denn sie garantieren die Sicherheit der Medikamente, deren Wirksamkeit nachvollziehbar und evident sein muss. Vor allem durch die evidenzbasierte Entwicklung und Erprobung unterscheidet sich die moderne Medizin von der Homöopathie und von »traditionellen« Heilverfahren, für die paradoxerweise manche Menschen bereit sind, sehr viel mehr Geld auszugeben als für wirksame Medikamente.

Regulatorische Hürden stehen der Innovationskraft schon früh im Weg. Das betrifft zunächst einmal die Grundlagenforschung selbst. Jedes neue Medikament muss zunächst in der präklinischen Forschung entwickelt und an Tiermodellen erprobt werden. Eine Tierschutzideologie, die mittlerweile fanatisches Ausmaß erreicht hat, behindert aber Forschung und Innovation. Die Zucht von Tieren zur Nutzung durch den Menschen hat vor zehntausend Jahren die Grundlage für die Zivilisation gelegt. Bis dahin musste der Mensch genau wie viele andere Tierarten durch Jagd seine Nahrungsgrundlage erbeuten. Heute nutzt der Mensch Tiere aber nicht mehr allein in der Viehzucht. Tiere, wie alle Lebewesen, entsprangen einst gemeinsamen Vorläufern, aus denen sie sich durch die Evolution auseinanderentwickelten. Deshalb sind viele der biologischen Funktionen in Tieren denen des Menschen sehr ähnlich. Viele grundlegende Mechanismen können aus Untersuchungen bei einfachen Organismen, wie Bakterien, Hefepilzen, Fadenwürmern oder Taufliegen erschlossen werden. Um aber einen so komplexen Organismus wie den menschlichen zu verstehen, benötigt man Studienobjekte, die evolutionär näher am Menschen sind. Krankheiten lassen sich oft bereits in Mäusen nachstellen. Untersuchungen an Primaten sind etwa zum Verständnis von Kognition unerlässlich.

Aber auch langfristige Interventionsstudien alternsbedingter Erkrankungen benötigen Modelle, die die menschliche Biologie möglichst getreu nachstellen. Bis eine Therapie überhaupt konzipiert werden kann, ist ein ausreichendes Verständnis nicht nur der zu behandelnden Krankheit, sondern der betroffenen biologischen Prozesse notwendig. Krankheiten wie Therapien betreffen nicht nur die befallenen Zellen und Gewebe selbst, sondern haben immer auch Auswirkungen auf den gesamten Organismus. Weder eine Krankheit an sich noch eine Therapie kann in isolierten Zellen nachgestellt werden. Viele der Wechselwirkungen in unserem Körper sind noch unbekannt. Deshalb sind Erkenntnisse aus Säugern so bedeutsam.

Der Tierschutzgedanke, gepaart mit einer tiefen, meist aus Unwissenheit gespeisten Wissenschaftsskepsis, erhöht die regulatorischen Hürden und verhindert so langfristig die Entwicklung notwendiger Therapien. Anstatt des bürokratischen Kampfes benötigen wir eine offene Diskussion, bei der klar werden muss, ob der politisch motivierte Tierschutz auch bereit ist, auf die Heilung von Kranken zu verzichten, um Tiere vor Experimenten zu bewahren. Damit würde die Dimension des Angriffes auf die Ethik unserer Gesellschaft dann offenbar. Denn es sollte noch immer das Primat des Wertes und der Würde des Menschen gelten.

Menschen gehen zuweilen aus Unwissenheit und Ignoranz hohe gesundheitliche Risiken ein. Gerade deshalb ist es unabdingbar, den hohen Grad der wissenschaftlichen Erkenntnis, der in den letzten zweihundert Jahren erlangt worden ist, auch in die Gesellschaft hineinzutragen. Es bedarf aber auch die Anstrengung jedes

Einzelnen, um an der viel gerühmten »Wissensgesellschaft« teilzuhaben. Noch nie waren die Quellen des Wissens so frei zugänglich wie heute. Mittlerweile lässt sich Wissen auch für den Laien abrufen. Sicherlich ist gerade in Deutschland der Wissenschaftsjournalismus noch sehr ausbaufähig, aber es obliegt auch jedem Einzelnen, die richtigen Fragen zu stellen und nach neuen Antworten zu suchen. Es lohnt sich, mehr über sich selbst und die Welt zu erfahren, dazu hat das Internet wahrlich Großes geleistet. Der kritische Geist aber ist noch immer das Individuum selbst.

Dem Alternsforscher wird oft die Frage gestellt, wann denn nun endlich die Anti-Aging-Therapie da ist. Wann liefert die Forschung jene Fortschritte, für die die Gesellschaft das nötige Geld gibt? Wann werden alternsbedingte Erkrankungen besiegt sein? Milliarden wurden in Krebsforschungsinstitute und Demenzzentren investiert. Aber noch immer sterben Menschen an Krebs oder verlieren ihr Gedächtnis.

Um Krankheiten besiegen zu können, muss man sie verstehen. Die Krankheiten des Alters sind hochkomplex. Krankhafte Veränderungen – Pathologien – entstehen im Alter in den verschiedensten Geweben. Je einfacher ein Organismus ist, desto dramatischer sind die Erfolge in der Lebensverlängerung. Eine einzige Mutation kann im Fadenwurm das Leben verdoppeln. Im Menschen wirken aber viel komplexere Organe zusammen. Allein Krebs ist nicht einfach eine einzige Erkrankung. Nicht nur verschiedene Krebsarten, sondern verschiedene Patienten mit der gleichen Krebsart benötigen verschiedene Therapien. Wir sollten niemals den Fehler begehen, die Komplexität des Lebens zu unterschätzen. Noch können wir kaum abschätzen, wie weit sich das menschliche Altern verzögern lässt und ob alternsbedingte Erkrankungen umfassend verhindert werden können.

Wir stehen jedoch mit dem Rücken zur Wand. Finden wir keine effektiven Therapien zur Prävention, wird die vergreiste Gesellschaft Wirklichkeit. Gesundheitskosten werden explodieren, die Krankheitsspanne der immer älter werdenden Menschen Jahre, vielleicht Jahrzehnte betragen.

Der epochale Fortschritt, der allein in den letzten zwei Jahrzehnten der Alternsforschung erreicht wurde, sollte uns aber optimistisch stimmen. Wenn wir weiter voranschreiten in die noch unbekannten Galaxien der molekularen Mechanismen des Lebens und des Alterns, wird es uns auch gelingen, nicht nur die Lebensspanne, sondern die »Gesundheitsspanne« zu verlängern und Krankheiten für immer zu besiegen, indem wir sie gar nicht erst entstehen lassen.

Seit seinen ersten schriftlichen Vermächtnissen beschäftigen den Menschen das Altern und der Tod. Erst die moderne Wissenschaft hat ihm Einsicht in die biologische Funktionsweise seiner selbst gegeben.

Der wissenschaftliche Fortschritt hat zu einem enormen Erkenntniszuwachs geführt. Die biologische Alternsforschung ist zwar erst wenige Jahrzehnte alt, hat aber schon tiefe Einblicke in die Ursachen und Mechanismen der Alterung gewinnen können. Es zeichnen sich neue Ansätze zur Behandlung altersbedingter Erkrankungen ab. Sei es in der regenerativen Medizin oder in präventiven Maßnahmen. Es ist absehbar, dass bei konsequenter Fortführung der Alternsforschung ein hohes Alter nicht mehr mit Leid und Erkrankung verwoben sein muss, sondern durch Vitalität gezeichnet sein kann. Es gibt eine realistische Perspektive auf ein gutes und langes Leben für alle.

Wir Deutschen sind mit unserem demographischen Wandel alles andere als allein. In fast jeder menschlichen Gemeinschaft werden die Menschen im 21. Jahrhundert älter als jemals zuvor.

Nicht nur in den entwickelten Ländern Europas und Nordamerikas, sondern auch in Schwellen- und selbst Entwicklungsländern können immer mehr Menschen einem langen Leben entgegensehen. Die Überalterung der Gesellschaften wird in Entwicklungsländern noch durch hohe Geburtenraten ausgeglichen. Das riesige China aber steht schon vor den gleichen demographischen Herausforderungen der alternden Gesellschaft wie Deutschland. Eine gesund alternde Gesellschaft ist somit nicht nur unser eigenes Ziel, sondern sollte das gemeinsame Streben der Menschheit sein.

Auch wir könnten Gilgamesch nicht das Elixier der Unsterblichkeit verabreichen. Die Unausweichlichkeit des Todes gilt heute wie in grauer Vorzeit. Aber wir könnten Gilgamesch die Geschichte des Wissens erzählen. Wir wissen heute, warum wir altern und sterben, auch wenn noch viele Mechanismen und Verbindungen zwischen Altern und Erkrankung aufzuklären sind.

Wir stehen vor großen Herausforderungen, aber noch nie in der Geschichte der Menschheit standen uns so vielfältige Möglichkeiten offen. Es liegt an uns, Chancen zu nutzen und uns als Menschen weiterzuentwickeln. Eine Welt ohne Krankheiten und Leid ist nicht unmöglich. Aber Fortschritt ist alles andere als ein Automatismus. Hochkulturen können schneller verschwinden, als sie entstanden sind. Das gilt auch für unsere derzeitige. Nur wenn wir weiterhin in bislang unbekannte Weiten, etwas die Funktionsweisen unserer Gene und Moleküle, vorstoßen, werden wir ein vollständigeres Wissen des Menschen und seines Alterns erlangen. Wir sind dem Verständnis unseres Seins heute näher als jemals zuvor. Unser Schicksal selbst in die Hand zu nehmen, sollte das Ziel unserer Epoche sein.

Anmerkungen und Literaturhinweise

[1] N. Leurpendeur, *Das Gilgamesch-Epos.* AJA Verlag, 2006.
[2] S. L. Miller and H. C. Urey, »Organic compound synthesis on the primitive earth.«, *Science*, vol. 130, no. 3370, pp. 245–251, Jul. 1959.
[3] A. Hershey and M. Chase, »Independent Functions of Viral Protein and Nucleic Acid in Growth of Bacteriophage«, *J Gen Physiol*, vol. 36, no. 1, pp. 39–56, Apr. 1952.
[4] H. F. Judson, *The Eighth Day of Creation.* Cold Spring Harbor Laboratory Press, 1996.
[5] J. D. Watson and F. H. Crick, »Genetical implications of the structure of deoxyribonucleic acid.«, *Nature*, vol. 171, no. 4361, pp. 964–967, May 1953.
[6] F. Crick, »Central dogma of molecular biology.«, *Nature*, vol. 227, no. 5258, pp. 561–563, Aug. 1970.
[7] F. H. Crick, L. Barnett, S. Brenner, and R. J. Watts-Tobin, »General nature of the genetic code for proteins.«, *Nature*, vol. 192, pp. 1227–1232, Dec. 1961.
[8] E. Bianconi, A. Piovesan, F. Facchin, A. Beraudi, R. Casadei, F. Frabetti, L. Vitale, M. C. Pelleri, S. Tassani, F. Piva, S. Perez-Amodio, P. Strippoli, and S. Canaider, »An estimation of the number of cells in the human body.«, *Ann. Hum. Biol.*, vol. 40, no. 6, pp. 463–471, Nov. 2013.
[9] D. A. Sinclair, K. Mills, and L. Guarente, »Accelerated aging and nucleolar fragmentation in yeast sgs1 mutants«, *Science*, vol. 277, no. 5330, pp. 1313–1316, Aug. 1997.
[10] H. Aguilaniu, L. Gustafsson, M. Rigoulet, and T. Nyström, »Asymmetric inheritance of oxidatively damaged proteins during cytokinesis.«, *Science*, vol. 299, no. 5613, pp. 1751–1753, Mar. 2003.
[11] E. J. Stewart, R. Madden, G. Paul, and F. Taddei, »Aging and death in an organism that reproduces by morphologically symmetric division.«, *PLoS Biol*, vol. 3, no. 2, p. e45, Feb. 2005.
[12] L. Hayflick and P. S. Moorhead, »The serial cultivation of human diploid cell strains«, *Exp. Cell Res.*, vol. 25, pp. 585–621, Dec. 1961.
[13] P. B. Medawar, *»An Unsolved Problem of Biology«, London: Lewis*, 1952.

[14] C. Darwin, *On the Origin of Species*. Penguin UK, 2009.
[15] T. B. Kirkwood and T. Cremer, *Cytogerontology since 1881: a reappraisal of August Weismann and a review of modern progress.*, vol. 60, no. 2. 1982, pp. 101–121.
[16] D. Harman, »Aging: a theory based on free radical and radiation chemistry«, *J Gerontol*, vol. 11, no. 3, pp. 298–300, Jul. 1956.
[17] S. Brenner, »The genetics of Caenorhabditis elegans«, *Genetics*, vol. 77, no. 1, pp. 71–94, 5/1974 1974.
[18] J. E. Sulston and H. R. Horvitz, »Post-embryonic cell lineages of the nematode, Caenorhabditis elegans«, *Developmental biology*, vol. 56, no. 1, pp. 110–156, 3/1977 1977.
[19] H. M. Ellis and H. R. Horvitz, »Genetic control of programmed cell death in the nematode *C. elegans*«, *Cell*, vol. 44, no. 6, pp. 817–829, 3/28/1986 1986.
[20] T. E. Johnson, »Increased life-span of age-1-Mutants in Caenorhabditis elegans and lower Gompertz rate of aging.«, *Science*, vol. 249, no. 4971, pp. 908–912, Aug. 1990.
[21] C. Kenyon, J. Chang, E. Gensch, A. Rudner, and R. Tabtiang, »A C. elegans mutant that lives twice as long as wild type.«, *Nature*, vol. 366, no. 6454, pp. 461–464, Dec. 1993.
[22] D. J. Clancy, D. Gems, L. G. Harshman, S. Oldham, H. Stocker, E. Hafen, S. J. Leevers, and L. Partridge, »Extension of life-span by loss of CHICO, a Drosophila insulin receptor substrate protein«, *Science*, vol. 292, no. 5514, pp. 104–106, Apr. 2001.
[23] G. D. Snell, »Dwarf, a new Mendelian Recessive Character of the House Mouse.«, *Proceedings of the National Academy of Sciences of the United States of America*, vol. 15, no. 9, pp. 733–734, Sep. 1929.
[24] H. Brown-Borg, K. Borg, C. Meliska, and A. Bartke, »Dwarf mice and the ageing process«, *Nature*, vol. 384, no. 33, pp. 1–1, Nov. 1996.
[25] M. Holzenberger, J. Dupont, B. Ducos, P. Leneuve, A. Geloen, P. C. Even, P. Cervera, and Y. Le Bouc, »IGF-1 receptor regulates lifespan and resistance to oxidative stress in mice«, *Nature*, vol. 421, no. 6919, pp. 182–187, 1/9/2003 2003.
[26] J. Guevara-Aguirre, P. Balasubramanian, M. Guevara-Aguirre, M. Wei, F. Madia, C. W. Cheng, D. Hwang, A. Martin-Montalvo, J. Saavedra, S. Ingles, R. de Cabo, P. Cohen, and V. D. Longo, »Growth hormone receptor deficiency is associated with a major reduction in pro-aging signaling, cancer, and diabetes in humans«, *Sci Transl Med*, vol. 3, no. 70, p. 70ra13, Feb. 2011.
[27] B. J. Willcox, T. A. Donlon, Q. He, R. Chen, J. S. Grove, K. Yano, K. H. Masaki, D. C. Willcox, B. Rodriguez, and J. D. Curb, »FOXO3A genotype is strongly associated with human longevity.«, *Proceedings of the National*

Academy of Sciences of the United States of America, vol. 105, no. 37, pp. 13987–13992, Sep. 2008.

[28] F. Flachsbart, A. Caliebe, R. Kleindorp, H. Blanché, H. von Eller-Eberstein, S. Nikolaus, S. Schreiber, and A. Nebel, »Association of FOXO3A variation with human longevity confirmed in German centenarians.«, *Proceedings of the National Academy of Sciences of the United States of America*, vol. 106, no. 8, pp. 2700–2705, Feb. 2009.

[29] Y. Suh, G. Atzmon, M. O. Cho, D. Hwang, B. Liu, D. J. Leahy, N. Barzilai, and P. Cohen, »Functionally significant insulin-like growth factor I receptor mutations in centenarians«, *Proceedings of the National Academy of Sciences of the United States of America*, vol. 105, no. 9, pp. 3438–3442, Mar. 2008.

[30] J. C. Venter, »The Sequence of the Human Genome«, *Science*, vol. 291, no. 5507, pp. 1304–1351, Feb. 2001.

[31] International Human Genome Sequencing Consortium, »Initial sequencing and analysis of the human genome.«, *Nature*, vol. 409, no. 6822, pp. 860–921, Feb. 2001.

[32] International Human Genome Sequencing Consortium, »Finishing the euchromatic sequence of the human genome.«, *Nature*, vol. 431, no. 7011, pp. 931–945, Oct. 2004.

[33] M. Eriksson, W. T. Brown, L. B. Gordon, M. W. Glynn, J. Singer, L. Scott, M. R. Erdos, C. M. Robbins, T. Y. Moses, P. Berglund, A. Dutra, E. Pak, S. Durkin, A. B. Csoka, M. Boehnke, T. W. Glover, and F. S. Collins, »Recurrent de novo point mutations in lamin A cause Hutchinson-Gilford progeria syndrome.«, *Nature*, vol. 423, no. 6937, pp. 293–298, May 2003.

[34] M. D. Gray, J. C. Shen, A. S. Kamath-Loeb, A. Blank, B. L. Sopher, G. M. Martin, J. Oshima, and L. A. Loeb, »The Werner syndrome protein is a DNA helicase.«, *Nat. Genet.*, vol. 17, no. 1, pp. 100–103, Sep. 1997.

[35] L. H. Hartwell and T. A. Weinert, »Checkpoints: controls that ensure the order of cell cycle events.«, *Science*, vol. 246, no. 4930, pp. 629–634, Nov. 1989.

[36] M. O. Hengartner, R. E. Ellis, and H. R. Horvitz, »Caenorhabditis elegans gene *ced-9* protects cells from programmed cell death«, *Nature*, vol. 356, no. 6369, pp. 494–499, 4/9/1992.

[37] M. O. Hengartner and H. R. Horvitz, »C. elegans cell survival gene *ced-9* encodes a functional homolog of the mammalian proto-oncogene bcl-2«, *Cell*, vol. 76, no. 4, pp. 665–676, 2/25/1994.

[38] B. Maier, W. Gluba, B. Bernier, T. Turner, K. Mohammad, T. Guise, A. Sutherland, M. Thorner, and H. Scrable, »Modulation of mammalian life span by the short isoform of *p53*«, *Genes Dev.*, vol. 18, no. 3, pp. 306–319, 2/1/2004.

[39] S. D. Tyner, S. Venkatachalam, J. Choi, S. Jones, N. Ghebranious, H. Igelmann, X. Lu, G. Soron, B. Cooper, C. Brayton, P. S. Hee,

T. Thompson, G. Karsenty, A. Bradley, and L. A. Donehower, »p53 mutant mice that display early ageing-associated phenotypes«, *Nature*, vol. 415, no. 6867, pp. 45–53, 1/3/2002.

[40] I. Garcia-Cao, M. Garcia-Cao, J. Martin-Caballero, L. M. Criado, P. Klatt, J. M. Flores, J. C. Weill, M. A. Blasco, and M. Serrano, »Super *p53*« mice exhibit enhanced DNA damage response, are tumor resistant and age normally«, *EMBO J.*, vol. 21, no. 22, pp. 6225–6235, 11/15/2002.

[41] A. Matheu, A. Maraver, P. Klatt, I. Flores, I. Garcia-Cao, C. Borras, J. M. Flores, J. Vina, M. A. Blasco, and M. Serrano, »Delayed ageing through damage protection by the Arf/*p53* pathway«, *Nature*, vol. 448, no. 7151, pp. 375–379, Jul. 2007.

[42] M. O'Driscoll, K. M. Cerosaletti, P. M. Girard, Y. Dai, M. Stumm, B. Kysela, B. Hirsch, A. Gennery, S. E. Palmer, J. Seidel, R. A. Gatti, R. Varon, M. A. Oettinger, H. Neitzel, P. A. Jeggo, and P. Concannon, »DNA ligase IV mutations identified in patients exhibiting developmental delay and immunodeficiency.«, *Molecular Cell*, vol. 8, no. 6, pp. 1175–1185, Dec. 2001.

[43] J. Cello, A. V. Paul, and E. Wimmer, »Chemical synthesis of poliovirus cDNA: generation of infectious virus in the absence of natural template.«, *Science*, vol. 297, no. 5583, pp. 1016–1018, Aug. 2002.

[44] D. Hansemann, »Über asymmetrische Zelltheilung in Epithelkrebsen und deren biologische Bedeutung«, *Archiv f. pathol. Anat.*, vol. 119, no. 2, pp. 299–326, Feb. 1890.

[45] T. Boveri, *Zur Frage der Entstehung maligner Tumoren*. Jena: Gustav Fischer, 1914, pp. 1–64.

[46] K. Yamagiwa and K. Ichikawa, »Experimental Study of the Pathogenesis of Carcinoma«, vol. 3, pp. 1–29, Jan. 1918.

[47] W. C. Hahn, C. M. Counter, A. S. Lundberg, R. L. Beijersbergen, M. W. Brooks, and R. A. Weinberg, »Creation of human tumour cells with defined genetic elements.«, *Nature*, vol. 400, no. 6743, pp. 464–468, Jul. 1999.

[48] L. J. Niedernhofer, G. A. Garinis, A. Raams, A. S. Lalai, A. R. Robinson, E. Appeldoorn, H. Odijk, R. Oostendorp, A. Ahmad, W. van Leeuwen, A. F. Theil, W. Vermeulen, G. T. van der Horst, P. Meinecke, W. J. Kleijer, J. Vijg, N. G. Jaspers, and J. H. Hoeijmakers, »A new progeroid syndrome reveals that genotoxic stress suppresses the somatotroph axis«, *Nature*, vol. 444, no. 7122, pp. 1038–1043, Dec. 2006.

[49] I. van der Pluijm, G. A. Garinis, R. M. Brandt, T. G. Gorgels, S. W. Wijnhoven, K. E. Diderich, J. de Wit, J. R. Mitchell, C. van Oostrom, R. Beems, L. J. Niedernhofer, S. Velasco, E. C. Friedberg, K. Tanaka, H. van Steeg, J. H. Hoeijmakers, and G. T. van der Horst, »Impaired genome main-

tenance suppresses the growth hormone--insulin-like growth factor 1 axis in mice with Cockayne syndrome«, *PLoS Biol*, vol. 5, no. 1, p. e2, Dec. 2006.

[50] B. Schumacher, I. van der Pluijm, M. J. Moorhouse, T. Kosteas, A. R. Robinson, Y. Suh, T. M. Breit, H. van Steeg, L. J. Niedernhofer, W. van Ijcken, A. Bartke, S. R. Spindler, J. H. J. Hoeijmakers, G. T. J. van der Horst, and G. A. Garinis, »Delayed and accelerated aging share common longevity assurance mechanisms.«, *PLoS Genet.*, vol. 4, no. 8, p. e1000161, 2008.

[51] G. A. Garinis, L. M. Uittenboogaard, H. Stachelscheid, M. Fousteri, W. van Ijcken, T. M. Breit, H. van Steeg, L. H. F. Mullenders, G. T. J. van der Horst, J. C. Brüning, C. M. Niessen, J. H. J. Hoeijmakers, and B. Schumacher, »Persistent transcription-blocking DNA lesions trigger somatic growth attenuation associated with longevity.«, *Nat. Cell Biol.*, vol. 11, no. 5, pp. 604–615, May 2009.

[52] M. M. Mueller, L. Castells-Roca, V. Babu, M. A. Ermolaeva, R.-U. Müller, P. Frommolt, A. B. Williams, S. Greiss, J. I. Schneider, T. Benzing, B. Schermer, and B. Schumacher, »*Daf-16*/FOXO and EGL-27/GATA promote developmental growth in response to persistent somatic DNA damage«, *Nat. Cell Biol.*, vol. 16, no. 12, pp. 1168–1179, Nov. 2014.

[53] G. Mariño, A. P. Ugalde, A. F. Fernández, F. G. Osorio, A. Fueyo, J. M. P. Freije, and C. López-Otín, »Insulin-like growth factor 1 treatment extends longevity in a mouse model of human premature aging by restoring somatotroph axis function.«, *Proceedings of the National Academy of Sciences of the United States of America*, vol. 107, no. 37, pp. 16268–16273, Sep. 2010.

[54] R. Mostoslavsky, K. F. Chua, D. B. Lombard, W. W. Pang, M. R. Fischer, L. Gellon, P. Liu, G. Mostoslavsky, S. Franco, M. M. Murphy, K. D. Mills, P. Patel, J. T. Hsu, A. L. Hong, E. Ford, H. L. Cheng, C. Kennedy, N. Nunez, R. Bronson, D. Frendewey, W. Auerbach, D. Valenzuela, M. Karow, M. O. Hottiger, S. Hursting, J. C. Barrett, L. Guarente, R. Mulligan, B. Demple, G. D. Yancopoulos, and F. W. Alt, »Genomic instability and aging-like phenotype in the absence of mammalian SIRT6«, *Cell*, vol. 124, no. 2, pp. 315–329, Jan. 2006.

[55] Z. Song, J. Wang, L. M. Guachalla, G. Terszowski, H. R. Rodewald, Z. Ju, and K. L. Rudolph, »Alterations of the systemic environment are the primary cause of impaired B and T lymphopoiesis in telomere-dysfunctional mice«, *Blood*, vol. 115, no. 8, pp. 1481–1489, 2009.

[56] A. Alzheimer, »Über eine eigenartige Erkrankung der Hirnrinde.«, *Allg. Z. Psychiat. Psych.-Gerichtl. Med.*, vol. 64, no. 1, pp. 146–148, Mar. 1907.

[57] U. Müller, P. Winter, and M. B. Graeber, »A presenilin 1 mutation in the first case of Alzheimer's disease.«, *Lancet Neurol*, vol. 12, no. 2, pp. 129–130, Feb. 2013.

[58] E. H. Corder, A. M. Saunders, W. J. Strittmatter, D. E. Schmechel, P. C. Gaskell, G. W. Small, A. D. Roses, J. L. Haines, and M. A. Pericak-Vance, »Gene dose of apolipoprotein E type 4 allele and the risk of Alzheimer's disease in late onset families.«, *Science*, vol. 261, no. 5123, pp. 921–923, Aug. 1993.

[59] W. J. Strittmatter, A. M. Saunders, D. Schmechel, M. Pericak-Vance, J. Enghild, G. S. Salvesen, and A. D. Roses, »Apolipoprotein E: high-avidity binding to beta-amyloid and increased frequency of type 4 allele in late-onset familial Alzheimer disease.«, *Proceedings of the National Academy of Sciences of the United States of America*, vol. 90, no. 5, pp. 1977–1981, Mar. 1993.

[60] C.-C. Liu, T. Kanekiyo, H. Xu, and G. Bu, »Apolipoprotein E and Alzheimer disease: risk, mechanisms and therapy«, *Nat Rev Neurol*, vol. 9, no. 2, pp. 106–118, Jan. 2013.

[61] P. Syntichaki, K. Troulinaki, and N. Tavernarakis, »eIF4E function in somatic cells modulates ageing in Caenorhabditis elegans«, *Nature*, vol. 445, no. 7130, pp. 922–926, Feb. 2007.

[62] G. Angelo and M. R. Van Gilst, »Starvation protects germline stem cells and extends reproductive longevity in C. elegans.«, *Science*, vol. 326, no. 5955, pp. 954–958, Nov. 2009.

[63] N. A. Bishop and L. Guarente, »Two neurons mediate diet-restriction-induced longevity in C. elegans«, *Nature*, vol. 447, no. 7144, pp. 545–549, May 2007.

[64] C. Kang and L. Avery, »Systemic regulation of starvation response in Caenorhabditis elegans.«, *Genes Dev.*, vol. 23, no. 1, pp. 12–17, Jan. 2009.

[65] R. C. Grandison, M. D. W. Piper, and L. Partridge, »Amino-acid imbalance explains extension of lifespan by dietary restriction in Drosophila.«, *Nature*, vol. 462, no. 7276, pp. 1061–1064, Dec. 2009.

[66] R. J. Colman, R. M. Anderson, S. C. Johnson, E. K. Kastman, K. J. Kosmatka, T. M. Beasley, D. B. Allison, C. Cruzen, H. A. Simmons, J. W. Kemnitz, and R. Weindruch, »Caloric restriction delays disease onset and mortality in rhesus monkeys«, *Science*, vol. 325, no. 5937, pp. 201–204, Jul. 2009.

[67] J. A. Mattison, G. S. Roth, T. M. Beasley, E. M. Tilmont, A. M. Handy, R. L. Herbert, D. L. Longo, D. B. Allison, J. E. Young, M. Bryant, D. Barnard, W. F. Ward, W. Qi, D. K. Ingram, and R. de Cabo, »Impact of caloric restriction on health and survival in rhesus monkeys from the NIA study.«, *Nature*, vol. 489, no. 7415, pp. 318–321, Sep. 2012.

[68] M. C. Vogt, L. Paeger, S. Hess, S. M. Steculorum, M. Awazawa, B. Hampel, S. Neupert, H. T. Nicholls, J. Mauer, A. C. Hausen, R. Predel, P. Kloppenburg, T. L. Horvath, and J. C. Brüning, »Neonatal insulin action impairs hypothalamic neurocircuit formation in response to maternal high-fat feeding.«, *Cell*, vol. 156, no. 3, pp. 495–509, Jan. 2014.

[69] D. E. Harrison, R. Strong, Z. D. Sharp, J. F. Nelson, C. M. Astle, K. Flurkey, N. L. Nadon, J. E. Wilkinson, K. Frenkel, C. S. Carter, M. Pahor, M. A. Javors, E. Fernandez, and R. A. Miller, »Rapamycin fed late in life extends lifespan in genetically heterogeneous mice«, *Nature*, Jul. 2009.

[70] P. Mitchell, »Coupling of phosphorylation to electron and hydrogen transfer by a chemi-osmotic type of mechanism.«, *Nature*, vol. 191, pp. 144–148, Jul. 1961.

[71] T. L. Parkes, A. J. Elia, D. Dickinson, A. J. Hilliker, J. P. Phillips, and G. L. Boulianne, »Extension of Drosophila lifespan by overexpression of human SOD1 in motorneurons.«, *Nat. Genet.*, vol. 19, no. 2, pp. 171–174, Jun. 1998.

[72] J. P. Phillips, S. D. Campbell, D. Michaud, M. Charbonneau, and A. J. Hilliker, »Null mutation of copper/zinc superoxide dismutase in Drosophila confers hypersensitivity to paraquat and reduced longevity.«, *Proceedings of the National Academy of Sciences of the United States of America*, vol. 86, no. 8, pp. 2761–2765, Apr. 1989.

[73] R. Doonan, J. J. McElwee, F. Matthijssens, G. A. Walker, K. Houthoofd, P. Back, A. Matscheski, J. R. Vanfleteren, and D. Gems, »Against the oxidative damage theory of aging: superoxide dismutases protect against oxidative stress but have little or no effect on life span in Caenorhabditis elegans«, *Genes Dev.*, vol. 22, no. 23, pp. 3236–3241, Dec. 2008.

[74] V. I. Pérez, H. Van Remmen, A. Bokov, C. J. Epstein, J. Vijg, and A. Richardson, »The overexpression of major antioxidant enzymes does not extend the lifespan of mice.«, *Aging Cell*, vol. 8, no. 1, pp. 73–75, Feb. 2009.

[75] S. E. Schriner, N. J. Linford, G. M. Martin, P. Treuting, C. E. Ogburn, M. Emond, P. E. Coskun, W. Ladiges, N. Wolf, H. Van Remmen, D. C. Wallace, and P. S. Rabinovitch, »Extension of murine life span by overexpression of catalase targeted to mitochondria.«, *Science*, vol. 308, no. 5730, pp. 1909–1911, Jun. 2005.

[76] M. G. Spillantini, M. L. Schmidt, V. M. Lee, J. Q. Trojanowski, R. Jakes, and M. Goedert, »Alpha-synuclein in Lewy bodies.«, *Nature*, vol. 388, no. 6645, pp. 839–840, Aug. 1997.

[77] A. Ameur, J. B. Stewart, C. Freyer, E. Hagstrom, M. Ingman, N. G. Larsson, and U. Gyllensten, »Ultra-deep sequencing of mouse mitochondrial DNA: mutational patterns and their origins«, *PLoS Genet.*, vol. 7, no. 3, p. e1002028, Mar. 2011.

[78] A. Trifunovic, A. Wredenberg, M. Falkenberg, J. N. Spelbrink, A. T. Rovio, C. E. Bruder, Y. Bohlooly, S. Gidlof, A. Oldfors, R. Wibom, J. Tornell, H. T. Jacobs, and N. G. Larsson, »Premature ageing in mice expressing defective mitochondrial DNA polymerase«, *Nature*, vol. 429, no. 6990, pp. 417–423, 5/27/2004.

[79] J. M. Ross, J. B. Stewart, E. Hagström, S. Brené, A. Mourier, G. Coppotelli, C. Freyer, M. Lagouge, B. J. Hoffer, L. Olson, and N.-G. Larsson, »Germline mitochondrial DNA mutations aggravate ageing and can impair brain development.«, *Nature*, Aug. 2013.

[80] C. W. Greider and E. H. Blackburn, »Identification of a specific telomere terminal transferase activity in Tetrahymena extracts.«, *Cell*, vol. 43, no. 2, pp. 405–413, Dec. 1985.

[81] M. Jaskelioff, F. L. Muller, J. H. Paik, E. Thomas, S. Jiang, A. C. Adams, E. Sahin, M. Kost-Alimova, A. Protopopov, J. Cadinanos, J. W. Horner, E. Maratos-Flier, and R. A. DePinho, »Telomerase reactivation reverses tissue degeneration in aged telomerase-deficient mice«, *Nature*, vol. 469, no. 7328, pp. 102–106, Jan. 2011.

[82] D. J. Baker, K. B. Jeganathan, J. D. Cameron, M. Thompson, S. Juneja, A. Kopecka, R. Kumar, R. B. Jenkins, de Groen, P. C., P. Roche, and J. M. van Deursen, »BubR1 insufficiency causes early onset of aging-associated phenotypes and infertility in mice«, *Nat. Genet.*, vol. 36, no. 7, pp. 744–749, Jul. 2004.

[83] A. R. Choudhury, Z. Ju, M. W. Djojosubroto, A. Schienke, A. Lechel, S. Schaetzlein, H. Jiang, A. Stepczynska, C. Wang, J. Buer, H. W. Lee, T. Von Zglinicki, A. Ganser, P. Schirmacher, H. Nakauchi, and K. L. Rudolph, »Cdkn1a deletion improves stem cell function and lifespan of mice with dysfunctional telomeres without accelerating cancer formation«, *Nat. Genet.*, vol. 39, no. 1, pp. 99–105, Jan. 2007.

[84] D. J. Baker, T. Wijshake, T. Tchkonia, N. K. LeBrasseur, B. G. Childs, B. van de Sluis, J. L. Kirkland, and J. M. van Deursen, »Clearance of *p16*Ink4a-positive senescent cells delays ageing-associated disorders«, *Nature*, vol. advance online publication, 2011.

[85] R. M. Cawthon, K. R. Smith, E. O'Brien, A. Sivatchenko, and R. A. Kerber, »Association between telomere length in blood and mortality in people aged 60 years or older.«, *Lancet*, vol. 361, no. 9355, pp. 393–395, Feb. 2003.

[86] D. Muñoz-Espín, M. Cañamero, A. Maraver, G. Gómez-López, J. Contreras, S. Murillo-Cuesta, A. Rodríguez-Baeza, I. Varela-Nieto, J. Ruberte, M. Collado, and M. Serrano, »Programmed Cell Senescence during Mammalian Embryonic Development«, *Cell*, vol. 155, no. 5, pp. 1104–1118, Nov. 2013.

[87] Y. Hong, R. Roy, and V. Ambros, »Developmental regulation of a cyclin-dependent kinase inhibitor controls postembryonic cell cycle progression in Caenorhabditis elegans«, *Development*, vol. 125, no. 18, pp. 3585–3597, 9/1998. M. Storer, A. Mas, A. Robert-Moreno, M. Pecoraro, M. C. Ortells, V. Di Giacomo, R. Yosef, N. Pilpel, V. Krizhanovsky, J. Sharpe, and W. M. Keyes, »Senescence is a developmental

mechanism that contributes to embryonic growth and patterning.«, *Cell*, vol. 155, no. 5, pp. 1119–1130, Nov. 2013.

[88] S. Parrinello, E. Samper, A. Krtolica, J. Goldstein, S. Melov, and J. Campisi, »Oxygen sensitivity severely limits the replicative lifespan of murine fibroblasts«, *Nat. Cell Biol.*, vol. 5, no. 8, pp. 741–747, Aug. 2003.

[89] A. Krtolica, S. Parrinello, S. Lockett, P. Y. Desprez, and J. Campisi, »Senescent fibroblasts promote epithelial cell growth and tumorigenesis: a link between cancer and aging.«, *Proceedings of the National Academy of Sciences of the United States of America*, vol. 98, no. 21, pp. 12072–12077, Oct. 2001.

[90] F. Rodier, J. P. Coppe, C. K. Patil, W. A. Hoeijmakers, D. P. Munoz, S. R. Raza, A. Freund, E. Campeau, A. R. Davalos, and J. Campisi, »Persistent DNA damage signalling triggers senescence-associated inflammatory cytokine secretion«, *Nat. Cell Biol.*, vol. 11, no. 8, pp. 973–979, Aug. 2009.

[91] C. P. Martins, L. Brown-Swigart, and G. I. Evan, »Modeling the therapeutic efficacy of *p53* restoration in tumors.«, *Cell*, vol. 127, no. 7, pp. 1323–1334, Dec. 2006.

[92] W. Xue, L. Zender, C. Miething, R. A. Dickins, E. Hernando, V. Krizhanovsky, C. Cordon-Cardo, and S. W. Lowe, »Senescence and tumour clearance is triggered by *p53* restoration in murine liver carcinomas«, *Nature*, vol. 445, no. 7128, pp. 656–660, Feb. 2007.

[93] I. M. Toller, K. J. Neelsen, M. Steger, M. L. Hartung, M. O. Hottiger, M. Stucki, B. Kalali, M. Gerhard, A. A. Sartori, M. Lopes, and A. Muller, »Carcinogenic bacterial pathogen Helicobacter pylori triggers DNA double-strand breaks and a DNA damage response in its host cells«, *Proceedings of the National Academy of Sciences of the United States of America*, vol. 108, no. 36, pp. 14944–14949, Sep. 2011.

[94] F. G. Osorio, C. Bárcena, C. Soria-Valles, A. J. Ramsay, F. de Carlos, J. Cobo, A. Fueyo, J. M. P. Freije, and C. López-Otín, »Nuclear lamina defects cause ATM-dependent NF-κB activation and link accelerated aging to a systemic inflammatory response.«, *Genes \& development*, vol. 26, no. 20, pp. 2311–2324, Oct. 2012.

[95] J. S. Tilstra, A. R. Robinson, J. Wang, S. Q. Gregg, C. L. Clauson, D. P. Reay, L. A. Nasto, C. M. St Croix, A. Usas, N. Vo, J. Huard, P. R. Clemens, D. B. Stolz, D. C. Guttridge, S. C. Watkins, G. A. Garinis, Y. Wang, L. J. Niedernhofer, and P. D. Robbins, »NF-κB inhibition delays DNA damage-induced senescence and aging in mice.«, *J. Clin. Invest.*, vol. 122, no. 7, pp. 2601–2612, Jul. 2012.

[96] M. A. Ermolaeva, A. Segref, A. Dakhovnik, H.-L. Ou, J. I. Schneider, O. Utermöhlen, T. Hoppe, and B. Schumacher, »DNA damage in germ cells induces an innate immune response that triggers systemic stress resistance.«, *Nature*, vol. 501, no. 7467, pp. 416–420, Sep. 2013.

[97] J. Karpac, A. Younger, and H. Jasper, »Dynamic coordination of innate immune signaling and insulin signaling regulates systemic responses to localized DNA damage«, *Dev. Cell*, vol. 20, no. 6, pp. 841–854, Jun. 2011.

[98] H. Jiang, P. H. Patel, A. Kohlmaier, M. O. Grenley, D. G. McEwen, and B. A. Edgar, »Cytokine/Jak/Stat signaling mediates regeneration and homeostasis in the Drosophila midgut.«, *Cell*, vol. 137, no. 7, pp. 1343–1355, Jun. 2009.

[99] H. Hsin and C. Kenyon, »Signals from the reproductive system regulate the lifespan of C. elegans.«, *Nature*, vol. 399, no. 6734, pp. 362–366, May 1999.

[100] S. L. Cargill, J. R. Carey, H.-G. Müller, and G. Anderson, »Age of ovary determines remaining life expectancy in old ovariectomized mice.«, *Aging Cell*, vol. 2, no. 3, pp. 185–190, Jun. 2003.

[101] J. B. Hamilton and G. E. Mestler, »Mortality and survival: comparison of eunuchs with intact men and women in a mentally retarded population.«, *J Gerontol*, vol. 24, no. 4, pp. 395–411, Oct. 1969.

[102] K.-J. Min, C.-K. Lee, and H.-N. Park, »The lifespan of Korean eunuchs.«, *Curr. Biol.*, vol. 22, no. 18, pp. R792–3, Sep. 2012.

[103] E. C. Berg and A. A. Maklakov, »Sexes suffer from suboptimal lifespan because of genetic conflict in a seed beetle.«, *Proc. Biol. Sci.*, vol. 279, no. 1745, pp. 4296–4302, Oct. 2012.

[104] M. Lahdenperä, V. Lummaa, S. Helle, M. Tremblay, and A. F. Russell, »Fitness benefits of prolonged post-reproductive lifespan in women.«, *Nature*, vol. 428, no. 6979, pp. 178–181, Mar. 2004.

[105] H. Schulz, »Über Hefegifte«, *Pflugers Arch. Ges. Physiol.*, vol. 42, pp. 517–541, 1888.

[106] C. M. Southam and J. Ehrlich, »Effects of extract of western red-cedar heartwood on certain wood-decaying fungi in culture.«, *Phytopathology*, vol. 33, pp. 517–524, 1943.

[107] E. J. Calabrese, »Hormesis and medicine«, *Br J Clin Pharmacol*, vol. 66, no. 5, pp. 594–617, Nov. 2008.

[108] D. Susa, J. R. Mitchell, M. Verweij, M. van de Ven, H. Roest, S. van den Engel, I. Bajema, K. Mangundap, J. N. Ijzermans, J. H. Hoeijmakers, and R. W. de Bruin, »Congenital DNA repair deficiency results in protection against renal ischemia reperfusion injury in mice«, *Aging Cell*, vol. 8, no. 2, pp. 192–200, Apr. 2009.

[109] M. Ristow, K. Zarse, A. Oberbach, N. Klöting, M. Birringer, M. Kiehntopf, M. Stumvoll, C. R. Kahn, and M. Blüher, »Antioxidants prevent health-promoting effects of physical exercise in humans.«, *Proceedings of the National Academy of Sciences of the United States of America*, vol. 106, no. 21, pp. 8665–8670, May 2009.

[110] J. Jans, W. Schul, Y. G. Sert, Y. Rijksen, H. Rebel, A. P. Eker, S. Nakajima, H. van Steeg, F. R. de Gruijl, A. Yasui, J. H. Hoeijmakers, and G. T. van der

Horst, »Powerful skin cancer protection by a CPD-photolyase transgene«, *Curr. Biol.*, vol. 15, no. 2, pp. 105–115, Jan. 2005.

[111] T. Eisenberg, H. Knauer, A. Schauer, S. Büttner, C. Ruckenstuhl, D. Carmona-Gutierrez, J. Ring, S. Schroeder, C. Magnes, L. Antonacci, H. Fussi, L. Deszcz, R. Hartl, E. Schraml, A. Criollo, E. Megalou, D. Weiskopf, P. Laun, G. Heeren, M. Breitenbach, B. Grubeck-Loebenstein, E. Herker, B. Fahrenkrog, K.-U. Fröhlich, F. Sinner, N. Tavernarakis, N. Minois, G. Kroemer, and F. Madeo, »Induction of autophagy by spermidine promotes longevity.«, *Nat. Cell Biol.*, vol. 11, no. 11, pp. 1305–1314, Nov. 2009.

[112] V. K. Gupta, L. Scheunemann, T. Eisenberg, S. Mertel, A. Bhukel, T. S. Koemans, J. M. Kramer, K. S. Y. Liu, S. Schroeder, H. G. Stunnenberg, F. Sinner, C. Magnes, T. R. Pieber, S. Dipt, A. Fiala, A. Schenck, M. Schwaerzel, F. Madeo, and S. J. Sigrist, »Restoring polyamines protects from age-induced memory impairment in an autophagy-dependent manner.«, *Nat. Neurosci.*, vol. 16, no. 10, pp. 1453–1460, Oct. 2013.

[113] E. Cohen, J. F. Paulsson, P. Blinder, T. Burstyn-Cohen, D. Du, G. Estepa, A. Adame, H. M. Pham, M. Holzenberger, J. W. Kelly, E. Masliah, and A. Dillin, »Reduced IGF-1 signaling delays age-associated proteotoxicity in mice.«, *Cell*, vol. 139, no. 6, pp. 1157–1169, Dec. 2009.

[114] S. Freude, M. M. Hettich, C. Schumann, O. Stöhr, L. Koch, C. Köhler, M. Udelhoven, U. Leeser, M. Müller, N. Kubota, T. Kadowaki, W. Krone, H. Schröder, J. C. Brüning, and M. Schubert, »Neuronal IGF-1 resistance reduces Abeta accumulation and protects against premature death in a model of Alzheimer's disease.«, *FASEB J.*, vol. 23, no. 10, pp. 3315–3324, Oct. 2009.

[115] G. de Haan, W. Nijhof, and G. Van Zant, »Mouse strain-dependent changes in frequency and proliferation of hematopoietic stem cells during aging: correlation between lifespan and cycling activity.«, *Blood*, vol. 89, no. 5, pp. 1543–1550, Mar. 1997.

[116] I. M. Conboy, M. J. Conboy, A. J. Wagers, E. R. Girma, I. L. Weissman, and T. A. Rando, »Rejuvenation of aged progenitor cells by exposure to a young systemic environment.«, *Nature*, vol. 433, no. 7027, pp. 760–764, Feb. 2005.

[117] M. Sinha, Y. C. Jang, J. Oh, D. Khong, E. Y. Wu, R. Manohar, C. Miller, S. G. Regalado, F. S. Loffredo, J. R. Pancoast, M. F. Hirshman, J. Lebowitz, J. L. Shadrach, M. Cerletti, M.-J. Kim, T. Serwold, L. J. Goodyear, B. Rosner, R. T. Lee, and A. J. Wagers, »Restoring Systemic GDF11 Levels Reverses Age-Related Dysfunction in Mouse Skeletal Muscle.«, *Science*, May 2014.

[118] J. B. Gurdon, T. R. Elsdale, and M. Fischberg, »Sexually mature individuals of Xenopus laevis from the transplantation of single somatic nuclei.«, *Nature*, vol. 182, no. 4627, pp. 64–65, Jul. 1958.

[119] K. Takahashi and S. Yamanaka, »Induction of pluripotent stem cells from mouse embryonic and adult fibroblast cultures by defined factors.«, *Cell*, vol. 126, no. 4, pp. 663–676, Aug. 2006.

[120] K. Takahashi, K. Tanabe, M. Ohnuki, M. Narita, T. Ichisaka, K. Tomoda, and S. Yamanaka, »Induction of pluripotent stem cells from adult human fibroblasts by defined factors.«, *Cell*, vol. 131, no. 5, pp. 861–872, Nov. 2007.

[121] B. Rogina, S. L. Helfand, and S. Frankel, »Longevity regulation by Drosophila Rpd3 deacetylase and caloric restriction.«, *Science*, vol. 298, no. 5599, p. 1745, Nov. 2002.

[122] H. A. Tissenbaum and L. Guarente, »Increased dosage of a sir-2 gene extends lifespan in Caenorhabditis elegans«, *Nature*, vol. 410, no. 6825, pp. 227–230, 3/8/2001.

[123] K. T. Howitz, K. J. Bitterman, H. Y. Cohen, D. W. Lamming, S. Lavu, J. G. Wood, R. E. Zipkin, P. Chung, A. Kisielewski, L. L. Zhang, B. Scherer, and D. A. Sinclair, »Small molecule activators of sirtuins extend Saccharomyces cerevisiae lifespan«, *Nature*, vol. 425, no. 6954, pp. 191–196, 9/11/2003.

[124] J. A. Baur, K. J. Pearson, N. L. Price, H. A. Jamieson, C. Lerin, A. Kalra, V. V. Prabhu, J. S. Allard, G. Lopez-Lluch, K. Lewis, P. J. Pistell, S. Poosala, K. G. Becker, O. Boss, D. Gwinn, M. Wang, S. Ramaswamy, K. W. Fishbein, R. G. Spencer, E. G. Lakatta, D. Le Couteur, R. J. Shaw, P. Navas, P. Puigserver, D. K. Ingram, R. de Cabo, and D. A. Sinclair, »Resveratrol improves health and survival of mice on a high-calorie diet«, *Nature*, vol. 444, no. 7117, pp. 337–342, Nov. 2006.

[125] M. Pacholec, J. E. Bleasdale, B. Chrunyk, D. Cunningham, D. Flynn, R. S. Garofalo, D. Griffith, M. Griffor, P. Loulakis, B. Pabst, X. Qiu, B. Stockman, V. Thanabal, A. Varghese, J. Ward, J. Withka, and K. Ahn, »SRT1720, SRT2183, SRT1460, and Resveratrol Are Not Direct Activators of SIRT1«, *J Biol Chem*, vol. 285, no. 11, pp. 8340–8351, Mar. 2010.

[126] D. Beher, J. Wu, S. Cumine, K. W. Kim, S.-C. Lu, L. Atangan, and M. Wang, »Resveratrol is Not a Direct Activator of SIRT1 Enzyme Activity«, *Chemical Biology & Drug Design*, vol. 74, no. 6, pp. 619–624, Dec. 2009.

[127] C. Burnett, S. Valentini, F. Cabreiro, M. Goss, M. Somogyvári, M. D. Piper, M. Hoddinott, G. L. Sutphin, V. Leko, J. J. McElwee, R. P. Vázquez-Manrique, A.-M. Orfila, D. Ackerman, C. Au, G. Vinti, M. Riesen, K. Howard, C. Neri, A. Bedalov, M. Kaeberlein, C. Soti, L. Partridge, and D. Gems, »Absence of effects of Sir2 overexpression on lifespan in C. elegans and Drosophila.«, *Nature*, vol. 477, no. 7365, pp. 482–485, Sep. 2011.

[128] J. Vijg, *The American Technological Challenge*. Algora Publishing, 2011.

Namensregister

Ackermann, Martin 32
Alt, Fred 117
Alzheimer, Alois 120 f.
Arendt, Rudolf 207
Avery, Leon 138

Bartke, Andrzej 54
Benz, Carl 260
Berlusconi, Silvio 213, 216
Bismarck, Otto von 258
Blackburn, Elizabeth 164 ff., 169
Blasco, Maria 169
Bloom, David 73
Bloomberg, Michael 225
Bootsma, Dirk 110
Boveri, Theodor 97 f., 100, 102
Brenner, Sydney 28, 43 f.
Brown-Borg, Holly 54
Bruin, Ron de 209 f.
Brüning, Jens 143

Cabo, Rafael de 141
Cage, Nicolas 213, 216
Campisi, Judith 170, 172, 175
Caprese, Edward 208
Chalfie, Martin 49
Chase, Martha 23
Cleaver, James 103
Clement, Jeanne 13

Cockayne, Edward 105
Coleman, Ricki 141
Collins, Francis 70
Concannon, Patrick 89
Crick, Francis 25 ff., 128

Darwin, Charles 36 f., 179
DePinho, Ronald 165 f.
Deter, Auguste 120 ff.
Dillin, Andrew 242
Dobzhansky, Theodosius 35

Edgar, Bruce 188
Ehrlich, John 208
Evan, Gerard 174 f.

Fleming, Alexander 220, 260

Galen 18
Garinis, George 111 f.
Gates, Bill 221
Gems, David 254
Gilford, Hastings 69
Golgi, Camillo 130
Greider, Carol 164 ff.
Grey, Aubrey de 239 f.
Guarente, Leonard 31 f., 138, 252

Guevara-Aguirre, Jaime 55 f.
Gurdon, John 248

Haan, Gerald de 244
Harman, Denham 40
Hartwell, Leland 76 f., 80
Hayflick, Leonard 34, 80, 163 f.
Heron von Alexandria 267
Hershey, Alfred 23 f.
Hippokrates 15, 18
Hoeijmakers, Jan 110 f.
Homer 17
Horvitz, Robert 44, 81
Howitz, Konrad 252
Hutchinson, Jonathan 69

Ichikawa, Koichi 98
Ingram, Donald 141

Jacob, François 43
Jasper, Heinrich 187 f.
Jeggo, Penny 89
Johnson, Thomas 43, 45, 47, 49 f., 189
Judson, Horace 23

Kang, Chanhee 138
Kendrew, John 128
Kenyon, Cynthia 43, 45 ff., 51, 55, 189 f.
Kirkwood, Thomas 38, 141, 189
Klaas, Michael 45, 189
Kleopatra 15, 18
Klopp, Jürgen 213, 216
Kopchick, John 55 f., 112, 173
Krebs, Hans 146

Larsson, Nils-Göran 157
Lee, Yoon-Muk 192
Lewy, Friedrich 153
Lipmann, Fritz 146
Loeb, Larry 72
Longo, Valter 56
López-Otín, Carlos 116, 185
Lowe, Scott 174 f.
Lummaa, Virpi 195

Madeo, Frank 241
Maklakov, Alexej 194
Mattison, Julie 141
Medawar, Peter 36 f., 39, 46, 144, 176
Miller, Richard 54
Miller, Stanley 21
Mitchell, Jay 209 f.
Mitchell, Peter 147
Monod, Jacques 43
Motaslavsky, Raul 117
Muller, Herman 52

Niedernhofer, Laura 185
Nixon, Richard 229
Nyström, Thomas 31 f.

Obama, Barack 70

Partridge, Linda 140
Perry, Joe 70
Perutz, Max 128

Qin Shihuangdi 15, 17 f.

Rabinovitch, Peter 150
Ramses II. 15
Rando, Thomas 245 f., 249
Ristow, Michael 207, 211
Robbins, Paul 185
Rudolph, K. Lenhard 117
Ruvkun, Gary 48

Schubert, Markus 242
Schulz, Hugo 207
Serrano, Manuel 86, 170
Shimomura, Osamu 49
Sigrist, Stephan 241
Sinclair, David 31 f., 252 ff.
Snell, George 54
Southam, Chester 208
Stewart, Eric 32 f.
Sulston, John 44
Szilard, Leo 23
Szostak, Jack 165

Takahashi, Kazutoshi 248
Tavernarakis, Nektarios 127, 137
Tsien, Roger 49

Urey, Harald 21 f.

Van Zant, Gary 244
Venter, Craig 63
Virchow, Rudolf 20

Wagers, Amy 246 f.
Watson, James 25 f., 128
Weinberg, Robert 101 f.
Weindruch, Richard 141
Weinert, Ted 76 f., 80
Weismann, August 34, 38, 163
Werner, Otto 72
Westphal, Christoph 253 f.
Williams, George 39
Wimmer, Eckard 90, 159

Yamagiwa, Katsusaburo 98
Yamanaka, Shinya 248